高等职业教育土建类"十三五"系列教材

建筑施工五大工种操作实务

陈军武　编著

中国水利水电出版社
www.waterpub.com.cn
·北京·

内 容 提 要

  本书从"基础知识"和"技能训练"两方面来编写，介绍了建筑工程施工中的架子工、模板工、砌筑工、钢筋工和混凝土工五大核心工种，从五大工种施工技术的基本知识、基本理论、施工工艺及方法与施工机械使用等方面详细阐述了五大工种的区别及施工过程。全文共分 5 个章节，每个章节再分了若干项目。

  本书适合于高等职业学校土建类专业课程教学，也可作为建筑施工单位技工培训教材以及相关专业技术人员工作参考。

图书在版编目（ＣＩＰ）数据

建筑施工五大工种操作实务 / 陈军武编著. -- 北京：
中国水利水电出版社，2019.2
 高等职业教育土建类"十三五"系列教材
 ISBN 978-7-5170-6382-7

Ⅰ．①建… Ⅱ．①陈… Ⅲ．①建筑施工－高等职业教育－教材 Ⅳ．①TU7

中国版本图书馆CIP数据核字(2018)第062245号

书　　名	高等职业教育土建类"十三五"系列教材 **建筑施工五大工种操作实务** JIANZHU SHIGONG WU DA GONGZHONG CAOZUO SHIWU
作　　者	陈军武　编著
出版发行	中国水利水电出版社 （北京市海淀区玉渊潭南路1号D座　100038） 网址：www.waterpub.com.cn E-mail：sales@waterpub.com.cn 电话：(010) 68367658（营销中心）
经　　售	北京科水图书销售中心（零售） 电话：(010) 88383994、63202643、68545874 全国各地新华书店和相关出版物销售网点
排　　版	中国水利水电出版社微机排版中心
印　　刷	天津嘉恒印务有限公司
规　　格	184mm×260mm　16开本　16印张　379千字
版　　次	2019年2月第1版　2019年2月第1次印刷
印　　数	0001—2000册
定　　价	**38.00元**

凡购买我社图书，如有缺页、倒页、脱页的，本社营销中心负责调换
版权所有·侵权必究

前言

架子工、模板工、砌筑工、钢筋工和混凝土工是建筑工程施工的五大核心工种。本书主要介绍了建筑工程施工过程中五大工种施工技术的基本知识、基本理论、施工工艺及方法与施工机械使用等，目的是培养学生综合运用理论知识解决实际问题的能力，提高学生的实际工作技能，以满足企业用人的需要。

建筑施工工艺实践性强，新技术发展快，施工方法更新快，必须结合工程施工中的实际情况，综合解决工程施工中的技术问题。建筑施工工艺涉及面广，综合运用能力要求高，因此，本书力求拓宽专业面，扩大知识面，以适应发展的需要。力求综合运用有关学科的基本理论和知识，以解决工程实际问题；力求理论联系实际，以应用为主。

本教材中的主要施工工艺、施工技术和施工方法均按最新的规范要求编写，强调了施工质量、质量验收和安全生产的措施等内容。

本书在编写时，根据专业教学计划和国家职业标准对技能的要求，内容尽量符合施工现场的实际需要，适应教学需要，适应社会发展需要，突出以"理论知识够用为度，重在实践能力、动手能力的培养"的指导思想，以适应施工现场第一线的技术应用型岗位的要求。

本书在编写过程中，甘肃省水电工程局有限责任公司董事长、高级工程师、一级建造师巩正玺，甘肃农业大学副校长、高级工程师牛最荣，甘肃省水电勘测设计院副院长、高级工程师朱发昇，甘肃省水利水电学校副校长、高级讲师王慧莉和王德彬提了很好的指导意见和建议，教务科副科长、水工系主任、高级讲师徐洲元，招生就业办公室副主任、高级讲师李芳，水工系讲师张国平帮助作者搜集、整理了大量资料，另外，本书在编写过程中引用了大量资料，学校许多老师和学生也提出了很多宝贵意见，在此不一一列出，一并表示衷心感谢。

陈军武

2018 年 2 月 2 日

CONTENTS 目录

第2篇　模　　板　　工

第3篇　砌　　筑　　工

第4篇 钢　筋　工

第5篇 混　凝　土　工

第 1 篇

架子工

学习项目 1 架子工基础知识

我国幅员辽阔，各地建筑业的发展存在差异，脚手架的发展也不平衡。目前脚手架工程的现状是：

（1）扣件式钢管脚手架，自 20 世纪 60 年代在我国推广使用以来，普及迅速，是目前在大、中城市中使用的主要类型。

（2）传统的竹、木脚手架随着钢脚手架的推广应用，在一些大中城市已较少使用，但在一些建筑业发展较缓慢的中小城市和村镇仍在大量使用。

（3）自 20 世纪 80 年代以来，高层建筑和超高层建筑有了较大发展，为了满足这类工程施工的需要，多功能脚手架，如门式钢管脚手架、碗扣式钢管脚手架、悬挑式脚手架、导轨式爬架等相继在工程中应用，深受施工企业的欢迎。此外，为适应通用施工的需要，也从国外引进或自行研制了一些通用定型的脚手架，如吊篮、挂脚手架、桥式脚手架、挑架等。

随着国民经济的迅速发展，建筑业被列为国家的支柱产业之一。伴随着建筑业的兴旺发达，建筑脚手架的发展趋势将体现在：

（1）金属脚手架必将取代竹、木脚手架。传统的竹、木脚手架其材料质量不易控制，搭设构造要求难以严格掌握，技术落后、材料损耗量大。并且使用和管理上不大方便，最终将被金属脚手架所取代。

（2）为适应现代建筑施工，减轻劳动强度，节约材料，提高经济效益，适用性强的多功能脚手架将取代传统型的脚手架且要定型系列化。

（3）高层和超高层施工中脚手架的用量大，技术复杂，要求脚手架的设计、搭设、安装都得规范化，而脚手架的杆（构）配件应由专业工厂生产供应。

学习单元 1.1 脚手架的作用与分类

1.1.1 脚手架的作用

脚手架是建筑工程中堆放材料和工人进行操作的临时设施。它是建筑施工中不可缺少的空中作业平台，无论是结构施工还是室外装修施工，或是设备安装都需要根据操作要求搭设脚手架。

脚手架的作用有：

(1) 可以使施工作业人员在不同部位进行操作。

(2) 能堆放及运输一定数量的建筑材料。

(3) 保证施工作业人员在高空操作时的安全。

1.1.2　脚手架的分类

1. 按用途划分

(1) 操作用脚手架。为施工操作提供作业条件的脚手架，包括结构脚手架、装修脚手架。

(2) 防护用脚手架。只用作安全防护的脚手架，包括各种护栏架和棚架。

(3) 承重、支撑用脚手架。用于材料的运转、存放、支撑以及其他承载用途的脚手架，如承料平台、模板支撑架和安装支撑架等。

2. 按设置形式划分

(1) 单排脚手架。只有一排立杆的脚手架，其横向水平杆的另一端搁置在墙体结构上。

(2) 双排脚手架。具有两排立杆的脚手架。

(3) 多排脚手架。具有三排及三排以上立杆的脚手架。

(4) 满堂脚手架。按施工作业范围满设的、两个方向各有三排以上立杆的脚手架。

(5) 满高脚手架。按墙体或施工作业最大高度，由地面起满高度设置的脚手架。

(6) 交圈（周边）脚手架。沿建筑物或作业范围周边设置并相互交圈连接的脚手架。

(7) 特形脚手架。具有特殊平面和空间造型的脚手架，用于烟囱、水塔等特殊建筑的施工，以合理的设计减少材料和人工耗用，节省脚手架费用。

3. 按设置方式划分

(1) 落地式脚手架。搭设（支座）在地面、楼面、屋面或其他平台结构之上的脚手架。

(2) 悬挑式脚手架（简称挑脚手架）。采用悬挑方式设置的脚手架。

(3) 附墙悬挂式脚手架（简称挂脚手架）。上部或（和）中部挂设于墙体挑挂件上的定型脚手架。

(4) 悬吊式脚手架（简称吊脚手架）。悬吊于悬挑梁或工程结构之下的脚手架。当采用篮式作业架时，称为"吊篮"。

(5) 附着升降式脚手架（简称爬架）。附着于工程结构、依靠自身提升设备实现升降的悬空脚手架。

(6) 水平移动式脚手架。带行走装置的脚手架（段）或操作平台架。

4. 按脚手架平杆、立杆的连接方式分类

(1) 承插式脚手架。在平杆与立杆之间采用承插连接的脚手架。常见的承插连接方式有插片和楔槽、插片和碗扣、套管和插头以及 U 形托挂等。

(2) 扣件式脚手架。使用扣件箍紧连接的脚手架，即靠拧紧扣件螺栓所产生的摩擦力承担连接作用的脚手架。

此外，还可按材料划分为竹脚手架、木脚手架、钢管或金属脚手架；按搭设位置划分为外脚手架和里脚手架；按使用对象或场合划分为高层建筑脚手架、烟囱脚手架、水塔脚手架。还有分为定型与非定型、多功能与单功能等。

学习单元 1.2　脚手架搭设的要求及质量控制

1.2.1　脚手架的搭设要求

不管搭设哪种类型的脚手架，都必须符合以下基本要求：

（1）稳固安全。脚手架必须有足够的强度、刚度和稳定性，确保施工期间在规定的天气条件和允许荷载的作用下，脚手架稳定不倾斜、不摇晃、不倒塌。

（2）满足施工使用需要。脚手架应有足够的作业面，如适当的宽度、步架高度、离墙距离等，以确保施工人员操作、材料堆放和运输的需要。

（3）设计合理，易搭设。以合理的设计减少材料和人工的耗用，节省脚手架费用。脚手架的构造要简单，便于搭设和拆除，脚手架材料能多次周转使用。

1.2.2　脚手架搭设的安全技术要求

脚手架搭设必须按照有关的安全技术规范进行，具体要求如下：

（1）一般脚手架必须按《脚手架安全技术操作规程》搭设，对于高度超过 15m 的高层脚手架，必须有设计、计算、详图、搭设方案，有上一级技术负责人审批，有书面安全技术交底。

（2）对于危险性大而且特殊的吊、挑、挂、插口、堆料等脚手架，必须经过设计和审批，有编制的安全技术措施。

（3）施工队伍接受任务后，必须组织全体人员，认真领会脚手架专项安全施工组织设计和安全技术措施交底，研讨搭设方法，并派技术好、有经验的技术人员负责搭设技术指导和监护。

（4）搭设时认真处理好地基，确保地基具有足够的承载力。垫木应铺设平稳，不能有悬空，避免脚手架发生整体或局部沉降。

（5）确保脚手架整体平稳、牢固，并具有足够的承载力，作业人员搭设时必须按要求使脚手架与结构拉接牢固。

（6）搭设时，必须按规定的间距搭设立杆、横杆、剪刀撑、栏杆等，必须按规定设连墙杆、剪刀撑和支撑。脚手架与建筑物间的连接应牢固，脚手架的整体应稳定，脚手架必须有供操作人员上下的阶梯、斜道。严禁施工人员攀爬脚手架。

（7）脚手架的操作面必须满铺脚手板，不得有空隙和探头板。木脚手板有腐朽、劈裂、大横透节、活动节子的均不能使用。使用过程中严格控制荷载，确保有较大的安全储备，避免因荷载过大造成脚手架倒塌。

（8）金属脚手架应设避雷装置。遇有高压线时必须保持大于 5m 或相应的水平距离，并搭设隔离防护架。

（9）搭拆脚手架必须由专业架子工担任，架子工应按现行国家标准考核合格，持证上岗。上岗人员应定期进行体检，凡不适合高处作业者不得上脚手架操作。

（10）搭拆脚手架时，操作人员必须戴安全帽、系安全带、穿防滑鞋。

（11）作业层上的施工荷载应符合设计要求，不得超载。不得在脚手架上集中堆放模板、钢筋等物体，严禁在脚手架上拉缆风绳和固定、架设模板支架及混凝土泵、输送管等，严禁悬挂起重设备。

（12）不得在脚手架基础及邻近处进行挖掘作业。

（13）六级以上大风及大雪、大雾天气下应暂停脚手架的搭设及在脚手架上作业。斜边板要钉防滑条，如有雨水、冰雪，要采取防滑措施。

（14）脚手架搭好后必须进行验收，合格后方可使用。使用中，遇台风、暴雨以及使用期较长时，应定期检查，及时整改出现的安全隐患。

（15）因故闲置一段时间或发生大风、大雨等灾害性天气后，重新使用脚手架时必须认真检查，加固后方可使用。

1.2.3　脚手架的质量控制

建筑工程施工中，脚手架的搭设质量与施工人员的人身安全、工程进度、工程质量有直接的关系。如果脚手架搭设不好，不仅架子工本身不安全，而且对其他施工人员也极易造成伤害。如果脚手架搭设不及时，就会耽误工期。脚手架搭得不恰当会使施工操作不便，影响工期和质量。因此，必须重视脚手架的搭设质量。

进行脚手架搭设时，控制其质量的主要环节有以下几方面：

（1）搭设脚手架所用材料的规格和质量必须符合设计和安全规范要求。

（2）脚手架的构造必须符合规范要求，同时注意绑扎扣和扣件螺栓的拧紧程度，挑梁、挑架、吊架、挂钩和吊索的质量等。

（3）搭设脚手架要求有牢固的、足够的连墙点，以确保整个脚手架的稳定。

（4）脚手板要铺满、铺稳，不能有空头板。

（5）缆风绳应按规定拉好、锚固牢靠。

学习单元 1.3　脚手架搭设的材料和常用的工具

1.3.1　脚手架搭设的材料

1. 钢管架料

（1）钢管：钢管采用直缝电焊钢管或低压流体输送用焊接钢管，有外径 48mm、壁厚 3.5mm 和外径 51mm、壁厚 3.0mm 两种规格。不允许两种规格混合使用。

钢管脚手架的各种杆件应优先采用外径 48mm，厚 3.5mm 的电焊钢管。用于立杆、大横杆和各支撑杆（斜撑、剪刀撑、抛撑等）的钢管最大长度不得超过 6.5m，一般为 4～6.5m，小横杆所用钢管的最大长度不得超过 2.2m，一般为 1.8～2.2m。每根钢管的重量应控制在 25kg 之内。钢管两端面应平整，严禁打孔、开口。

通常对新购进的钢管先进行除锈，钢管内壁刷涂两道防锈漆，外壁刷涂一道防锈漆、两道面漆。对旧钢管的锈蚀检查应每年一次。检查时，在锈蚀严重的钢管中抽取三根，在每根钢管的锈蚀严重部位横向截断取样检查。经检验符合要求的钢管，应进行除锈，并刷涂防锈漆和面漆。

（2）扣件：目前，我国钢管脚手架中的扣件有可锻铸铁扣件与钢板压制扣件两种。前者质量可靠，应优先采用。扣件螺栓采用 Q235A 级钢制作。

扣件有三种形式，如图 1.1 所示。

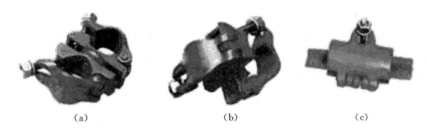

（a）　　　　　　　　　（b）　　　　　　　　　（c）

图 1.1　扣件实物图

（a）直角扣件；（b）旋转扣件；（c）对接扣件

1）直角扣件（十字扣件）。用于连接两根垂直相交的杆件，如立杆与大横杆、大横杆与小横杆的连接。靠扣件和钢管之间的摩擦力传递施工荷载。

2）旋转扣件（回转扣件）。用于连接两根平行或任意角度的扣件。如斜撑和剪刀撑与立杆、大横杆和小横杆的连接。

3）对接扣件（一字扣件）。钢管对接接长用的扣件，如立杆、大横杆的接长。

脚手架采用的扣件，在螺栓拧紧扭力矩达 65N·m 时，不得发生破坏。

（3）底座。用于立杆底部的垫座。扣件式钢管脚手架的底座有可锻铸铁制成的定型底座和套管、钢板焊接底座两种，可根据具体情况选用。几何尺寸如图 1.2 所示。

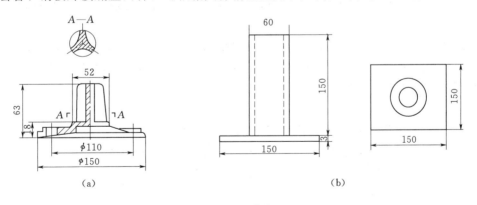

（a）　　　　　　　　　　　　　　　　　（b）

图 1.2　底座（单位：mm）

（a）铸铁底座；（b）焊接底座

可锻铸铁制造的标准底座，其材质和加工质量要求与可锻铸铁扣件相同。焊接底座采用 Q235A 钢，焊条应采用 E43 型。

2. 绑扎材料

竹木脚手架的各种杆件一般使用绑扎材料加以连接，木脚手架常用的绑扎材料有镀锌钢丝和钢丝两种。竹脚手架可以采用竹篾、镀锌钢丝、塑料篾等。竹脚手架中所有的绑扎材料均不得重复使用。

（1）镀锌钢丝。抗拉强度高、不易锈蚀，是最常用的绑扎材料，常用 8 号和 10 号镀锌钢丝。8 号镀锌钢丝直径 4mm，抗拉强度为 900MPa；10 号镀锌钢丝直径为 3.5mm，抗拉强度为 1000MPa。镀锌钢丝使用时不准用火烧，次品和腐蚀严重的产品不得使用。

（2）钢丝。常采用 8 号回火冷拔钢丝，使用前要经过退火处理（又称火烧丝）。腐蚀严重、表面有裂纹的钢丝不得使用。

（3）竹篾由毛竹、水竹或慈竹破成。要求篾料质地新鲜、韧性强、抗拉强度高；不得使用发霉、虫蛀、断腰、大节疤等竹篾。竹篾使用前应置于清水中浸泡12h以上，使其柔软、不易折断。竹篾的规格见表1.1。

表 1.1 　　　　　　　　　　竹　篾　规　格　　　　　　　　　　单位：mm

名　称	长度	宽度	厚度
毛竹、水竹、慈竹篾	3.5～4.0	20	0.8～1.0
	>2.5	5～45	0.6～0.8

（4）塑料篾又称纤维编织带。必须采用有生产厂家合格证书和力学性能试验合格数据的产品。

3. 脚手板

脚手板铺设在小横杆上，形成操作平台，以便施工人员工作和临时堆放零星施工材料。它必须满足强度和刚度的要求，保护施工人员的安全，并将施工荷载传递给纵、横水平杆。

常用的脚手板有冲压钢板脚手板、木脚手板、竹串片脚手板、竹笆板脚手板和钢木混合脚手板等，施工时可根据各地区的材源就地取材选用。每块脚手板的重量不宜大于 30kg。

（1）冲压钢板脚手板。冲压钢板脚手板用厚 1.5～2.0mm 钢板冷加工而成，其形式、构造和外形尺寸如图 1.3 所示，板面上冲有梅花形翻边防滑圆孔。钢材应符合国家现行标准《优质碳素结构钢》（GB/T 700）中 Q235A 级钢的规定。

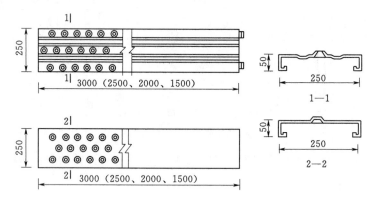

图 1.3　冲压钢板脚手板形式、构造和外形尺寸（单位：mm）

冲压钢板脚手板的连接方式有挂钩、插孔式和U形卡式，如图1.4所示。

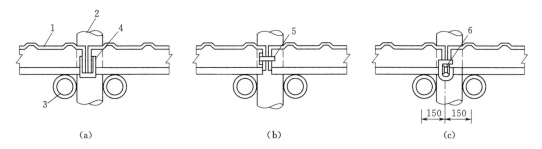

图1.4　冲压钢板脚手板的连接方式（单位：mm）

（a）挂钩式；（b）插孔式；（c）U形卡式

1—钢脚手板；2—立杆；3—小横杆；4—挂钩；5—插销；6—U形卡

（2）木脚手板。木脚手板应采用杉木或松木制作，其材质应符合现行《木结构设计规范》（GB 50005—2003）的规定。脚手板厚度不应小于50mm，板宽为200～250mm，板长3～6m。在板两端往内80mm处，用10号镀锌钢丝加两道紧箍，防止板端劈裂。

（3）竹串片脚手板。采用螺栓穿过并列的竹片拧紧而成。螺栓直径8～10mm，间距500～600mm，竹片宽50mm；竹串片脚手板长2～3m，宽0.25～0.3m，如图1.5所示。

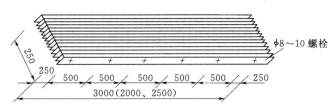

图1.5　竹串片脚手板（单位：mm）

（4）竹笆板。这种脚手板用竹筋作横挡，穿编竹片，竹片与竹筋相交处用钢丝扎牢。竹笆板长2.0～2.5m，宽0.8～1.2m，如图1.6所示。

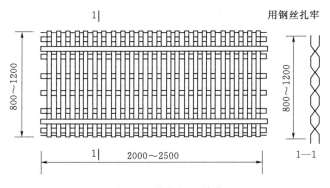

图1.6　竹笆板（单位：mm）

（5）钢竹脚手板。这种脚手板用钢管作直挡，钢筋作横挡，焊成趴爬梯式，在横挡间穿编竹片，如图1.7所示。

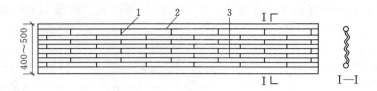

图1.7 钢竹脚手板（单位：mm）

1—钢筋；2—钢管；3—竹片

1.3.2 脚手架施工常用工具

1. 钎子

钎子用于搭拆脚手架时拧紧铁丝。手柄上带槽孔和栓孔的钎子一般长30cm，可以附带槽孔用来拔钉子或紧螺栓，如图1.8所示。

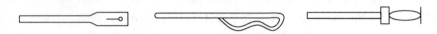

图1.8 手柄上带有槽孔和栓孔的钎子

2. 扳手

扳手是一种旋紧或拧松有角螺栓、螺钉或螺母的开口或套孔固件的手工工具，主要用于搭设扣件式钢管脚手架时紧螺栓。使用时沿螺纹旋转方向在柄部施加外力，就能拧转螺栓或螺母。常用的扳手类型主要有活络扳手、开口扳手、扭力扳手等。

（1）活络扳手。活络扳手，也叫活扳手，由呆扳唇、活扳唇、蜗轮、轴销和手柄组成，如图1.9所示。常用的活络扳手主要有250mm和300mm两种规格。

使用活络扳手的注意事项：

1）扳动小螺母时，因需要不断地转动蜗轮来调节扳口的大小，所以手应靠近呆扳唇，并用大拇指调制蜗轮，以适应螺母的大小。

2）活络扳手的扳口夹持螺母时，呆扳唇在上，活扳唇在下，切不可反过来使用。

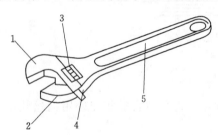

图1.9 活络扳手

1—呆扳唇；2—活扳唇；3—蜗轮；
4—轴销；5—手柄

3）在扳动生锈的螺母时，可在螺母上滴几滴煤油或机油。

4）在拧不动时，切不可采用钢管套在活络扳手的手柄上来增加扭力，因为这样极易损伤活络扳唇。

5）不得把活络扳手当锤子用。

（2）开口扳手。开口扳手，也叫呆扳手，有单头和双头两种，其开口和螺钉头、螺母尺寸相适应，并根据标准尺寸做成一套，如图1.10所示。

（3）扭力扳手。扭力扳手，又叫力矩扳手、扭矩扳手、扭矩可调扳手等，如图1.11所示。扭力扳手分为定值式、预置式两种。定值式扭力扳手，在拧转螺栓或螺母时，能显

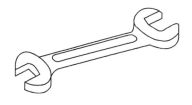 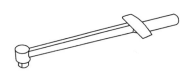

图 1.10　开口扳手　　　　　　　　图 1.11　扭力扳手

示出所施加的扭矩；预置式扭力扳手，当施加的扭矩到达规定值后，会发出信号。

1）定值式扭力扳手使用方法：

a. 扭力扳手手柄上有窗口，窗口内有标尺，标尺显示扭矩值的大小，窗口边上有标准线。

b. 当标尺上的线与标准线对齐时，该点的扭矩值代表当前的扭矩预紧值。

c. 设定预紧扭矩值的方法是，先松开扭矩扳手尾部的尾盖，然后旋转扳手尾部手轮。管内标尺随之移动，将标尺的刻线与管壳窗口上的标准线对齐。

2）预置式扭力扳手使用方法：

预置式扭力扳手是指扭矩的预紧值是可调的，使用时根据需要进行调整，使用扳手前，先将需要的实际拧紧扭矩值预置到扳手上，当拧紧螺纹紧固件时，若实际扭矩与预紧扭矩值相等，扳手会发出"咔嗒"报警响声，此时应立即停止扳动，释放后扳手自动为下一次自动设定预紧扭矩值。

3. 吊具

吊具是吊装脚手架材料时使用的重要工具，主要包括吊钩、套环、卡环（卸甲）、钢丝绳卡、横吊梁、花篮螺杆等。

（1）吊钩。吊钩是起重装置钩挂重物的吊具。吊钩有单钩、双钩两种形式。常用单钩形式有直柄单钩和吊环圈单钩两种，如图 1.12 所示。

（2）套环。套环装置在钢丝绳的端头，使钢丝绳在弯曲处呈弧形，不易折断。其装置如图 1.13 所示。

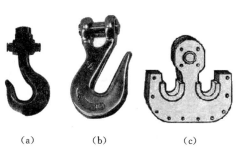
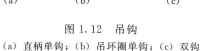
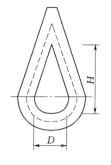

　（a）　　　　　（b）　　　　　（c）

图 1.12　吊钩　　　　　　　图 1.13　套环
（a）直柄单钩；（b）吊环圈单钩；（c）双钩

（3）卡环。又称卸甲，用于吊索与吊索或吊索同构件吊环之间的连接。卡环由一个止动锁和一个 U 形环组成，如图 1.14 所示。

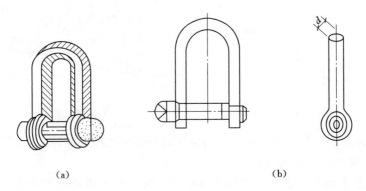

图 1.14 卡环
(a) 实物;(b) 结构

(4) 钢丝绳卡。钢丝绳卡用于钢丝绳的连接、接头等,是脚手架和起重吊装作业中应用较广泛的钢丝绳夹具。其主要有骑马式、压板式和拳握式三种形式,各形式装置如图 1.15 所示。其中,骑马式连接力最强,应用最广。

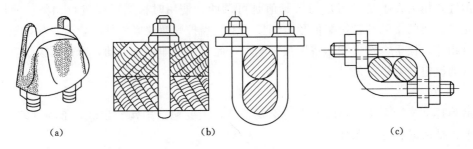

图 1.15 钢丝绳卡
(a) 骑马式;(b) 压板式;(c) 拳握式

(5) 横吊梁。又称铁扁担,用于承担吊索对构件的轴向压力和减少起吊高度。其装置如图 1.16 所示。

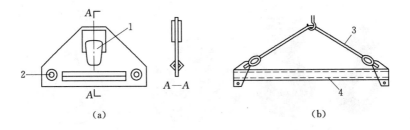

图 1.16 横吊梁
(a) 钢板横吊梁(吊柱子用);(b) 一字形横吊梁(吊屋架等用)
1—挂起重机吊钩的孔;2—挂吊索的孔;3—吊索;4—金属支杆

(6) 花篮螺杆。又称松紧螺栓或拉紧器,能拉紧和调节钢丝绳的松紧程度,用于捆绑运输中的构件,如图 1.17 所示。在安装构件时,可利用花篮螺栓调整缆风绳的松紧。

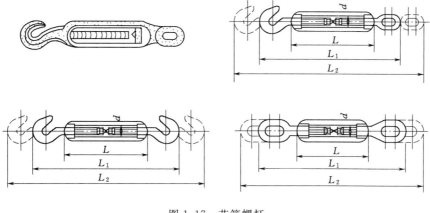

图 1.17　花篮螺杆

学习单元 1.4　脚手架安全设施

1.4.1　脚手板

脚手板是脚手架搭设中的基本辅件，因为脚手架本身是杆件结构，不能构成操作台，一般是依靠脚手板的搭设而形成操作台。脚手板用作操作台是承受施工荷载的受弯构件，因而最重要的要满足承载能力的要求。

应用最广泛的脚手板是木脚手板，一般采用松木板，厚度 50mm。根据北京建工集团的规定，宽度应为 230～250mm。这是由于脚手板除能承受 3kN/m² 的均布荷载外，还能承受双轮车的集中荷载 100kg。脚手板一般是搭设于排木之上，主要承受弯曲应力。其承载能力的确定除荷载之外，即是其跨度。支撑脚手板的排木间距以不大于 2m 为宜。脚手板的过大挠度不利于安全使用。

除了木脚手板之外，还有薄钢板制作的多孔形脚手板、竹片编制的竹笆板以及其他专用的脚手板，如图 1.18 所示，根据施工的具体情况予以选用。

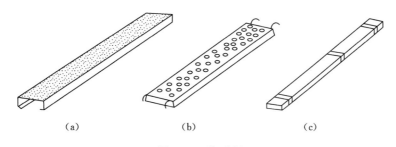

（a）　　　　　　　　（b）　　　　　　　　（c）

图 1.18　脚手板

（a）钢脚手板；（b）专用脚手板；（c）木脚手板

1.4.2　安全网

称为安全"三宝"之一的安全网时常作为保证脚手架安全的主要设施。安全网的主要功能是作为高空作业人员坠落时的承接与保护物，因而要有足够强度，并应柔软且有一定弹性，以确保坠落人员不受伤害。最早的安全网由麻绳制作，四周为主绳，中间为网绳，网眼的孔径稍大。为了能使安全网处于展开状况，一般需用杉篙或钢管作为支撑杆，形成防护网。

现以普通的建筑物周围的防护网为例，其搭设和应用方法如图 1.19 所示。

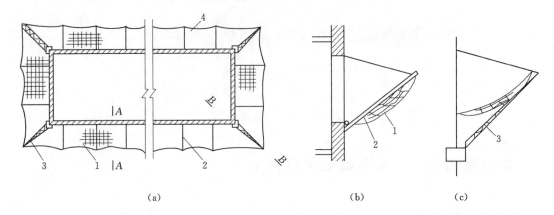

图 1.19　防护网整体构造

(a) 安全网平面；(b) A—A 剖面；(c) B—B 剖面

1—安全网；2—支杆；3—抱角架；4—钢丝绳

防护网由支杆与安全网构成，支杆下端在建筑物上可以旋转，支杆上端扣结安全网一端，安全网的另一端固定在建筑物上。操作时将立杆立在建筑物旁，安全网固定好之后用支杆自重放下成倾斜状态并将安全网展开。为了保证支杆端之间的距离，支杆两端都可采用钢管固定。当作为整体建安全网时，此端部纵向连杆可采用钢丝绳，但为了使钢丝绳持绷紧状态，在建筑物四角要设抱角架。抱角架的结构除要与建筑物连接之外，还要使架子工能够操作。

为了提高安全网的耐久性，现在安全网已多由尼龙绳制作。《安全网质量标准》（GB 5725—2009）对安全网的各项技术要求及试验检测方法作出了具体规定。

关于安全网设置的要求，可按照各地区脚手架的操作规程予以确定。

1.4.3　爬梯和马道

为了满足人员上下以及搬运建材和工具的需要，脚手架时常要附带搭设爬梯或马道。在木脚手架中时常采用斜脚手板上钉防滑条的方式形成爬梯，但在钢管脚手架中使用定型的爬梯件（图 1.20）似乎更为合理。

1.4.4　承料平台

为了配合高层现浇结构的施工，一般要装设承料平台，用于堆放钢模及支撑杆等。承料平台一般采用钢制，采用钢丝绳作为斜拉杆，支撑于楼板或立柱上，如图 1.21 所示。

1.4.5　连墙杆

脚手架与建筑物相接的连墙杆是极为重要的安全保证构件，它是保证单排及双排脚手

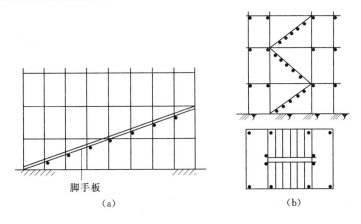

脚手板

（a）

（b）

图 1.20　斜坡马道与爬梯

（a）斜坡马道；（b）爬梯

架侧向稳定和确定立杆计算长度的构件。连墙杆与建筑物连接的好坏直接影响到脚手架的承载力，因为脚手架主要受力构件的立杆作为细长受压构件，其承载能力决定于其细长比，也就是连墙杆之间的距离。如果连墙杆不够牢固，则其细长比将会加大而降低承载力。

　　连墙杆在建筑物上有预留口（砌体结构）或预留孔处，可采用 ϕ48mm 钢管与扣件扣接而成。当建筑物为钢筋混凝土结

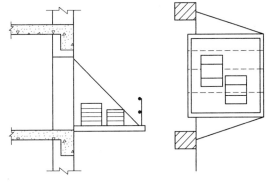

图 1.21　承料平台

构无预留口时，可在混凝土中放置预埋件，形成连墙杆，如图 1.22 所示。

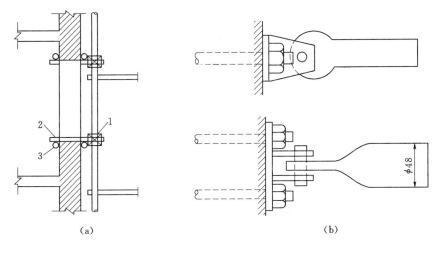

（a）　　　　　　　　　　（b）

图 1.22　连墙杆

（a）窗口拉结杆；（b）预埋件拉结杆

1—扣件；2—小横杆；3—横杆

连墙杆的埋件应便于固定在模板上并与结构可靠地连接；连墙杆与埋件的连接既要足够牢固又应有一定的活动余量，以满足与脚手架杆件的连接。根据这种要求，对于专门的脚手架体系（例如碗扣架、门形架）设计有专用的连墙杆和埋件。

连墙杆的埋件应按照脚手架搭设方案预埋，其位置应与脚手架的结构相协调，否则可能造成埋件无法使用。

学习单元 1.5　脚手架安全管理

1.5.1　安全技术管理要求

（1）脚手架和支撑架要严格履行编制、审核和批准的程序，参加上述三大步骤的人员必须是能掌握脚手架结构设计技术的人员，以保证施工的安全。

（2）脚手架和支撑架的施工设计，应对架体结构提出相应的结构平面图、立面图、剖面图，并根据使用情况进行相应的结构计算，计算书应明确无误，并提出施工的重点措施和要求。

（3）在施工前应由"施工设计"的设计者对现场施工人员进行技术交底，并应达到使操作者掌握的目的。

（4）架体在搭设完（支撑架）或在使用前（脚手架）进行检查验收，达到设计要求方可投入使用。

1.5.2　操作人员要求

（1）对从事高空作业的人员要定期进行体检。凡患有高血压、心脏病、贫血、癫痫病以及不适合高空作业的人员不得从事高空作业。饮酒后禁止作业。

（2）高空作业人员衣着要便利，禁止赤脚、赤膊及穿硬底、高跟、带钉、易滑的鞋或拖鞋从事高空作业。

（3）进入施工区域的所有工作人员、施工人员必须按要求戴安全帽。

（4）从事无可靠防护作业的高空作业人员必须使用安全带，安全带要挂在牢固的地方。

1.5.3　架体结构检查

（1）首先检查架体结构是否符合施工设计的要求，未经设计及审批人员批准不得随意改变架体整体结构。

（2）重点检查节点的扣件是否扣牢，尤其是扣件式脚手架不得有"空扣"和"假扣"现象。

（3）对斜杆的设置应重点检查。

1.5.4　脚手架防护

（1）双排脚手架操作台的脚手板要铺平、铺严；两侧要有挡脚板和两道牢固的护身栏或立挂安全网，与建筑物的间隙不得大于 15cm。

（2）满堂红脚手架高度在 6m 以下时，可铺花板，但间隙不得大于 20cm，板头要绑牢，高度在 6m 以上时，必须铺严脚手板。

（3）建筑物顶部施工的防护架子高度要超出坡屋面挑檐栖板 1.5m 或高于平屋面女儿墙顶 1.0m，高出部分要绑两道护身栏和立挂安全网。

1.5.5　安全网设置

（1）凡 4m 以上的在施工程，必须随施工层支 3m 宽的安全网，首层必须固定一道3～6m 宽的底网。高层建筑施工时，除首层网外，每隔 10m 还要固定一道安全网。施工中要保证安全网完整有效，受力均匀，网内不得有堆积物。网间搭挂要求，未经设要严密，不得有缝隙。

（2）在施工程的电梯井、采光井、螺旋式楼梯口，除必须设有防护栏杆外，还应在井口内固定安全网，除首层一道外，每隔三层另设安全网。

（3）在安装阳台和走廊底板时，应尽可能把栏板同时装好。如不能及时安装，要将阳台三面严密防护，其高度要超出底板 1.0m 以上。

1.5.6　施工现场安全措施

（1）施工现场内的一切孔洞，如电梯井口、楼梯口、施工洞出入口、设备口和井、沟槽、池塘以及随墙洞口、阳台门口等，必须加门、加盖，设围栏并加警告标志。

（2）层高 3.6m 以下的室内作业所用的铁凳、木凳、人字梯要拴牢固，设防滑装置，两支点间跨度不得大于 3.0m，只允许一人在上操作；脚手板宽度不得小于 25cm；双层凳和人字梯要互相拉牢，单梯坡度不得小于 60°和大于 70°；底部要有防滑措施。

（3）作业中禁止投掷物料。清理楼内物料时，应设溜槽或使用垃圾桶，手持工具和零星物料应随手放在工具袋内。安装玻璃时要防止坠落，严禁抛撒碎玻璃。

（4）施工现场操作人员要严格做到活完脚下清。斜道、过桥、跳板要有专人负责维修和清理，不得存放杂物。冬雨期要采取防滑措施，禁止使用飞跳板。

学习项目 2　落地扣件式钢管脚手架

落地式脚手架是指从地面搭设的脚手架，随建筑结构的施工进度而逐层增高。落地扣件式钢管脚手架是应用最广泛的脚手架之一。

学习单元 2.1　落地扣件式钢管脚手架分类

（1）落地扣件式钢管脚手架分普通脚手架和高层建筑脚手架。

1）普通脚手架是指 10 层以下、高度在 30m 以内建筑物施工搭设的脚手架。

2）高层建筑脚手架是指 10 层及 10 层以上、高度超过 23m 但在 100m 以内的建筑物施工搭设的脚手架。

（2）落地扣件式钢管脚手架搭设分封圈型和开口型。

1）封圈型脚手架是指沿建筑物周边交圈搭设的脚手架［图2.1（a）］。

2）开口型脚手架是指沿建筑物周边没有交圈搭设的脚手架［图2.1（b）］。

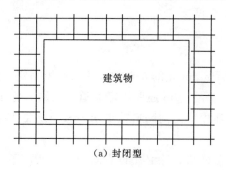 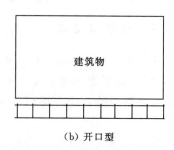

（a）封闭型　　　　　　　　　　　　　　（b）开口型

图2.1　脚手架搭设方式

学习单元2.2　落地扣件式钢管脚手架构造

2.2.1　构造和组成

落地扣件式钢管脚手架，由立杆、纵向水平杆（大横杆）、横向水平杆（小横杆）、剪刀撑、横向斜撑、连墙件等组成（图2.2）。

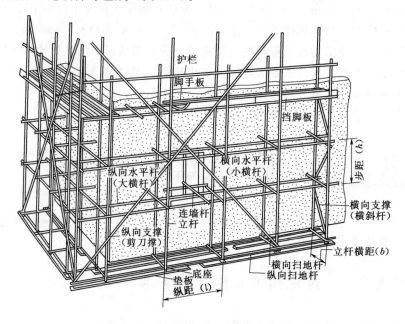

图2.2　落地扣件式钢管脚手架构造

（1）立杆，垂直于地面的竖向杆件，是承受自重和施工荷载的主要杆件。

（2）纵向水平杆（又称大横杆），沿脚手架纵向（顺着墙面方向）连接各立杆的水平杆件，其作用是承受并传递施工荷载给立杆。

（3）横向水平杆（又称小横杆），沿脚手架横向（垂直墙面方向）连接内、外排立杆的水平杆件，其作用是承受并传递施工荷载给立杆。

（4）扫地杆，连接立杆下端、贴近地面的水平杆，其作用是约束立杆下端部的移动。

（5）剪刀撑，在脚手架外侧面设置的呈十字交叉的斜杆，可增强脚手架的稳定和整体刚度。

（6）横向斜撑，在脚手架的内、外立杆之间设置并与横向水平杆相交呈之字形的斜杆，可增强脚手架的稳定性和刚度。

（7）连墙件，连接脚手架与建筑物的杆件。

（8）主节点，立杆、纵向水平杆、横向水平杆三杆紧靠的扣接点。

（9）底座，立杆底部的垫座。

（10）垫板，底座下的支承板。

2.2.2　落地扣件式钢管脚手架的主要尺寸

落地扣件式钢管脚手架有两种搭设形式：双排脚手架和单排脚手架（图2.3）。双排脚手架有内、外两排立杆；单排脚手架只有一排立杆，横向水平杆有一端插置在墙体上。

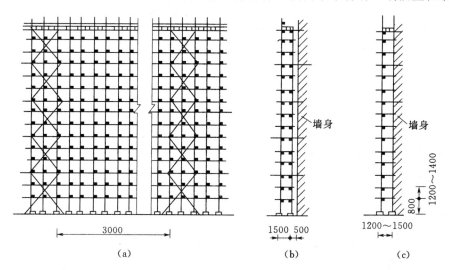

图2.3　落地扣件式钢管脚手架（单位：mm）
（a）立面图；（b）双排架；（c）单排架

（1）脚手架高度 H，是指立杆底座下皮至架顶栏杆上皮之间的垂直距离。

（2）脚手架长度 L，是指脚手架纵向两端立杆外皮间的水平距离。

（3）脚手架的宽度 B，双排架是指横向内、外两立杆外皮之间的水平距离。单排架是指立杆外皮至墙面的距离。

（4）立杆步距 h，上、下两相邻水平杆轴线间的距离。

（5）立杆纵距（跨距）l，是指脚手架中两纵向相邻立杆轴线间的距离。

（6）立杆横距 l_0，双排架是指横向内、外两主杆的轴线距离。单排架是指主杆轴线至墙面的距离。

1. 立杆横距 l_0

在选定脚手架的立杆横距时，应考虑脚手架作业面的横向尺寸要满足施工作业人员的操作、施工材料的临时堆放及运输等要求，图 2.4 给出了必要的横向参考尺寸。

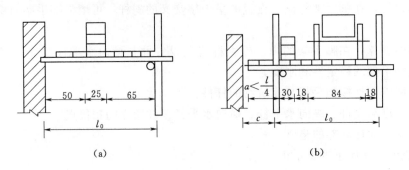

图 2.4　脚手架立杆横距（单位：cm）

（a）单排脚手架；（b）双排脚手架

表 2.1 列出了脚手架在不考虑行走小车情况下立杆横距 l_0 及其他一些横向参考尺寸。

表 2.1　　　　　　　脚手架的立杆横距 l_0 等横向参考尺寸　　　　　　　单位：m

尺 寸 类 型	结构施工脚手架	装修施工脚手架
双排脚手架立杆横距 l_0	1.05～1.55	0.80～1.55
单排脚手架立杆横距 l_0	1.45～1.80	1.15～1.40
横向水平杆里端距墙面距离 a	100～150	150～200
双排脚手架里立杆距墙体（结构面）的距离 c	350～500	350～500

从表 2.1 中可看出：

（1）结构施工脚手架因材料堆放及运输量大，其立杆横距应比装修脚手架的立杆横距大。

（2）装修施工（如墙面装饰施工）比结构施工需要有更宽一些的操作空间，所以装修施工脚手架的横向水平杆里端距墙面的距离 a 比结构施工脚手架的要大。

（3）为了保证施工作业人员有足够的活动空间，双排脚手架［图 2.4（b）］里立杆距墙体结构面的距离宜为 350～500mm。

2. 立杆跨距 l

不论单排脚手架还是双排脚手架，结构脚手架还是装修脚手架，立杆跨距一般取 1.0～2.0m，最大不要超过 2.0m。

常用的脚手架跨距参考值见表 2.2，具体数值需进行计算选定。

3. 立杆步距 h

考虑到地面施工人员在穿越脚手架时能安全顺利通过，脚手架底层步距应大些，一般为离地面 1.6～1.8m，最大不超过 2.0m。

表 2.2		脚手架立杆跨距参考值	单位：m
脚手架高度 H	脚手架立杆的纵向间距 l_a	脚手架高度 H	脚手架立杆的纵向间距 l_a
<30	1.8~2.0	40~50	1.2~1.6
30~40	1.4~1.8		

不同的施工操作内容（如砌筑、粉刷、贴面砖等）其操作需要的空间、高度也不同。为了便于施工操作，对脚手架的步距会有限制，否则，步距超过一定高度时，作业人员将会无法操作。除底层外，脚手架其他层的步距一般为1.2~1.6m，结构施工脚手架的最大步距不超过1.6m，装修施工脚手架的最大步距不超过1.8m。

4. 脚手架的搭设高度 H

脚手架的搭设高度因脚手架的类型、形式及搭设方式的不同而不一样。落地扣件式钢管单排脚手架的搭设高度一般不超过24m，双排脚手架的搭设高度一般不超过50m。

当脚手架高度超过50m时，钢管脚手架则采取如下加强措施：

（1）脚手架下部采用双立杆（高度不得低于5~6m），上部采用单立杆（高度应小于35m）（图2.5）。

（2）分段组架布置，将脚手架下段立杆的跨距减半（图2.6）。上段立杆跨距较大部分的高度应小于35m。

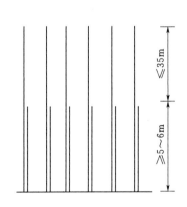

图 2.5　下部双立杆布置

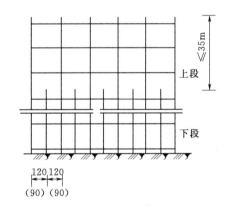

图 2.6　分段组架布置（单位：cm）

学习单元 2.3　落地扣件式钢管脚手架搭设

2.3.1　施工准备

1. 施工技术交底

工程的技术负责人应按工程的施工组织设计和脚手架施工方案的有关要求，向施工人员和使用人员进行技术交底。通过技术交底，应主要了解以下内容。

（1）工程概况，待建工程的面积、层数、建筑物总高度、建筑结构类型等；

（2）选用的脚手架类型、形式，脚手架的搭设高度、宽度、步距、跨距及连墙杆的布置等；

（3）施工现场的地基处理情况；

（4）根据工程综合进度计划，了解脚手架施工的方法和安排、工序的搭接、工种的配合等情况；

（5）明确脚手架的质量标准、要求及安全技术措施。

2. 脚手架的地基处理

落地脚手架须有稳定的基础支承，以免发生过量沉降，特别是不均匀的沉降，易引起脚手架倒塌。对脚手架的地基要求如下。

（1）地基应平整夯实；

（2）有可靠的排水措施，防止积水浸泡地基。

3. 脚手架的放线定位、垫块的放置

根据脚手架立柱的位置，进行放线。脚手架的立柱不能直接立在地面上，立柱下应加设底座或垫块，具体作法如下。

（1）普通脚手架：垫块宜采用长 2.0～2.5m，宽不小于 200mm，厚 50～60mm 的木板，垂直或平行于墙横放置，在外侧挖一浅排水沟（图2.7）。

（2）高层建筑脚手架：在地基上加铺塘渣、混凝土预制块，其上沿纵向铺放槽钢，将脚手架立杆底座置于槽钢上。采用道木来支承立柱底座（图2.8）。

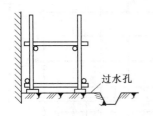 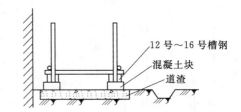

图2.7 普通脚手架的基底　　　　图2.8 高层脚手架的基底

2.3.2 搭设要求

1. 构架单元搭设

脚手架一次搭设的高度应不超过相邻连墙件二步以上。脚手架按形成基本构架单元的要求，逐排、逐跨、逐步地进行搭设。

矩形周边脚手架可在其中的一个角的两侧各搭设一个1～2根杆长和1根杆高的架子，并按规定要求设置剪刀撑或横向斜撑，以形成一个稳定的起始架子，如图2.9所示，然后向两边延伸，至全周边都搭设好后，再分步满周边向上搭设。

在搭设脚手架时，各杆的搭设顺序为：

摆放纵向扫地杆→逐根树立杆（随即与纵向扫地杆扣紧）→安放横向扫地杆（与立杆或纵向扫地杆扣紧）→安装第一步纵向水平杆和横向水平杆→安装第二步纵向和横向水平杆→加设临时抛撑（上端与第二步纵向水平杆扣紧，在设置二道连墙杆后可拆除）→安装第三、四步纵向和横向水平杆→设置连墙杆→安装横向斜撑→接立杆→加设剪刀撑→铺脚手板→安装护身栏杆和扫脚板→立挂安全网。

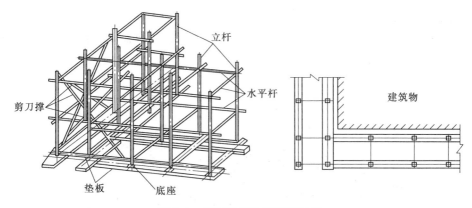

图 2.9 脚手架搭设的起始架子

2. 摆放扫地杆、树立杆

脚手架必须设置纵、横向扫地杆。根据脚手架的宽度摆放纵向扫地杆，然后将各立杆的底部按规定跨距与纵向扫地杆用直角扣件固定，并安装好横向扫地杆，如图 2.10 所示。

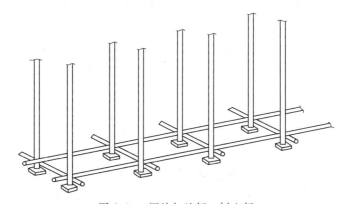

图 2.10 摆放扫地杆、树立杆

立杆要先树里排立杆，后树外排立杆；先树两端立杆，后树中间各立杆。每根立杆底部应设置底座或垫板。纵向扫地杆固定在立杆内侧，其距底座上皮的距离不应大于200mm。横向扫地杆应采用直角扣件固定在紧靠纵向扫地杆下方的立杆上，或者紧挨着立杆，固定在纵向扫地杆下侧，如图 2.11 所示。

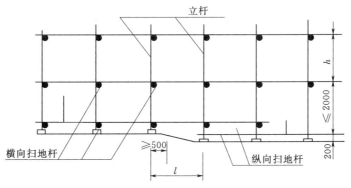

图 2.11 纵向、横向扫地杆（单位：mm）

3. 安装纵向水平杆和横向水平杆

在树立杆的同时，要及时搭设第一、二步纵向水平杆和横向水平杆，以及临时抛撑或连墙杆，以防架子倾倒，如图2.12所示。

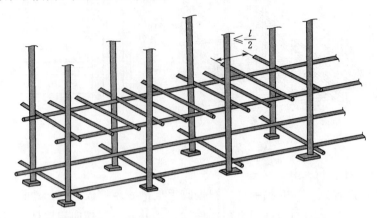

图 2.12（a） 脚手架纵向、横向水平杆第一步安装
（铺冲压钢脚手板等时）

在双排脚手架中，横向水平杆靠墙一端的外伸长度应不大于 $0.4l$ 且不大于 $500mm$，其靠墙一端端部离墙（装饰面）的距离应不大于 $100mm$（图2.13）。

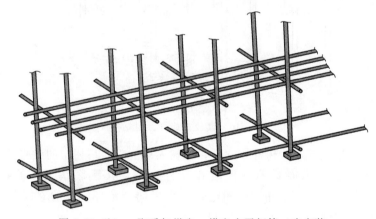

图 2.13（b） 脚手架纵向、横向水平杆第二步安装

单排脚手架的横向水平杆的一端用直角扣件固定在纵向水平杆上，另一端应插入墙内，其插入长度不应小于 $180mm$ ［图2.14（b）］。

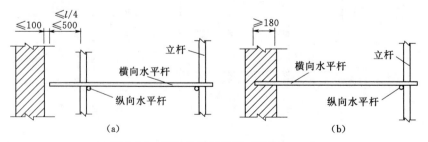

图 2.14 纵向水平杆构造（单位：mm）

在主节点处必须设置横向水平杆，并在架子的使用过程中严禁拆除。

作业层上非主节点处的横向水平杆应根据支承脚手板的需要，等距离设置（用直角扣件固定在纵向水平杆上），最大间距应不大于 1/2 跨距。

作业层上非主节点处的纵向水平杆，应根据铺放脚手板的需要，等间距设置（用直角扣件固定在横向水平杆上），其间距应不大于 400mm。

每根纵向水平杆的钢管长度至少跨越 3 跨（4.5～6m），安装后其两端的允许高差要求在 20mm 之内。同一跨内里、外两根纵向水平杆的允许高应小于 10mm（图 2.15）。

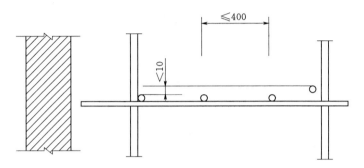

图 2.15　纵向水平杆的间距、允许高差（单位：mm）

纵向水平杆安装在立杆的内侧，优点如下。

（1）方便立杆接长和安装剪刀撑。

（2）对高空作业更为安全。

（3）可减少横向水平杆跨度。

搭接时，搭接长度不应小于 1m，用等距设置的 3 个旋转扣件固定，端部扣件盖板边缘至杆端距离不小于 100mm（图 2.16）。

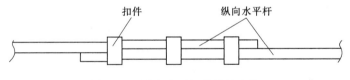

图 2.16　纵向水平杆的搭接连接

4. 设抛撑

在设置第一层连墙件之前，除角部外，每隔 6 跨（10～12m）应设一根抛撑，直至装设二道连墙件且稳定后，方可根据情况拆除。

抛撑应采用通长杆，上端与脚手架中第二步纵向水平杆连接，连接点与主节点的距离不大于 300mm。抛撑与地面的倾角宜为 45°～60°。

5. 设置连墙件

连墙件有刚性连墙件和柔性连墙件两类：

（1）刚性连墙件。刚性连墙件（杆）一般有 3 种做法。

1）直与预埋件焊接而成。

在现浇混凝土的框架梁、柱上留预埋件，然后用钢管或角钢的一端与预埋件焊接，如

图 2.17 所示，另一端与连接短钢管用螺栓连接。

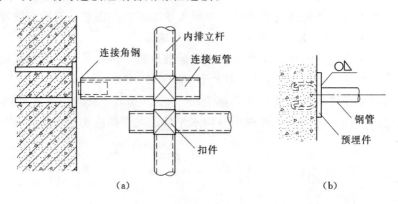

(a)　　　　　　　　　　(b)

图 2.17　钢管焊接刚性连墙杆
(a) 角钢焊接预埋件；(b) 钢管焊接预埋件

2）用短钢管、扣件与钢筋混凝土柱连接（图 2.18）。

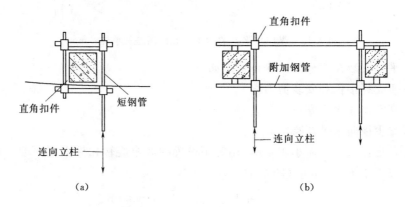

(a)　　　　　　　　　　(b)

图 2.18　钢管扣件柱刚性连墙件
(a) 单柱连接；(b) 多柱连接

3）用短钢管、扣件与墙体连接（图 2.19）。

（2）柔性连墙件。单排脚手架的柔性连墙件做法如图 2.20（a）所示，双排脚手架的柔性连墙件做法如图 2.20（b）所示。拉接和顶撑必须配合使用。其中拉筋用直径 6mm 钢筋或直径 4mm 的铅丝，用来承受拉力；顶撑用钢管和木楔，用以承受压力。

（3）连墙件的设置要求：

1）$H<24m$ 的脚手架宜用刚性连墙件，亦可用拉筋加顶撑，严禁使用仅有拉筋的柔性连墙件。

2）$H>24m$ 的脚手架必须用刚性连墙件，严禁使用柔性连墙件。

3）连墙件宜优先菱形布置，也可用方形、矩形布置。

4）连墙件的布置间距应符合表 2.3 的规定。

5）连墙件应从第一步纵向水平杆处开始设置，当该处设置有困难时，应采取其他可靠措施。

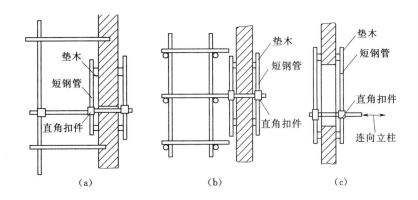

图 2.19　钢管扣件墙刚性连墙件

（a）单排架；（b）双排架；（c）窗洞处连接

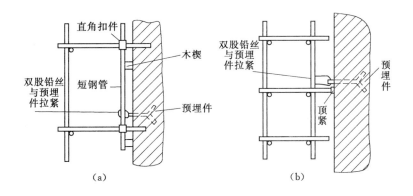

图 2.20　柔性连墙件

（a）单排架；（b）双排架

表 2.3		连墙件布置最大间距		
脚手架高度/m		竖向间距	水平间距	每根连墙件覆盖面积/m²
双排	≤50	2h	3l_a	≤40
	>50	2h	3l_a	≤27
单排	≤24	3h	3l_a	≤40

6）连墙杆的设置位置宜靠近主节点，偏离节点的距离不大于300mm。

7）在建筑物的每一层范围内均需设置一排连墙件。

8）一字形、开口形脚手架的两端必须设置连墙件，且所设连墙件的垂直间距不应大于4m（2步）或建筑物的层高。

9）连墙件中的连墙杆拉筋宜水平设置见图2.21（a），不能水平设置时，应外向下斜连接，见图2.21（b）；应外向上斜连接，见图2.21（c）。

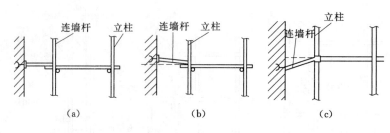

图 2.21　连墙杆设置

6. 接立杆

扣件式钢管脚手架中立柱，除顶层顶步可采用搭接接头外，其他各层各步必须采用对接扣件连接（对接的承载能力比搭接大 2.14 倍）。

（1）立杆的对接接头应交错布置，具体要求如下。

1）两根相邻上的接头不得设置在同步内，且接头的高差不小于 500mm，如图 2.22 所示。

2）各接头中心至主节点的距离不宜大于步距的 1/2，如图 2.22（a）所示。

3）同步同隔一根立杆两相隔接头在高度方向上错开的距离（高差）不得小于 500mm，如图 2.22（b）所示。

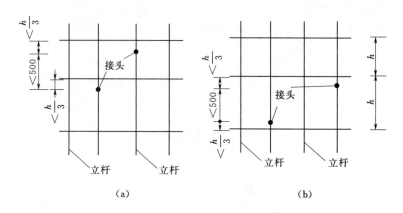

图 2.22　立柱对接接头（单位：mm）

（2）立杆搭接时搭接长度不应小于 1m，至少用 2 个旋转扣件固定，端部扣件盖板边缘至杆距离不小于 100mm。

在搭设脚手架立杆时，为控制立杆的偏斜，对立杆的垂直度应进行检测（用经纬仪或吊线和卷尺），而立杆的垂直度用控制水平偏差来保证。

7. 设置横向斜撑

设置横向斜撑可以提高脚手架的横向刚度，并能显著提高脚手架的稳定性和承载力。横向斜撑应随立杆、纵向水平杆、横向水平杆等同步搭设。

横向斜撑应按以下规定。

（1）一道横向斜撑应在同一节间内由底到顶呈之字形连续布置，如图 2.23 所示。

（2）一字形、开口形双排脚手架的两端必须设置横向斜撑，在中间宜每隔 6 跨设置

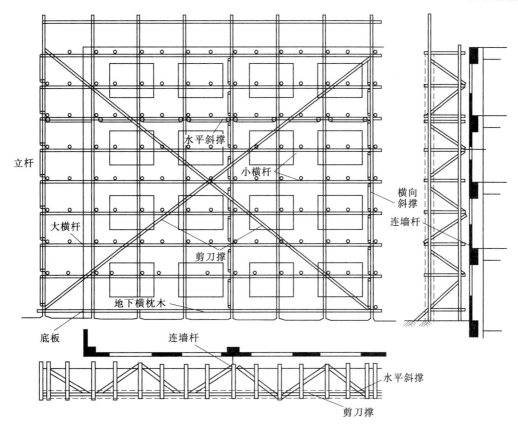

图 2.23　横向斜撑设置

一道。

（3）高度在24m以上封圈型双排脚手架，在拐角处应设置横向斜撑，中间应每隔6跨设置一道。

（4）高度在24m以下封圈型双排脚手架可以不设横向斜撑。

（5）斜撑杆宜采用旋转扣件固定在与之相交的横向水平杆的伸出端（扣件中心线与主节点的距离不宜大于150mm），底层斜杆的下端必须支承在垫块或垫板上。

8. 脚手架整体稳定

脚手架有两种可能的失稳形式：整体失稳和局部失稳。整体失稳破坏时，脚手架呈现出内、外立杆与横向水平杆组成的横向框架，沿垂直主体结构方向大波鼓曲现象，波长均大于步距，并与连墙件的竖向间距有关。整体失稳破坏始于无连墙件的、横向刚度较差或初弯曲较大的横向框架，如图2.24所示。一般情况

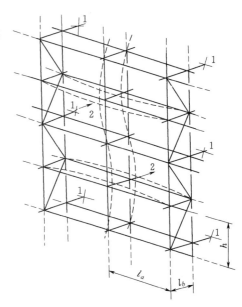

图 2.24　双排脚手架的整体失稳

1—连墙件；2—失稳方向

下，整体失稳是脚手架的主要破坏形式。

局部失稳破坏时，立杆在步距之间发生小波鼓曲，波长与步距相近，内、外立杆变形方向可能一致，也可能不一致。

9. 设置剪刀撑

设置剪刀撑可增强脚手架的整体刚度和稳定性，提高脚手架的承载力。不论双排脚手架还是单排脚手架，均应设置剪刀撑。

剪刀撑是防止脚手架纵向变形的重要措施，合理设置剪刀撑可以提高脚手架承载能力12%以上。

剪刀撑应随立杆、纵向水平杆、横向水平杆的搭设同步搭设。

高度 24m 以下的单、双排脚手架必须在外侧立面的两端各设置一道从底到顶连续的剪刀撑，中间各道剪刀撑之间的净距不应大于 15m，如图 2.25（a）所示。

高度 24m 以上的双排脚手架应在整个外侧立面上连续设置剪刀撑，如图 2.25（b）所示。

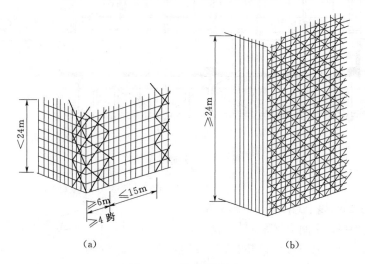

（a）　　　　　　　　　　　　　　　　　（b）

图 2.25　剪刀撑设置

每道剪刀撑至少跨越 4 跨，且宽度不小于 6m（图 2.25）。如果跨越的跨数少，剪刀撑的效果不显著，脚手架的纵向刚度会较差。

每道剪刀撑跨越立杆的根数宜根据表 2.4 的规定确定。

表 2.4　　　　　　　　　　　　剪 刀 撑 设 置

斜杆与地面的倾角/(°)	剪刀撑跨越的立杆最多根数/根	斜杆与地面的倾角/(°)	剪刀撑跨越的立杆最多根数/根
45	7	60	5
50	6		

剪刀撑斜杆应用旋转扣件固定在与之相交的横向水平杆上，且扣件中心线与主节点的距离不宜大于 150mm。

底层斜杆的下端必须支承在垫块或垫板上。

剪刀撑斜杆的接长宜用搭接，其搭接长度不应小于 1m，至少用 2 个旋转扣件固定，端部扣件盖板边缘至杆端的距离不小于 100mm。

10. 铺脚手板

（1）作业层上脚手板铺设。

作业层的脚手板应铺满、铺稳。

作业层上脚手板的铺设宽度，除考虑材料临时堆放的位置外，还需考虑手推车的行走，其铺设的宽度可参考表 2.5。

表 2.5　　　　　　　　　　　脚 手 板 铺 设 宽 度

行车情况/mm	结构脚手架/m	装修脚手架/m	行车情况/mm	结构脚手架/m	装修脚手架/m
没有小车	≥1.0	≥0.9	车宽 900～1000	≥1.6	≥1.5
车宽≤600	≥1.3	≥1.2			

脚手板边缘与墙面的间隙一般为 120～150mm，与挡脚板的间隙一般不大于 100mm。

（2）防护层上脚手板铺设。

在脚手架的作业层下面应留一层脚手板作为防护层。施工时，当脚手架的作业层升高时，则将下面一层防护层上的脚手板倒到上面一层，升为作业层的脚手板，两层交错上升。

为了增强脚手架的横向刚度，除在作业层、防护层上铺设脚手板，在脚手架中自顶层作业层往下算，每隔 12m 宜满铺一层脚手板。

（3）竹笆脚手板铺设。

铺竹笆脚手板时，将脚手板的主竹筋垂直于纵向水平杆方向，采用对接平铺 ［图 2.26（a）］，四个角应用 ϕ1.2mm 镀锌钢丝固定在纵向水平杆上。

（4）冲压钢板脚手架、木脚手架、竹串片板的铺设。

脚手板应铺设在三根横向水平杆上 ［图 2.26（b）］，铺设时可采用对接平铺，亦可采用搭接。

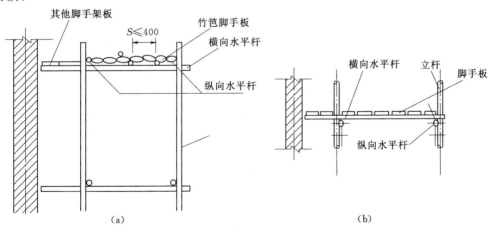

图 2.26　铺设脚手板（单位：mm）

（a）竹笆脚手板铺设；（b）竹串片板的铺设

脚手板搭接铺设时应注意以下问题。

1）接头必须支在横向水平杆上。

2）搭接长度应大于200mm。

3）伸出横向水平的长度应小于100mm。

铺板时应注意以下问题。

1）作业层端部脚手板的一端探头长度应不超过150mm，并且板两端应与支承杆固定牢靠。

2）装修脚手架作业层上横向脚手架的铺设不得小于3块。

3）当长度小于2m的脚手板铺设时，可采用两根横向水平杆支承，但必须将脚手板两端用3.2mm镀锌钢丝与支承杆可靠捆牢，严防倾翻。

11．斜道搭设

脚手架斜道是施工操作人员的上、下通道，并可兼作材料的运输通道。

（1）斜道形式。斜道有一字形和之字形两种形式。高度不大于6m的脚手架，宜用一字形斜道，其构造如图2.27所示。

图2.27　一字形斜道搭设

高度大于6m的脚手架，宜用之字形斜道，其构造如图2.28所示。

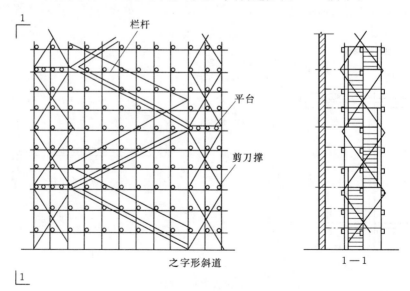

图2.28　之字形斜道搭设

（2）斜道的宽度和坡度。斜道的宽度和坡度按行人还是运料，分别选用：行人斜道的宽度应不小于1m，坡度为1∶3；运料斜道的宽度应小于1.5m，坡度为1∶6。

（3）斜道构造要求。

1）斜道应附着外脚手架或建筑物设置。

2）在斜道拐弯处应设置平台。

3）其宽度应不小于斜道宽度。

4）运料斜道两侧、平台外围和端部均设置连墙杆、剪刀撑和横向斜撑，每两架加设水平斜杆。

斜道两侧及平台外围均应设置栏杆和挡脚板。

12. 栏杆和挡脚板搭设

在脚手架中离地（楼）面2m以上铺有脚手板的作业层，都必须在脚手架外立杆的内侧设置两道栏杆和挡脚板。其构造如图2.29所示。

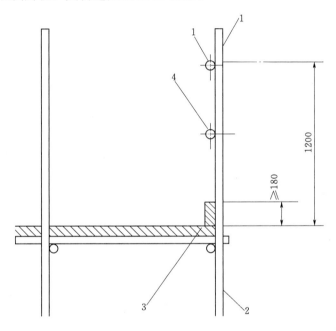

图2.29　栏杆和挡脚板构造（单位：mm）
1—上栏杆；2—立杆；3—挡脚板；4—中栏杆

上栏杆的上皮高度为1.2m，中栏杆高度应居中，挡脚板高度不应小于180mm。挡脚板宽180mm左右，有时也可用一道高于脚手板200～400mm的栏杆踢脚杆替代。

13. 搭设安全网

（1）立网。沿脚手架的外侧面应全部设置立网，立网应与脚手架的立杆、横杆绑扎牢固。立网的平面应与水平面垂直；立网平面与搭设人员的作业面边缘的最大间隙不应超过100mm。

在操作层上，网的下口与建筑物挂搭封严，形成兜网，或在操作层脚手板下另设一道固定安全网。

（2）平网。脚手架在距离地面3～5m处设置首层安全网，上面每隔3～4层设置一道层间网。当作业层在首层以上超过3m时，随作业层设置的安全网称为随层网。

平网伸出脚手架作业层外边缘部分的宽度，首层网为3～4m（脚手架高度$H \leqslant 24m$时），5～6m（脚手架高度$H > 24m$时），随层网、层间网为2.5～3m，如图2.30和图2.31所示。

高层建筑脚手架的底部应搭设防护棚。

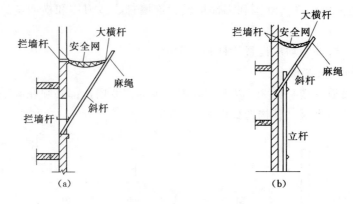

图2.30 平网设置（1）

（a）墙面有窗口；（b）墙面无窗口

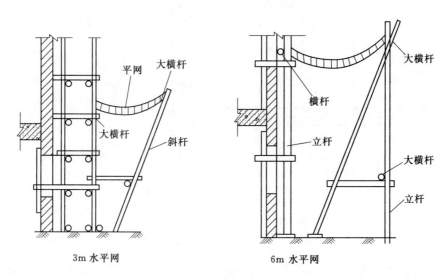

图2.31 平网设置（2）

14. 脚手架封底

（1）脚手架封顶时，为保证施工的安全，其构造上有以下要求。

1）外排立杆必须超过房屋檐口的高度，如图2.32所示。

若房屋有女儿墙时，必须超过女儿墙顶1.0m；若是坡屋顶，必须超过檐口顶1.5m。

2）内排立杆则应低于檐口底150～200mm。

3）脚手架最上排连墙件以上的建筑物高度应不大于4m。

（2）房屋挑檐部位脚手架封顶。在房屋的挑檐部位搭设脚手架时，可用斜杆将脚手架挑出，如图2.33所示。

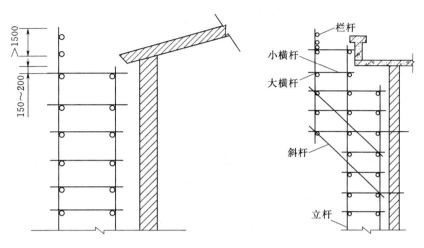

图2.32　坡屋顶脚手架封顶（单位：mm）　　图2.33　挑檐部位脚手架封顶

其构造有以下要求：

1）挑出部分的高度不得超过两步，宽度不超过1.5m。

2）斜杆应在每根立杆上挑出，与水平面的夹角不得小于60°，斜杆的两端均交于脚手架的主节点处。

3）斜杆间的距离不得大于1.5m。

4）脚手架挑出部分最外排立杆与原脚手架的两排立杆，至少设置3道平行的纵向水平杆。

15. 扣件安装注意事项

（1）扣件规格必须与钢管规格相同。

（2）对接扣件的开口应朝下或朝内以防雨水进入。

（3）连接纵向（或横向）水平杆与立杆的直角扣件，其开口要朝上，以防止扣件螺栓滑丝时水平杆的脱落。

（4）各杆件端头伸出扣件盖板边缘的长度水应小于100mm。

（5）扣件螺栓拧紧力矩应不小于40N·m，不大于60N·m。

2.3.3　脚手架的检查、验收

1. 检查验收的组织

脚手架搭到设计高度后，应对脚手架的质量进行检查、验收，经检查合格者方可验收交付使用，高度20m及以下的脚手架，应由单位工程负责人组织技术安全人员进行检查验收；高度大于20m的脚手架应由上一级技术负责人组织单位工程负责人及有关的技术人员进行检查验收。

2. 脚手架验收文件准备

（1）施工组织设计文件。

（2）技术交底文件。

（3）脚手架杆配件的出厂合格证。

（4）脚手架工程的施工记录及阶段质量检查记录。

（5）脚手架搭设过程中出现的重要问题及处理记录。

（6）脚手架工程的施工验收报告。

3. 脚手架的质量检查、验收项目

脚手架的质量检查、验收，重点检查下列项目，并需将检查结果记入验收报告。

（1）脚手架的架杆、配件设置和连接是否齐全，质量是否合格，构造是否符合要求，连接和挂扣是否坚固可靠。

（2）地基有否积水，基础是否平整、坚实，底座是否松动，立杆有否悬空。

（3）连墙件的数量、位置和设置是否符合规定。

（4）安全网的张挂及扶手的设置是否符合规定要求。

（5）脚手架的垂直度与水平度的偏差是否符合要求。

（6）是否超载。

2.3.4 脚手架拆除

1. 脚手架拆除的施工准备和安全防护措施

（1）准备工作。脚手架拆除作业的危险性大于搭设作业，在进行拆除工作之前，必须做好准备工作。

1）当工程施工完成后，必须经单位工程负责人检查验证，确认脚手架不再需要后，方可拆除。脚手架拆除必须由施工现场技术负责人下达正式通知。

2）脚手架拆除应制订拆除方案，并向操作人员进行技术交底。

3）全面检查脚手架是否安全。

4）拆除前应清除脚手架上的材料、工具和杂物，清理地面障碍物。

5）制定详细的拆除程序。

（2）安全措施。脚手架拆除作业的安全防护要求与搭设作业时的安全防护要求相同。

1）拆除脚手架现场应设置安全警戒区域和警告牌，并派专人看管，严禁非施工作业人员进入拆除作业区内。

2）应尽量避免单人进行拆卸作业，严禁单人拆除如脚手板、长杆件等较重、较大的杆部件。

2. 脚手架的拆除

脚手架的拆除顺序与搭设顺序相反，后搭的先拆，先搭的后拆。

扣件式钢管脚手架的拆除顺序为：安全网→剪刀撑→斜道→连墙件→横杆→脚手板→斜杆→立杆→立杆底座。

脚手架拆除应自上而下逐层进行，严禁上、下同时作业。

严禁将拆卸下来的杆配件及材料从高空向地面抛掷，已吊运至地面的材料应及时运出拆除现场，以保持作业区整洁。

注意事项如下。

（1）连墙件必须随脚手架逐层拆除，严禁先将连墙件整层或数层拆除后再拆脚手架杆件。

（2）如部分脚手架需要保留而采取分段、分立面拆除时，对不拆除部分脚手架两端必须设置连墙件和横向斜撑。连墙件垂直距离不大于建筑物的层高，并不大于 2 步（4m）。横向斜撑应自底至顶层呈之字形连续布置。

（3）脚手架分段拆除高差不应大于 2 步，如高差大于 2 步，应增设连墙件加固。

（4）当脚手架拆至下部最后一根立杆高度（约 6.5m）时，应在适当位置先搭设临时抛撑加固后，再拆除连墙件。

（5）拆除立杆时，把稳上部，再松开下端的连接，然后取下。

（6）拆除水平杆时，松开连接后，水平托举取下。

3. 脚手架材料的整修、保养

拆下的脚手架杆配件，应及时检验、整修和保养，并按品种、规格、分类堆放，以便运输、保管。

学习项目 3　落地碗扣式钢管脚手架

学习单元 3.1　落地碗扣式钢管脚手架分类

双排碗扣式钢管脚手架按施工作业要求与施工荷载的不同，可组合成轻型架、普通型架和重型架三种形式，它们的组框构造尺寸及适用范围列于表 3.1 中。

表 3.1　　　　碗扣式双排钢管脚手架组合形式

脚手架形式	廊道宽（m）×框宽（m）×框高（m）	适　用　范　围
轻型架	1.2×2.4×2.4	装修、维护等作业
普通型架	1.2×1.8×1.8	结构施工最常用
重型架	1.2×1.2×1.8 或 1.2×0.9×1.8	重载作用，高层脚手架中的底部架

单排碗扣式钢管脚手架按作业顶层荷载要求，可组合成Ⅰ、Ⅱ、Ⅲ三种形式，它们的组框构造尺寸及适用范围列于表 3.2 中。

表 3.2　　　　碗扣式单排钢管脚手架组合形式

脚手架形式	框宽（m）×框高（m）	适　用　范　围
Ⅰ型架	1.8×0.8	一般外装修、维护等作业
Ⅱ型架	1.2×1.2	一般施工
Ⅲ型架	0.9×1.2	重载施工

学习单元 3.2　落地碗扣式钢管脚手架构造

碗扣式钢管脚手架由钢管立杆、横杆、碗扣接头等组成。其基本构造和搭设要求与扣件式钢管脚手架类似，不同之处主要在于碗扣接头，如图 3.1 所示。

碗扣接头是由上碗扣、下碗扣、横杆接头和上碗扣的限位销等组成。在立杆上焊接下碗扣和上碗扣的限位销，将上碗扣套入立杆内。在横杆和斜杆上焊接插头。组装时，将横杆和斜杆插入下碗扣内，压紧和旋转上碗扣，利用限位销固定上碗扣，如图 3.2 所示。

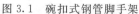

图 3.1　碗扣式钢管脚手架

图 3.2　碗扣

碗扣式脚手架的杆配件按其用途可分为主构件、辅助构件、专用构件三类。

3.2.1　主构件

主构件是用以构成脚手架主体的部件。其中的立杆和顶杆各有两种规格，在杆上均焊有间距 600mm 的下碗扣。若将立杆和顶杆相互配合接长使用，就可构成任意高度的脚手架。立杆接长时，接头应错开，至顶层后再用两种长度的顶杆找平。

（1）立杆由 48mm×3.5mm 钢管上每隔 0.6m 安装碗扣接头，并在其顶端焊接立杆焊接管制成。用作脚手架的垂直承力常用立杆 3.0m、1.8m。

（2）顶杆即顶部立杆，在顶端设有立杆的连接管，以便在顶端插入托撑。用作支撑架（柱）、物料提升架等顶端的垂直承力杆。

（3）横杆由 48mm×3.5mm 钢管两端焊接横杆接头制成。用于立杆横向连接管，或框架水平承力杆。

（4）单横杆仅在 48mm×3.5mm 钢管一端焊接横杆接头；用作单排脚手架横向水平杆。

（5）斜杆在 48mm×3.5mm 钢管两端铆接斜杆接头制成，用于增强脚手架的稳定强度，提高脚手架的承载力。斜杆应尽量布置在框架节点上。

（6）底座由 150mm×150mm×8mm 的钢板在中心焊接连接杆制成，安装在立杆的根部，用作防止立杆下沉并将上部荷载分散传递给地基的构件。

3.2.2 辅助构件

辅助构件是用于作业面及附壁拉结等的杆部件。

（1）间横杆是为满足普通钢或木脚手板的需要而专设的杆件，可搭设于主架横杆之间的任意部位，用以减小支撑间距和支撑挑头脚手板。

（2）架梯由钢踏步板焊在槽钢上制成，两端带有挂钩，可牢固地挂在横杆上，用于作业人员上下脚手架的通道。

（3）连墙撑用于脚手架与墙体结构间的连接件，以加强脚手架抵抗风载及其他永久性水平荷载的能力，防止脚手架倒塌和增强稳定性的构件。

3.2.3 专用构件

专用构件是用作专门用途的杆部件。

（1）悬挑架由挑杆和撑杆用碗扣接头固定在楼层内支撑架上构成。用于其上搭设悬挑脚手架，可直接从楼内挑出，不需在墙体结构设埋件。

（2）提升滑轮用于提升小物料而设计的杆部件，由吊柱、吊架和滑轮等组成。吊柱可插入宽挑梁的垂直杆中固定，与宽挑梁配套使用。

3.2.4 碗口构件的连接设置

上碗口：沿立杆滑动起锁紧作用的碗口节点零件。

下碗口：焊接于立杆上的碗形节点零件。

立杆连接销：用于立杆竖向连接专用销。

限位销：焊接在立杆上能锁紧上碗扣的定位销，如图 3.3 所示。

上碗扣、上碗扣的限位销按 60cm 间距设置在钢管立杆之上，其中下碗扣和限位销则直接焊在立杆上。组装时，将上碗扣的缺口对准限位销后，把横杆接头插入下碗扣内，压紧和旋转上碗扣，利用限位销固定上碗扣。碗扣接头可同时连接 4 根横杆，可以互相垂直或偏转一定角度，如图 3.4 所示。

碗扣式脚手架的原始设计虽然也有锁片式斜杆，但由于其独特的结点设计带来的局限，如果四个方向均安装了横杆，就没有位置再安装垂直斜

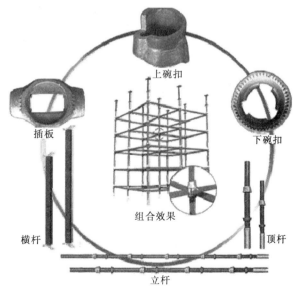

图 3.3　碗扣连接（1）

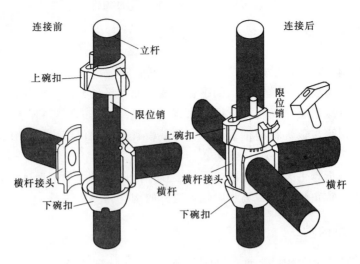

图 3.4 碗扣连接（2）

杆，更没有位置安装水平斜杆了，与盘扣式脚手架相比，这恰恰形成了相反的性能特征。考虑到系统的稳定性，安装斜杆是必需的。为了补足这个弱项，该系统特意设计了另外一类斜杆，在斜杆的两头，均用高强度螺栓，各固定半个旋转扣件，扣件亦采用锻钢工艺。这样，尽管斜杆无法直接在碗扣的结点扣接，但可以用扣件扣接在横杆或立杆的适当位置上，也大大改善了系统的稳定性。

3.2.5 碗扣式脚手架的主要尺寸和一般规定

为了确保施工安全，对碗扣式脚手架的搭设尺寸做了一般规定和限制，见表 3.3。

表 3.3　　　　　　　　　　碗扣式脚手架主要尺寸的一般规定

序号	项目名称	规 定 内 容
1	架设高度	$H \leqslant 20m$ 普通架子按常规搭设 $H > 20m$ 的脚手架必须做出专项施工设计并进行结构验算
2	荷载限制	砌筑脚手架 $\leqslant 2.7kN/m^2$ 装修架子为 $1.2 \sim 2.0kN/m^2$ 或按实际情况考虑
3	基础做法	基础应平整、夯实，并设有排水措施。立杆应设有底座，并用 $0.05m \times 0.2m \times 2m$ 的木脚手板通垫，$H > 40m$ 的架子应进行基础验算并确定铺垫措施
4	立杆纵距	一般为 $1.2 \sim 1.5m$，超过此值应进行验证
5	立杆横距	$\leqslant 1.2m$
6	连接件	凡 $H > 30m$ 的高层架子，下部 $\dfrac{H}{2}$ 均用齿形碗扣

学习单元 3.3　落地碗扣式钢管脚手架搭设

3.3.1　碗扣式脚手架的搭设要求

（1）街头搭设：接头是立杆同横杆、斜杆的连接装置，应确保接头锁紧。搭设时，先将上碗扣搁置在限位销上，将横杆、斜杆等接头插入下碗扣，使接头弧面与立杆密贴，待全部接头插入后，将上碗扣套下，并用榔头顺时针沿切线敲击上碗扣凸头，直至上碗扣被限位销卡紧不再转动为止。

（2）碗扣式脚手架搭设高度应 $<20m$，当设计高度大于 20m 时，应根据荷载计算进行搭设。

（3）碗扣式钢管脚手架立柱横距为 1.2m，纵距根据脚手架荷载可为 1.2m、1.5m、1.8m、2.4m，步距为 1.8m、2.4m。搭设时立杆的接长缝应错开，第一层立杆应用长 1.8m 和 3.0m 的立杆错开布置，往上均用 3.0m 长杆，至顶层再用 1.8m 和 3.0m 两种长度找平。

（4）连墙杆应设置在有廊道横杆的碗扣节点处，采用钢管扣件做连墙杆时，连墙杆应采用直角扣件与立杆连接，连接点距碗扣节点距离应 $\leqslant150mm$。

（5）当连墙件竖向间距大于 4m 时，连墙件内外立杆之间必须设置廊道斜杆或十字撑。

（6）高 30m 以下脚手架垂直度偏差应控制在 1/200 以内，高 30m 以上脚手架应控制在 1/600～1/400，总高垂直度偏差应不大于 100mm。

（7）脚手架搭设应按立杆、横杆、斜杆、连墙件的顺序逐层搭设，每次上升高度不大于 3m。底层水平框架的纵向直线度应 $\leqslant L/200$；横杆间水平度应 $\leqslant L/400$。

3.3.2　搭设前的施工准备

现场进行地面平整，为保证脚手架搭设后能安全、牢固、规整，平整后的地面必须要夯实，按照放线要求，放置 50mm 厚的通长立杆垫板，要求垫板与地面间接触坚实，按立杆的间距要求放线确定立杆的文职，并用笔标出，将立杆底座放在标好的位置上，要求底座要放在垫板中间位置上。

摆放扫立杆、竖立杆，在开始竖立杆之前，先要将横杆备好安放到位，并进行接长，然后再竖立杆。

3.3.3　搭设工艺流程

（1）架子搭设工艺流程：在牢固的地基弹线、立杆定位→摆放扫地杆→直立杆并与扫地杆扣紧→装扫地小横杆，并与立杆和扫地杆扣紧→装第一步大横杆并与各立杆扣紧→安第一步小横杆→安第二步大横杆→安第二步小横杆→加设临时斜撑杆，上端与第二步大横杆扣紧（装设与柱连接杆后拆除）→安第三、四步大横杆和小横杆→安装二层与柱拉杆→接立杆→加设剪刀撑→铺设脚手板，绑扎防护及档脚板、立挂安全网。

（2）架体与建筑物的拉结（柔性拉结）采用Φ6钢筋、顶撑、钢管等组成的部件，其中钢筋承受拉力，压力由顶撑、钢管等传递。

（3）安全网：

1）挂设要求：安全网应挂设严密，用塑料蔑绑扎牢固，不得漏眼绑扎，两网连接处应绑在统一杆件上。安全网要挂设在棚架内侧。

2）脚手架与施工层之间要按验收尺度设置封锁平网，防止杂物下跌。

（4）安全挡板：通道口及靠近建筑物的露天功课场地要搭设安全挡板，通道口挡板需向两侧各伸出1m，向外伸出3m。

3.3.4　检查与验收

（1）进入现场的碗扣架构配件应具备以下证明资料。

1）主要构配件应有产品标志及产品质量合格证。

2）供应商应配套提供管材、零件、铸件、冲压件等材质、产品性能检验报告。

（2）构配件进场质量检查的重点。

钢管管壁厚度；焊接质量；外观质量；可调底座和可调托撑丝杆直径、与螺母配合间隙及材质。

（3）脚手架搭设质量应按阶段进行检验。

1）首段以高度为6m进行第一阶段（撂底阶段）的检查与验收。

2）架体应随施工进度定期进行检查；达到设计高度后进行全面的检查与验收。

3）遇6级以上大风、大雨、大雪后特殊情况的检查。

4）停工超过一个月恢复使用前。

（4）对整体脚手架应重点检查以下内容。

1）保证架体几何不变性的斜杆、连墙件、十字撑等设置是否完善。

2）基础是否有不均匀沉降，立杆底座与基础面的接触有无松动或悬空情况。

3）立杆上碗扣是否可靠锁紧。

4）立杆连接销是否安装、斜杆扣接点是否符合要求、扣件拧紧程度。

（5）搭设高度在20m以下（含20m）的脚手架，应由项目负责人组织技术、安全及监理人员进行验收；对于高度超过20m脚手架超高、超重、大跨度的模板支撑架，应由其上级安全生产主管部门负责人组织架体设计及监理等人员进行检查验收。

（6）脚手架验收时，应具备下列技术文件。

1）施工组织设计及变更文件。

2）高度超过20m的脚手架的专项施工设计方案。

3）周转使用的脚手架构配件使用前的复验合格记录。

4）搭设的施工记录和质量检查记录。

（7）高度大于8m的模板支撑架的检查与验收要求与脚手架相同。

3.3.5 脚手架拆除

1. 一般规定

由于拆除作业的危险性远远大于搭设作业，所以脚手架拆除前应由工程负责人进行书面安全技术交底，并制定详细的应急预案，落实操作、监管责任后方可拆除。

2. 脚手架拆除顺序

碗扣式钢管脚手架拆除操作顺序为：安全网→护身栏杆和挡脚板→脚手板→连墙件→剪刀撑的上部扣件和接杆→抛撑→横向水平杆→纵向水平杆→立杆→底座和垫板。

3. 拆除注意事项

（1）拆除脚手架时，必须划出安全区，设警戒标志，并设专人看管拆除现场。

（2）脚手架拆除应从顶层开始，先拆水平杆，后拆立杆，逐层往下拆，禁止上下层同时或阶梯形拆除。

（3）禁止在拆架前先拆连墙杆。

（4）局部脚手架如需保留时，应有专项技术措施，经上一级技术负责人批准，安全部门及使用单位验收，办理签字手续后方可使用。

（5）拆除后的部件均应成捆，用吊具送下或人工搬下，禁止从高空往下抛掷。构配件应及时清理、维护，并分类堆放、保管。

学习项目 4 落地门式钢管脚手架

学习单元 4.1 门式钢管脚手架组成

4.1.1 组成

门式钢管脚手架是建筑用脚手架中，应用最广的脚手架之一。由于主架呈门字形，所以称为门式或门形脚手架，也称鹰架或龙门架。这种脚手架主要由主框、横框、交叉斜撑、脚手板、可调底座等组成。门式钢管脚手架由美国首先研制成功，它具有拆装简单、承载性能好、使用安全可靠等特点，发展速度很快。

门式钢管脚手架是以门架、交叉支撑、连接棒、挂扣式脚手板或水平架、锁臂等组成基本结构，再设置水平加固杆、剪刀撑、扫地杆、封口杆、托座与底座，并采用连墙件与建筑物主体结构相连的一种标准化钢管脚手架。门式钢管脚手架不仅可作为外脚手架，也可作为内脚手架或满堂脚手架。其组成如图 4.1 所示。

4.1.2 门式钢管脚手架主要构配件

1. 门架

门架是门式脚手架的主要构件，由立杆、横杆及加强杆焊接组成（图 4.2）。门架有各种形式，图 4.3 中带耳形加强杆的形式［图 4.3（c）］已得到广泛应用，成为门架的典

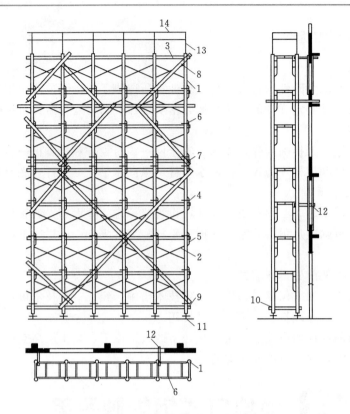

图 4.1　门式钢管脚手架的组成

1—门架；2—交叉支撑；3—脚手板；4—连接棒；5—锁臂；6—水平架；7—水平架固杆；8—剪刀撑；

9—扫地杆；10—封口杆；11—底座；12—连墙件；13—栏杆；14—扶手

型形式。图 4.2 为典型的标准型门架。

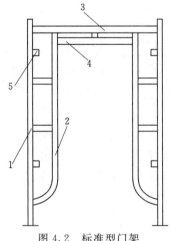

图 4.2　标准型门架

1—立杆；2—立杆加强杆；3—横杆；

4—横杆加强杆；5—锁销

门架的宽度为 1.2m，高度有 1.9m、1.7m、1.5m 三种。窄形门架的宽度只有 0.6m 或 0.8m，高度为 1.7m，主要用于装修、抹灰等轻作业。

（1）调节门架主要用于调节门架竖向高度。调节门架的宽度和门架相同，高度有 1.5m、1.2m、0.9m、0.6m、0.4m 等几种，它们的主要形式如图 4.4 所示。

（2）连接门架是连接上、下宽度不同门架之间的过渡门架，其上部宽度与窄形门架相同，下部与标准门架相同，如图 4.5（a）所示，或者相反，如图 4.5（b）所示。

连接门架上窄下宽或上宽下窄，并带有斜支杆的悬臂支撑部分，如图 4.6 所示。

（3）扶梯门架可兼作施工人员上下的扶梯，如图 4.7 所示。

2. 配件

门式钢竹脚手架的其他构件包括连接棒、锁臂、交叉支撑、水平架、挂扣式脚手板、

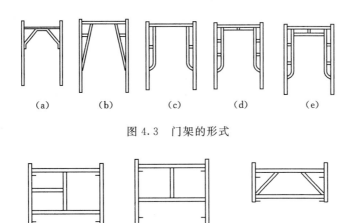

图 4.3　门架的形式

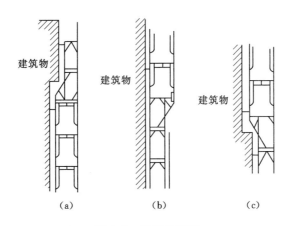

图 4.4　调节门架的形式

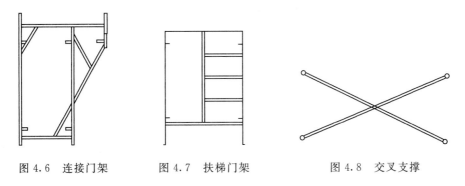

图 4.5　门架的过渡

底座与托座。

（1）连接棒，用于门架立杆竖向组装的连接件。

（2）锁臂，门架立杆组装接头处的拉接件。

（3）交叉支撑，连接每两榀门架的交叉拉杆。其构造如图 4.8 所示，两根交叉杆件可绕中间连接螺栓转动，杆的两端有销孔。

图 4.6　连接门架　　图 4.7　扶梯门架　　图 4.8　交叉支撑

（4）水平架，脚手架非作业层上代替脚手板而挂扣在门架横杆上的水平框架，其构造如图 4.9 所示，由横杆、短杆和搭钩焊接而成，架端有卡扣，可与门架横杆自锚连接。

（5）挂扣式钢脚手板，挂扣在门架横杆上的专用脚手板，其构造如图 4.10 所示。

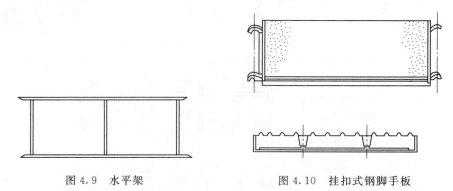

图 4.9　水平架　　　　　　　图 4.10　挂扣式钢脚手板

（6）可调底座，门架下端插放其中，传力给基础，并可调整高度的构件。

（7）固定底座，门架下端插放其中，传力给基础，不能调整高度的构件。固定底座由底板和套管两部分焊接而成（图 4.11），底步门架立杆下端插放其中，扩大了立杆的底脚。

（8）可调托座，插放在门架立杆上端，承接上部荷载，并可调整高度的构件。可调底座由螺杆、调节扳手、和底板组成（图 4.12），其作用是固定底座，并且可以调节脚手架立杆的高度和脚手架整体的水平度、垂直度。

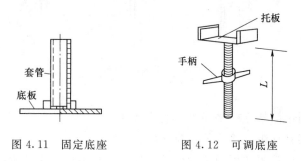

图 4.11　固定底座　　　　　　图 4.12　可调底座

（9）固定托座，插放在门架立杆上端，承接上部荷载，不能调整高度的构件。

（10）加固件，用于增强脚手架刚度而设置的杆件，包括剪刀、水平加固件、封口杆与扫地杆。

3. 尺寸规定

（1）步距，脚手架竖向，门架两横杆间的距离，其值为门架高度与连接棒套环高度之和。

（2）门架跨距，相邻两门架立杆在门架平面外的轴线距离。

（3）门架间距，相邻两门架立杆在门架平面内的轴线距离。

（4）脚手架高度，从底座下皮至脚手架顶层门架立杆上端的距离。

（5）脚手架长度，沿脚手架纵向的两端门架立杆外皮之间的距离。

学习单元 4.2　门式钢管脚手架构造

4.2.1　门架

（1）门架跨距应符合现行行业标准《建筑施工门式钢管脚手架安全技术规范》（JGJ 128—2010）的规定，并与交叉支撑规格配合。

（2）门架立杆离墙面净距不宜大于 150mm；大于 150mm 时应采取内挑架板或其他离口防护的安全措施。

4.2.2　配件

（1）门架的内外两侧均应设置交叉支撑并应与门架立杆上的锁销锁牢。

（2）上、下榀门架的组装必须设置连接棒及锁臂，连接棒直径应小于立杆内径的 $1\sim2$mm。

（3）在脚手架的操作层上应连续满铺与门架配套的挂扣式脚手板，并扣紧挡板，防止脚手板脱落和松动。

（4）水平架设置应符合下列规定。

1）在脚手架的顶层门架上部、连墙件设置层、防护棚设置处必须设置。

2）当脚手架搭设高度 $H<45$m 时，沿脚手架高度，水平架应至少两步一设；当脚手架搭设高度 $H>45$m 时，水平架应每步一设；不论脚手架多高，均应在脚手架的转角处、端部及间断处的一个跨距范围内每步一设。

3）水平架在其设置层面内应连续设置。

4）当因施工需要，临时局部拆除脚手架内侧交义支撑时，应在拆除交义支撑的门架上方及下方设置水平架。

5）水平架可由挂扣式脚手板或门架两侧设置的水平加固杆代替。

6）底步门架的立杆下端应设置固定底座或可调底座。

4.2.3　加固件

（1）剪刀撑设置应符合下列规定。

1）脚手架高度超过 20m 时，应在脚手架外侧连续设置。

2）剪刀撑斜杆与地面的倾角宜为 $45°\sim60°$，剪刀撑宽度宜为 $4\sim8$m。

3）剪刀撑应采用扣件与门架立杆扣紧。

4）剪刀撑斜杆若采用搭接接长，搭接长度不宜小于 600mm，搭接处应采用两个扣件扣紧。

（2）水平加固杆设置应符合以下规定。

1）当脚手架高度超过 20m 时，应在脚手架外侧每隔 4 步设置一道，并宜在有连墙件的水平层设置。

2）设置纵向水平加固杆应连续，并形成水平闭合圈。

3）在脚手架的底步门架下端应加封日杆，门架的内、外两侧应设通长扫地杆。

4）水平加固杆应采用扣件与门架立杆扣牢。

4.2.4 转角处门架连接

（1）在建筑物转角处的脚手架内、外两侧应按步设置水平连接杆，将转角处的两门架连成一体（图 4.13）。

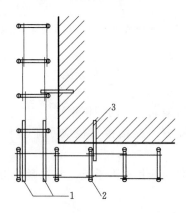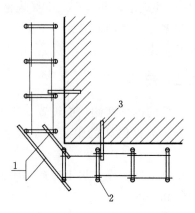

图 4.13 转角处脚手架连接
1—连接钢筒；2—门架；3—连墙件

（2）水平连接杆应采用钢竹，其规格应与水平加固杆相同。

（3）水平连接杆应采用扣件与门架立杆及水平加固杆扣紧。

4.2.5 连墙件

（1）脚手架必须采用连墙件与建筑物做到可靠连接。连墙件的设置除应满足荷载计算要求外，尚应满足表 4.1 的要求。

表 4.1 连 墙 件 的 设 置

脚手架搭设高度 /m	基本风压 w_0 /(kN/m²)	连墙件的间距/m	
		竖向	水平向
≤45	≤0.55	≤6.0	≤8.0
	>0.55	≤4.0	≤6.0
>45	—		

（2）在脚手架的转角处、不闭合（一字形、槽形）脚手架的两端应增设连墙件，其竖向间距不应大于 4.0m。

（3）在脚手架外侧因设置防护棚或安全网而承受偏心荷载的应增设连墙件，其水平间距不应大于 4.0m。

（4）连墙件应能承受拉力与压力，其承载力标准值不应小于 10kN，连墙件与门架、建筑物的连接也应具有相应的连接强度。

4.2.6　通道洞口

（1）通道洞口高不宜大于 2 个门架，宽不宜大于 1 个门架跨距。

（2）通道洞口应按以下要求采取加固措施：当洞口宽度为一个跨距时，应在脚手架洞口上方的内外侧设置水平加固杆，在洞口两个上角加斜撑杆（图 4.14）；当洞口宽为两个及两个以上跨距时，应在洞口上方设置经专门设计和制作的托架，并加强洞口两侧的门架立杆。

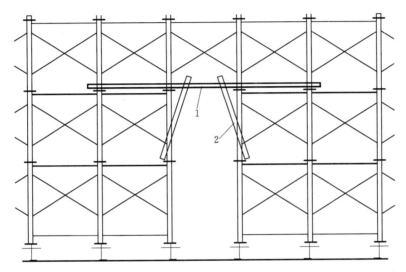

图 4.14　通道洞口加固示意图
1—水平加固杆；2—斜撑杆

4.2.7　斜梯

（1）作业人员上下脚手架的斜梯应采用挂扣式钢梯，并宜采用之字形式，一个梯段宜跨越两步或二步。

（2）钢梯规格应与门架规格配套，并应与门架挂扣牢固。

（3）钢梯应设栏杆扶手。

学习单元 4.3　门式钢管脚手架搭设

门式钢管脚手架的搭设应自一端延伸向另一端，自上而下按步架设，并逐层改变搭设方向，以减少架设误差（图 4.15）。

脚手架不得自两端同时向中间搭设 [图 4.16 （a）]，或自一端和中间处同时沿相同方向搭设 [图 4.16 （b）]，以避免结合部位错位，难于连接。也不得自一端上下两步同时向一个方向搭设 [图 4.16 （c）]。

脚手架的搭设速度应与建筑结构施工进度相配合，一次搭设高度不应超过最上层连墙杆三步，或自由高度不大于 6m，以保证脚手架的稳定。

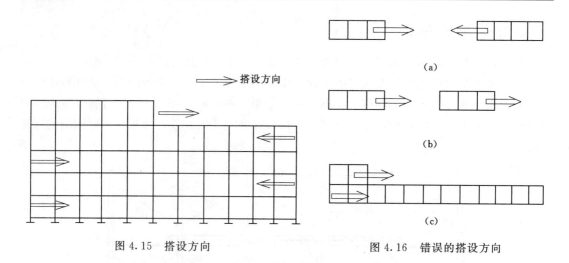

图 4.15　搭设方向　　　　　　　　图 4.16　错误的搭设方向

4.3.1　搭设工艺流程

门式钢管脚手架的搭设顺序如下。

（1）铺设垫木（板）→安放底座→自一端起立门架并随即安装交叉支撑（底步架还需安装扫地杆、封口杆）→安装水平架（或脚手板）。

（2）安装钢梯→安装水平加固杆→设置连墙杆。

（3）按照上述（1）、（2）步骤逐层向上安装。

（4）按规定位置安装剪刀撑→安装顶部栏杆→挂立杆安全网。

1．铺设垫木（板）、安放底座

脚手架的基底必须严格夯实、抄平，地基有足够的承载能力。搭设脚手架的基础根据土质和搭设高度，可按表4.2的要求进行处理。

表 4.2　　　　　　　　　　门式钢管脚手架地基基础要求

搭设高度 /m	地　基　土　质		
	中低压缩性且压缩性均匀	回填土	高压缩性或压缩性不均匀
≤25	夯实原土，干重力密度要求 15.5kN/m³。立杆底座置于面积不小于 0.075m² 的混凝土垫块或垫木上	土夹石或灰土回填夯实，立杆底座置于面积不小于 0.10m² 混凝土垫块或垫木上	夯实原土，铺设宽度不小于 200mm 的通长槽钢或垫木
26～35	混凝土垫块或垫木面积不小于 0.1m²，其余同上	砂夹石回填夯实，其余同上	夯实原土，铺厚不小于200mm 砂垫层，其余同上
36～60	混凝土垫块或垫木面积不小于 0.15m² 或铺通长槽钢或垫木，其余同上	砂夹石回填夯实，混凝土垫块或垫木面积不小于 0.15m²，或铺通长槽钢或木板	夯实原土，铺 150mm 厚道渣夯实，再铺通长槽钢或垫木，其余同上

门架立杆下垫木的铺设方式如下。

当垫木长度为1.6～2.0m时，垫木宜垂直于墙面方向横铺［图4.17（a）］。

当垫木长度为 4.0m 时，垫木宜平行于墙面方向顺铺 [图 4.17 (b)]。

2. 立门架、安装交叉支撑、安装水平架或脚手板

在脚手架的一端将第一榀和第二榀门架立在底座上后，纵向立即用交叉支撑连接两榀门架的立杆，在门架的内外两侧均应安装交叉支撑，且在顶水平面上安装水平架或挂扣式脚手板，搭成门式钢管脚手架的一个基本结构，如图 4.18 所示。以后每安装一榀门架，随即安装交叉支撑、水平架或脚手板，依次按此步骤沿纵向逐跨安装搭设。

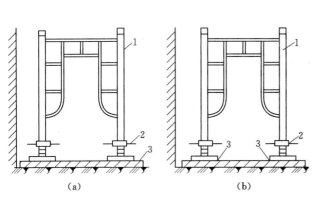

图 4.17　垫木铺设

(a) 横铺；(b) 竖铺

1—门架立柱；2—可调底座；3—垫木

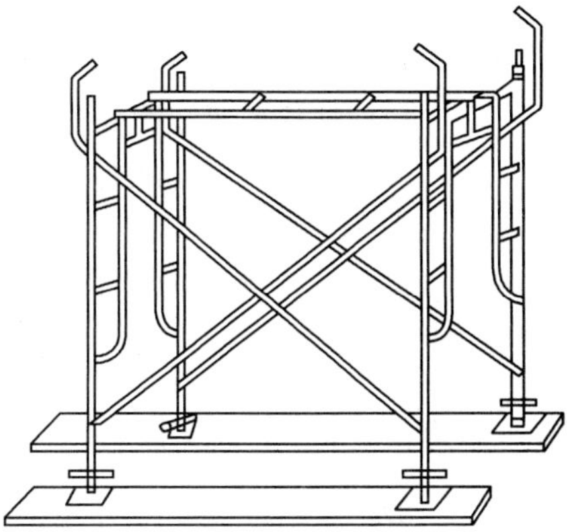

图 4.18　门式钢管脚手架的基本结构搭设

3. 搭设门架及配件

搭设门架及配件应符合下列规定。

(1) 交叉支撑、水平架、脚手板、连接棒和锁臂的设置应符合规范。

(2) 不配套的门架与配件不得混合使用于同一脚手架。

(3) 门架安装应自一端向另一端延伸，并逐层改变搭设方向不得相对进行。搭完一步架后，应按要求检查，并调整其水平度与垂直度。

(4) 交叉支撑、水平架或脚手板应紧随门架的安装及时设置。

(5) 连接门架与配件的锁臂、搭钩必须处于锁住状态。

(6) 水平架或脚手板应在同一步内连续设置，脚手板应满铺。

(7) 底层钢梯的底部应加设钢竹并用扣件扣紧在门架的立杆上，钢梯的两侧均应设置扶手，每段梯可跨越两步或二步门架再行转折。

4. 设置栏板、挡脚板

栏板 (杆)、挡脚板应设置在脚手架操作层外侧、门架立杆的内侧。

5. 搭置加固件

加固杆、剪刀撑等加固件的搭设应符合下列规定。

(1) 加固杆、剪刀撑必须与脚手架同步搭设。

(2) 水平加固杆应设于门架立杆内侧，剪刀撑应设于门架立杆外侧并连牢。

6. 搭置连墙件

连墙件的搭设应符合下列规定。

（1）连墙件的搭设必须随脚手架搭设同步进行，严禁滞后设置或搭设完毕后补做。

（2）当脚手架操作层高出相邻连墙件以上两步时，应采用确保脚手架稳定的临时拉结措施，直到连墙件搭设完毕后方可拆除。

（3）连墙件宜垂直于墙面，不得向上倾斜，连墙件埋入墙身的部分必须锚固可靠。

（4）连墙件应连于上、下两棍门架的接头附近。

7．连接加固件、连墙件

加固件、连墙件等与门架采用扣件连接时应符合下列规定。

（1）扣件规格应与所连钢竹外径相匹配。

（2）扣件螺栓拧紧扭力矩宜为 $50\sim60N\cdot m$，并不得小于 $40N\cdot m$。

（3）各杆件端头伸出扣件盖板边缘长度不应小于 100mm。

8．搭设脚手架

脚手架应沿建筑物周围连续、同步搭设升高，在建筑物周围形成封闭结构；如不能封闭时，应在脚手架两端增设连墙件。

4.3.2　检查与验收

（1）脚手架搭设完毕或分段搭设完毕，应对脚手架工程的质量进行检查，经检查合格后方可交付使用。

（2）高度在 20m 及 20m 以下的脚手架，应由单位工程负责人组织技术安全人员进行检查验收。高度大于 20m 的脚手架，应由上一级技术负责人随工程进行分阶段组织单位工程负责人及有关的技术人员进行检查验收。

（3）验收时应具备下列文件。

1）根据《建筑施工门式钢管脚手架安全技术规范》（JGJ 128—2010）的要求所形成的施工组织设计文件。

2）脚手架构配件的出厂合格证或质量分类合格标志。

3）脚手架工程的施工记录及质量检查记录。

4）脚手架搭设过程中出现的重要问题及处理记录。

5）脚手架工程的施工验收报告。

（4）脚手架工程的验收，除查验有关文件外，还应进行现场检查，检查应着重以下各项，并记入施工验收报告。

1）构配件和加固件是否齐全，质量是否合格，连接和挂扣是否紧固可靠。

2）安全网的张挂及扶手的设置是否齐全。

3）基础是否平整坚实、支垫是否符合规定。

4）连墙件的数量、位置和设置是否符合要求。

5）垂直度及水平度是否合格。

4.3.3　脚手架的拆除

（1）拆除脚手架前的准备工作：全面检查脚手架，重点检查扣件连接固定、支撑体系等是否符合安全要求；根据检查结果及现场情况编制拆除方案并经有关部门批准；进行技术交底；根据拆除现场的情况，设围栏或警戒标志，并有专人看守；清除脚手架中留存的材料、电线等杂物。

（2）拆除架子的工作地区，严禁非操作人员进入。

（3）拆架前，应有现场施工负责人批准手续，拆架子时必须有专人指挥，做到上下呼应，动作协调。

（4）拆除顺序应是后搭设的部件先拆，先搭设的部件后拆，严禁采用推倒或拉倒的做法。

（5）固定件应随脚手架逐层拆除，当拆除至最后一节立管时，应先搭设临时支撑加固后，方可拆固定件与支撑件。

（6）拆除的脚手架部件应及时运至地面，严禁从空中抛掷。

（7）运至地面的脚手架部件，应及时清理、保养。根据需要涂刷防锈油漆，并按品种、规格入库堆放。

学习项目 5 悬挑式脚手架

学习单元 5.1 悬挑式脚手架的分类

悬挑式脚手架就是利用建筑结构外边缘向外伸出的悬挑结构来支撑外脚手架，并将脚手架的荷载全部或部分传递给建筑物的结构部分。它必须有足够的强度、刚度和稳定性。根据悬挑结构支撑结构的不同，可分为挑梁式悬挑脚手架和支撑杆式悬挑脚手架两类。

学习单元 5.2 悬挑式脚手架的构造

5.2.1 挑梁式悬挑脚手架

挑梁式悬挑脚手架采用固定在建筑物结构上的悬挑梁（架），并以此为支座搭设脚手架，一般为双排脚手架。此种类型脚手架最多可搭设 20~30m 高，可同时进行 2~3 层作业，是目前较常用的脚手架形式。

1. 下撑挑梁式

下撑挑梁式悬挑脚手架的支撑结构，如图 5.1 所示。在主体结构上预埋型钢挑架，并在挑梁的外端加焊斜撑压杆组成挑梁。各根挑梁之间的间距不大于 6m，并用两根型钢纵梁相连，然后在纵梁上搭设扣件式钢管脚手架。挑架、斜撑压杆组成的挑梁，间距也不宜大于 9m。当挑梁的间距超过 6m 时，可用型钢制作的桁架来代替，如图 5.2 所示。

2. 斜拉挑梁式

斜拉挑梁式脚手架，以型钢作挑梁，其端头用钢丝绳（或钢筋）作拉杆斜拉。如图 5.3 所示。

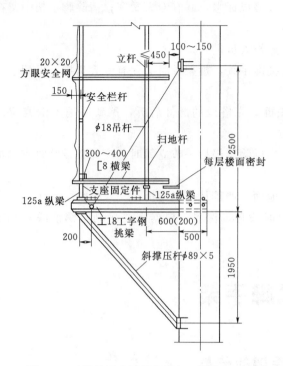

图 5.1　下撑挑梁式悬挑脚手架（单位：mm）

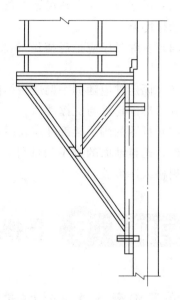

图 5.2　桁架式悬挑脚手架图

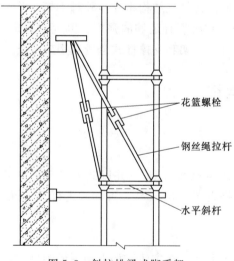

图 5.3　斜拉挑梁式脚手架

5.2.2　支撑杆式悬挑脚手架

支撑杆式悬挑脚手架的支撑结构是三角斜压杆，直接用脚手架杆件搭设。

1. 支撑杆式单排悬挑脚手架

支撑杆式单排悬挑脚手架的支撑结构有两种形式。

（1）从窗口挑出横杆，斜撑杆支撑在下一层的窗台上。无窗台时，可预先在墙上留洞或预埋支托铁件，以支撑斜撑杆，如图 5.4（a）所示。

（2）从同一窗口挑出横杆和伸出斜撑杆，斜撑杆的一端支撑在楼面上，如图 5.4（b）所示。

2. 支撑杆式双排悬挑脚手架

支撑杆式双排悬挑脚手架的支撑结构也有两种形式。

（1）内、外两排立杆上加设斜撑杆。斜撑杆一般采用双钢管，水平横杆加长后一端与预埋在建筑物结构中的铁环焊牢。这样，脚手架的荷载通过斜杆和水平横杆传递到建筑物上，如图 5.5 所示。

（2）采用下撑上拉方法，在脚手架的内、外两排立杆上分别加设斜撑杆。

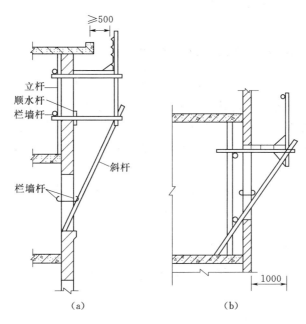

图 5.4　支撑杆式单排悬挑脚手架（单位：mm）

（a）斜撑杆支撑在下层窗台；（b）斜撑杆支撑在同层楼层

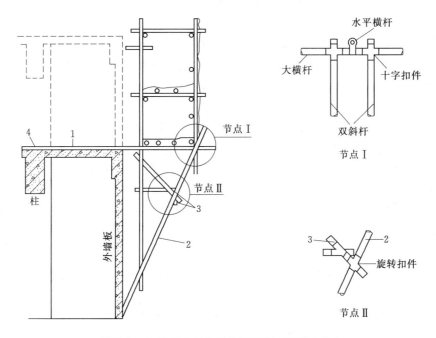

图 5.5　支撑杆式双排悬挑脚手架（下撑上挑）

1—水平横杆；2—双斜撑杆；3—加强短杆；4—预埋铁环

学习单元 5.3　悬挑式脚手架的搭设

5.3.1　悬挑式脚手架搭设前的准备工作

（1）悬挑式脚手架的设计制作等必须遵守国家的有关规范标准。

（2）悬挑式脚手架施工前应编制专项施工方案，必须有施工图和设计计算书，且符合安全技术条件，审批手续齐全（施工单位编制→施工单位审批→施工单位技术负责人批准→报送监理单位→总监理工程师组织监理工程师审核→总监理工程师批准→报送建设单位），并在专职安全管理人员监督下实施。

（3）悬挑式脚手架的支承与建筑结构的固定方式经设计计算确定，必须得到工程设计单位认可，主要考虑是否可能破坏建筑结构。

5.3.2　挑梁式悬挑脚手架搭设顺序

安设型钢挑梁（架）→安装斜撑压杆或斜拉绳（杆）→安设纵向钢梁→搭设上部脚手架。

1. 支撑杆式悬挑脚手架搭设要求

支撑杆式悬挑脚手架搭设需控制使用荷载，搭设要牢固。搭设时应该先搭设好里架子，使横杆伸出墙外，再将斜杆撑起与挑出横杆连接牢固，随后再搭设悬挑部分，铺脚手板，外围要设栏杆和挡脚板，下面支设安全网，以保安全。

2. 连墙件的设置

根据建筑物的轴线尺寸，在水平方向每隔3跨（6m）设置一个。在垂直方向应每隔3~4m设置一个，并要求各点互相错开，形成梅花状布置，连墙件的搭设方法与落地式脚手架相同。

3. 垂直控制

搭设时，要严格控制分段脚手架的垂直度，垂直度允许偏差。

第一段不得超过1/400；第二段、第三段不得超过1/200。

脚手架的垂直度要随搭随检查，发现超过允许偏差时，应该及时纠正。

4. 脚手板铺设

脚手板的底层应满铺厚木脚手板，其上各层可满铺薄钢板冲压成的穿孔轻型脚手板。

5. 安全防护设施

脚手架中各层均应设置护栏和挡脚板。

脚手架外侧和底面用密目安全网封闭，架子与建筑物要保持必要的通道。

6. 挑梁式脚手架立杆与挑梁（或纵梁）的连接

应在挑梁（或纵梁）上焊150~200mm长钢管，其外径比脚手架立杆内径小1.0~1.5mm，用扣件连接，同时在立杆下部设1~2道扫地杆，以确保架子的稳定。

7. 悬挑梁与墙体结构的连接

应预先埋设铁件或者留好孔洞，保证连接可靠，不得随便打凿孔洞，破坏墙体。

8. 斜拉杆（绳）

斜拉杆（绳）应装有收紧装置，以使拉杆收紧后能承担荷载。

9. 钢支架

钢支架焊接应该保证焊缝高度和质量符合要求。

我国建筑行业曾发生因脚手架倒塌而导致重大群死群伤的事故多起，脚手架的安全问题日益突出。而悬挑式脚手架作为工程施工常用的脚手架，由于没有制定相应的行业规定，各省的做法也不尽相同。

10. 悬挑架选择和制作应注意的几个问题

（1）悬挑架的支承结构应为型钢制作的悬挑梁或悬桁架等，不得采用钢管。

（2）必须经过设计计算，其计算内容：①材料的抗弯强度；②抗剪强度；③整体稳定；④挠度。

（3）悬挑架应水平设置在梁上，锚固位置必须设置主梁或主梁以内的楼板上，不得设置在外伸阳台上或悬挑板上。

（4）节点的制作（悬挑梁的锚固点、悬挑架的节点）必须采用焊接或螺栓连接的结构，不得采用扣件连接，以保证节点是刚性的。

（5）支承体与结构的连接方式必须进行设计，设计时考虑连接件的材质，连接件与型钢的固定方式。目前普遍采用预埋圆钢环或 U 形螺栓，以满足受力的强度。采用 U 形螺栓的固定方式有压板固定式（紧固）和双螺母固定（防松），这是根据《钢结构规范》（GB 50017—2003）8.3.6 条，对直接承受力荷载的普通螺栓，受控连接应用双螺帽或其他防止螺栓松动的有效措施。

（6）固端长度必须超过悬挑长度的 1.5 倍，这样可以减少对建筑结构的影响，保证梁在使用中的安全，提高锚固强度。

学习单元 5.4　悬挑式脚手架的检验

悬挑式脚手架分段或分部位搭设完后，必须按相应的钢管脚手架质量标准进行检查、验收，经检查验收合格后，方可继续搭设和使用。在使用过程中要加强检查，并及时清除架子上的垃圾和剩余料，注意控制使用荷载，禁止在架子上过多集中堆放材料。

1. 悬挑式脚手架其他应注意的安全技术问题

悬挑式脚手架除以上所述之外，连墙件的设置，剪刀撑的设置，纵横向扫地杆的设置，架体薄弱位置的加强，卸料平台的搭设等与《建筑施工扣件或钢管脚手架安全技术规范》（JGJ 130—2001）的要求基本一样。其中高度超过设计高度的架件，由于悬伸长度较长就降低了悬挑梁的抗弯性能与整体稳定性，因此在此处必须有可靠的加强措施。悬挑架底必须张挂安全平网防护，其他防护也与落地式钢管脚手架一样。

2. 悬挑式脚手架搭设必须明确安全管理责任

（1）建设行政主管部门负责本行政区域内建筑施工的悬挑架的安全监督管理。

（2）悬挑架在搭设中，应当服从施工总承包单位对施工现场的安全生产管理，悬挑架搭设单位应对搭设质量及其作业过程的安全负责。

学习单元5.5　悬挑式脚手架的拆卸

（1）拆卸作业前，方案编制人员和专职安全员必须按专项施工方案和安全技术措施的要求对参加拆卸人员进行安全技术书面交底，并履行签字手续。

（2）拆除脚手架前应全面检查脚手架的扣件、连墙件、支撑体系等是否符合构造要求，同时应清除脚手架上的杂物及影响拆卸作业的障碍物。

（3）拆卸作业时，应设置警戒区，严禁无关人员进入施工现场。施工现场应当设置负责统一指挥的人员和专职监护的人员。作业人员应严格执行施工方案及有关安全技术规定。

（4）拆卸时应有可靠的防止人员与物料坠落的措施。拆除后的杆件及构配件均应逐层向下传递，严禁抛掷物料。

（5）拆除作业必须由上而下逐层拆除，严禁上下同时作业。

（6）拆除脚手架时连墙件必须随脚手架逐层拆除，严禁先将连墙件整层或数层拆除后再拆脚手架。

（7）当脚手架采取分段、分立面拆除时，事先应确定技术方案，对不拆除的脚手架两端，事先必须采取必要的加固措施。

学习项目 6　吊篮式脚手架

学习单元6.1　吊篮式脚手架的分类

吊篮式脚手架（又称高处作业吊篮），是指悬挑机构架设于建筑物或构筑物上，利用提升机构驱动悬吊平台，通过钢丝绳沿建筑物或构筑物立面上下运行的施工设施，也是为操作人员设置的作业平台。吊篮主要用于墙体砌筑或装饰工程施工，是高层建筑外装修和维修作业的常用脚手架。

吊篮式脚手架高空作业吊篮构配件应符合以下要求。

（1）吊篮式脚手架应符合《高处作业吊篮》（GB 19155—2017）等国家标准的规定，并应有完整的图纸资料和工艺文件。

（2）吊篮式脚手架的生产单位应具备必要的机械加工设备、技术力量及提升机、安全锁、电器柜和吊篮整机的检验能力。

（3）与吊篮产品配套的钢丝绳、索具、电缆、安全绳等均应符合《一般用途钢丝绳》（GB/T 20118—2006）、《重要用途钢丝绳》（GB 8918—2006）、《钢丝绳用普通套环》（GB/T 5974.1—2006）、《压铸锌合金》（GB/T 13818—2009）、《钢丝绳夹》（GB/T 5976—2006）的规定。

（4）吊篮式脚手架的提升机、安全锁应有独立标牌，并应标明产品型号、技术参数、出厂编号、出厂日期、标定期、制造单位。

（5）吊篮式脚手架应附有产品合格证和使用说明书，应详细描述安装方法、作业注意事项。

（6）吊篮式脚手架连接件和紧固件应符合下列规定。

1）当结构件采用螺栓连接时，螺栓应符合产品说明书的要求；当采用高强度螺栓连接时，其连接表面应清除灰尘、油漆、油迹和锈蚀，应使用力矩扳手或专用工具，并应按设计、装配技术要求拧紧。

2）当结构件采用销轴连接方式时，应使用生产厂家提供的产品。销轴规格必须符合原设计要求。销轴必须有防止脱落的锁定装置。

（7）安全绳应使用锦纶安全绳，并应符合《安全带》（GB 6095—2009）的要求。

（8）吊篮产品的研发、重大技术改进、改型应提出设计方案，并应有图纸、计算书、工艺文件；提供样机前应由法定检测机构进行形式检验；产品投产前应进行产品鉴定或验收。

根据吊篮驱动形式的不同，可分为手动吊篮和电动吊篮两类。

学习单元 6.2　吊篮式脚手架的构造

6.2.1　手动吊篮脚手架

手动吊篮脚手架由支承设施、吊篮绳、安全绳、手扳葫芦和吊架（或者吊篮）组成，如图 6.1 所示，利用手扳葫芦进行升降。

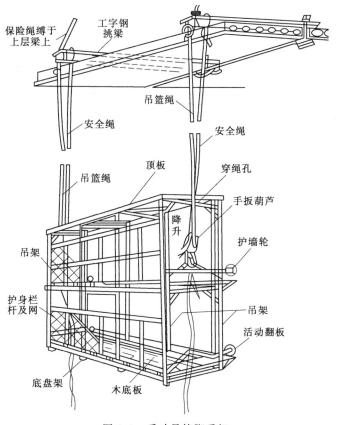

图 6.1　手动吊篮脚手架

1. 支承设施

一般采用建筑物顶部的悬挑梁或桁架，必须按设计规定与建筑结构固定牢靠，挑出的长度应保证吊篮绳垂直地面，如图 6.2（a）所示，如挑出过长，应在其下面加斜撑，如图 6.2（b）所示。

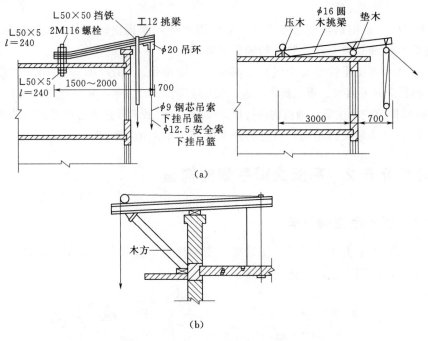

(a)

(b)

图 6.2　支承设施（单位：mm）

吊篮绳可采用钢丝绳或钢筋链杆。钢筋链杆的直径不小于 16mm，每节链杆长800mm，第 5～10 根链杆相互连成一组，使用时用卡环将各组连接成所需的长度。

安全绳应采用直径不小于 13mm 的钢丝绳。

2. 吊篮、吊架

（1）组合吊篮一般采用 φ48 钢管焊接成吊篮片，再把吊篮片如图 6.3 所示用 φ48 钢筋扣接成吊篮，吊篮片间距为 2.0～2.5m，吊篮长不宜超过 8.0m，以免重量过大。

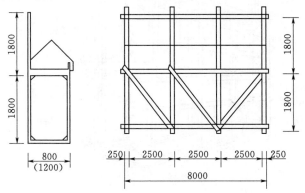

图 6.3　组合吊篮的吊篮片（单位：mm）

如图 6.4 所示是双层、三层吊篮片的形式。

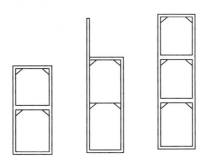

图 6.4　组合吊篮的吊篮片

（2）框架式吊架如图 6.5 所示，用 φ50mm×3.5m 钢管焊接制成，主要用于外装修工程。

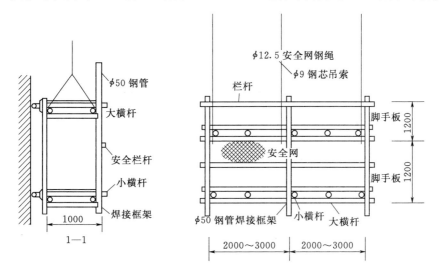

图 6.5　框架式吊架（单位：mm）

（3）桁架式工作平台。桁架式工作平台一般由钢管或钢筋制成桁架结构，并在上面铺上脚手板，常用长度有 3.6m、4.5m、6.0m 等几种，宽度一般为 1.0～1.4m。这类工作台主要用于工业厂房或框架结构的围墙施工。

吊篮里侧两端应装置可伸缩的护墙轮，使吊篮在工作时能与结构面靠紧，以减少吊篮的晃动。

6.2.2　电动吊篮脚手架

电动吊篮脚手架由屋面支承系统、绳轮系统、提升机构、安全锁和吊篮（或吊架）组成，如图 6.6 所示。目前电动吊篮脚手架都是工厂化生产的定型产品。

（1）屋面支撑系统。屋面支撑系统由挑梁、支架、脚轮、配重以及配重架等级成，有四种形式。简单固定挑梁式支撑系统如图 6.7 所示；移动挑梁式支撑系统如图 6.8 所示；高女儿墙移动挑梁式支撑系统如图 6.9 所示；大悬臂移动桁架式支撑系统如图 6.10 所示。

（2）吊篮。吊篮由底篮栏杆、挂架和附件等组成。宽度标准为 2.0m、2.5m、3.0m 三种。

（3）安全锁。保护吊篮中操作人员不致因吊篮意外坠落而受伤害。

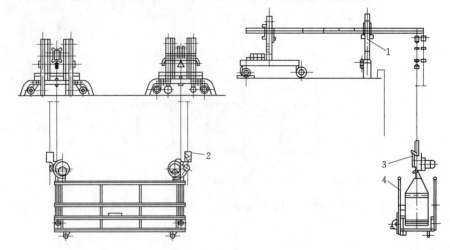

图6.6 电动吊篮脚手架

1—屋面支承系统；2—安全锁；3—提升机构；4—吊篮

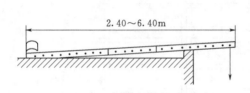

图6.7 简单固定挑梁式支承系统

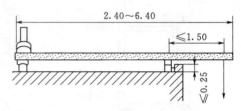

图6.8 移动挑梁式支承系统（单位：m）

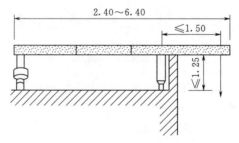

图6.9 高女儿墙移动挑梁式支承系统（单位：m）

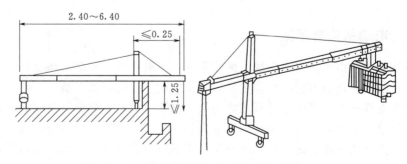

图6.10 大悬臂移动桁架式支承系统（单位：m）

第 2 篇

模板工

学习项目 7 模板工基础知识

学习单元 7.1 模板工程和模板工

7.1.1 模板工程

随着建筑业的发展，多层、高层建筑如雨后春笋般涌现，已成为现代化城市的象征。现代建筑采用现浇混凝土结构，体量越来越大，结构形式也越来越复杂。由于混凝土在生产制作时会产生变形，为了保证现浇混凝土结构成型，建筑施工中使用模板作为混凝土的外壳，起到挤压并赋予混凝土理想的形状和尺寸的作用，并在混凝土凝结硬化过程中对混凝土进行养护。这就是模板工程。

模板工程是钢筋混凝土工程的重要组成部分，特别是在现浇钢筋混凝土结构施工中占有主导地位。模板工程的施工工艺包括模板的选材、选型、配板、制作、安装、拆除和周转等。

模板的用途是使新浇筑混凝土成型并对其养护，它是使混凝土达到一定强度以承受自重的临时性结构。模板的种类较多。

(1) 按其形式不同，现浇钢筋混凝土结构采用的有整体式模板、定型模板、工具式模板、滑动模板等；预制混凝土构件采用的有翻转模板、胎模和拉模等。

(2) 按其所用材料不同，有木模板、钢木模板、钢模板、铝合金模板、塑料模板、玻璃钢模板、胶合板模板、土模和砖模等。

7.1.2 模板的选用

为满足施工要求降低工程成本，模板的选用要因地制宜，就地取材，尽量选用周转次数多、损耗少、成本低、技术先进的模板。木模板的主要优点是制作拼装随意，适用于浇筑外形复杂、数量不多的混凝土结构或构件。木材导热系数低，混凝土冬期施工时，木模板有一定的保温养护作用。但木模板重复利用率低，损耗大。为节约木材，我国从 20 世纪 70 年代初开始"以钢代木"。目前木模板在现浇钢筋混凝土结构施工中的使用率已大大降低。

胶合板可以在一定范围内弯曲，因此可以做成不同弧度的曲面模板。竹胶合板的弯曲性能优于木胶合板。高层建筑的弧形构件、筒仓、水塔，以及桥梁工程的圆形墩柱均可使用。胶合板是国际上用量较大的一种模板材料，也是我国今后具有发展前途的一种新型模板。

组合钢模板由各种定型钢模板组成，优点是可以重复使用，节约材料，目前被广泛采用。

7.1.3　模板工的工作内容

总体来说，模板工的工作内容包括：配模、模板安装、清理木屑、补模板缝、拆除并将模板上的旧钉拔除、清理模板黏结物及模内杂物、整理堆放整齐及堆到指定地点、涂刷隔离剂等，以及负责工作对象如木枋、模板、钢管支架及其他周转材料在场内的运输等。

可以将模板工的工作内容划分为三部分：一是模板的制作，二是模板的安装和拆除，三是模板的运输。

（1）模板的制作。

1）木模板制作。板条锯断、刨光、裁口，骨架（或圆弧板带）锯断、刨光，板条骨架拼钉，板面刨光、修整。

2）木立柱、围令制作。木枋锯断、刨平、打孔。

3）木桁（排）架制作。木仿锯断、凿榫、打孔，砍刨拼装，上螺栓、夹板。

4）钢架制作。型材下料、切割、打孔、组装、焊接。

5）预埋铁件制作。拉筋切断、弯曲、套丝扣，型材下料、切割、组装、焊接。

（2）模板的安装和拆除。模板拼装、工作面转移、预埋铁件埋设，模板拆除、清理、维修等。

（3）模板运输。将模板、立柱、围令及桁（排）架等自工地加工厂或存放场运输至安装工作面；整体模板自工地加工厂或存放场运输至安装工作面以及回厂维修等。

学习单元 7.2　手工工具

模板工大部分是手工操作，使用的工具也大都是手工工具。本书仅对常用的基本手工工具的性能、用途和基本操作技术，作一些简单的介绍。

7.2.1　锯类工具

模板工使用的锯类主要有木框锯（架锯）、双刃刀锯、夹背刀锯、活动圆规锯、板锯等。其种类和用途见表 7.1。

表 7.1　　　　　　　　　　　　　　　锯 的 种 类 和 用 途

名　称	简　图	用　途
木框锯	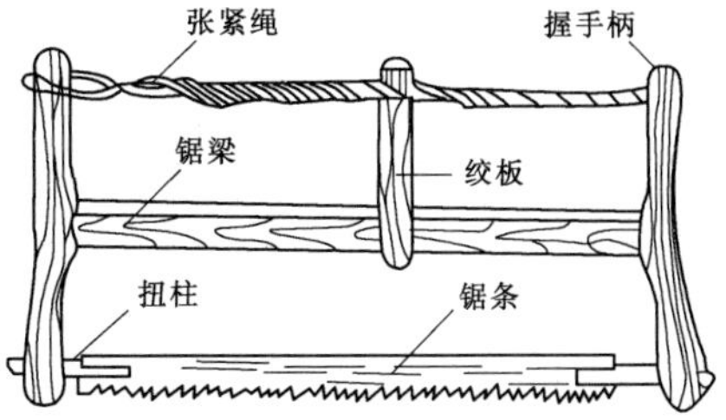 张紧绳　握手柄　锯梁　绞板　扭柱　锯条	纵向锯割较厚的木料，横向锯割较薄的板，开榫头及拉肩，可锯一般圆弧曲线
双刃刀锯	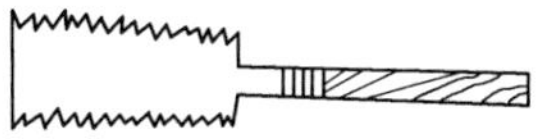	可纵横锯割木材，不受材料宽度限制，尤其适用于现场支模型板，使用极为方便
夹背刀锯	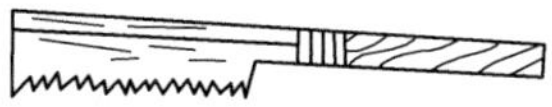	锯口细小，适用于细木工程
活动圆规锯		割物件心内的方孔、圆孔及曲线
板锯	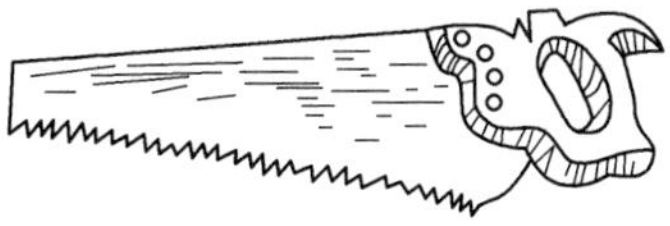	用于锯割较宽的木板

1. 木框锯的种类及组成

木框锯又叫架锯。根据用途不同，木框锯可以分为顺锯、截锯。它由锯条（锯片）、握手柄、锯梁、扭柱、张紧绳、绞板组成。

木框锯常用来将木料锯断、锯开、锯榫头及曲线锯割等，按锯条的长短、宽窄与锯齿的密度分为：

（1）大锯（粗锯或粗齿锯）。锯条长 800～850mm，锯齿较粗，工作效率高，锯出来的木料表面比较粗糙，宜于锯切顺纹方向的木料。

（2）二锯（中锯或中齿锯）。锯条长 600～650mm，锯齿密度为每 25mm 7～9 齿，一般宜用于横木纹锯割，又称截锯。

2. 锯的维修

（1）日常保养。锯不使用时，不能放在太阳下暴晒或淋雨受潮，以防止木质部分变形，金属部分腐蚀。锯使用后，必须放松绞板，避免锯构件断裂，并将锯条上的木屑擦去。带着锯行走时，锯齿尖端应朝下，锯条外面最好缠上布条，以防伤人。

（2）锯齿的锉修。在锯割木料时，如出现下列情况，就应进行修整。

1）锯割时切削量少，锯屑细，而且很费劲，这表明锯齿变钝，需要锉锐。

2）锯割时平直上下推拉过重，有夹锯现象，这表明锯路退缩，需要重新分岔。

3）锯割时锯片始终向一侧偏弯，这表明锯路不匀，应重新进行修整。

无论进行上述哪一种修整，都要首先进行锯齿的分岔，然后锉齿。

（3）锯路分岔器。锯路分岔器如图 7.1 所示，是专门用来分岔锯路的工具，分岔器上的六个槽适用于锯条的不同厚度。分岔器也可用薄钢片自制。锯齿分岔左右倾斜要均匀，以锯条为中心，两边对称。

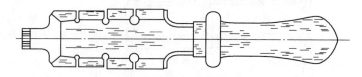

图 7.1　锯路分岔器

（4）锯齿的锉锐。用如图 7.2 所示的细三角锉，在固定的夹具上锉锐，要求齿形准确，大小整齐，锉出刃口。其规格长度划分为：细锯宜用 100mm，中锯宜用 125mm，粗锯宜用 150mm。

图 7.2　细三角锉

锉齿时应注意以下几点。

1）一般锉齿时应把锯条夹紧在台虎钳或木夹具上，锯齿一定要全部露出钳口，但不能露出过多，否则，锉齿时锯条振动易使锉刀变钝，并产生噪声。

2）锉锐锯齿时，锉刀必须与锯条垂直，且保持水平位置，从左到右依次锉削锯齿的前面和后面，如图 7.3 所示。最后，要求所有齿尖都在一直线上（即齿口线上）。

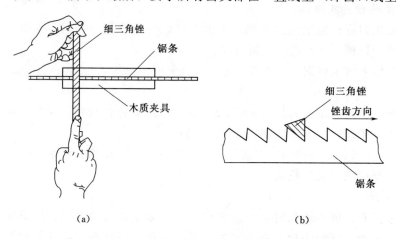

（a）　　　　　　　　　　（b）

图 7.3　锯齿的锉锐
（a）锉和锯条的相对垂直位置；（b）锉在锯齿间的位置和锉齿方向

3）锉齿分描尖（锉尖）和掏膛两种。描尖（锉尖）是把磨钝的锯齿端锉削锋利。掏膛在锯齿被磨短而影响排屑时才需要进行，即用锉刀的边棱按锯齿的角度进行锉锐，使两锯齿之间锯槽加深，以增加锯齿的长度。

4）用右手握住锉把，用左手的拇指、食指和中指捏住锉的前端，适当加压向前推锉，两手用力要均匀，以锉出钢屑为宜，回锉时不加压力，轻抬而过即可。推锉时用力要均匀，行程要长而稳，以确保齿形大小的匀称。

5）对锉锐后的锯齿要求是：锯齿尖高度要一致，并在同一直线上，不得有参差不齐的现象；锯齿的大小要相等，间距要均匀一致；锯齿的角度要正确，符合锯齿形状的要求；每个锯齿都应有棱有角，齿尖锋利。

6）切忌在砂轮上磨削锯片（圆锯片除外），因锯片很薄，容易造成齿尖退火，同时砂轮上磨削的锯齿没有锋口，而锉锐的锯齿有锋口，耐用性能也比砂轮上磨削的好。

3．锯的使用

（1）木框锯。木框锯使用前，应将锯条角度调整好（一般与锯框平面成45°角），并用绞板把张紧绳绞紧，使锯条绷直、拉紧。

1）顺锯。将木料放在板凳上，其操作要领如图7.4（a）所示，按下列步骤进行。

a．右脚踏住木料，并与锯割线成直角；左脚站直，与锯割线成60°角。

b．右手与右膝盖垂直，身体与锯割线约成45°角，上身略俯，锯割时身体不要左右摆动。

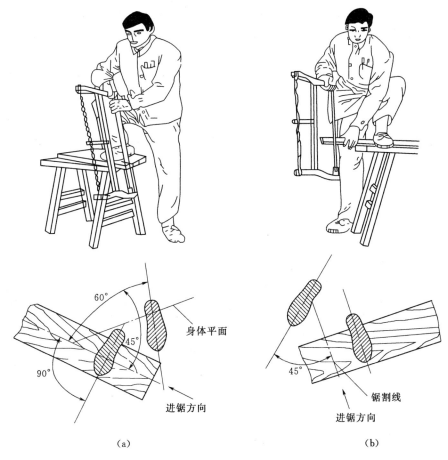

图7.4　框锯锯割
（a）顺锯锯割；（b）截锯锯割

c. 开始锯割时，右手紧握锯把，左手大拇指紧靠锯割线的起点，先开出锯路（注意勿使锯条跳动而锯伤手指），然后移开左手，帮助右手继续推拉。

d. 推拉时，锯条与木料面的夹角约 80°，送锯时要重，紧跟锯割线，不要左右扭歪，开始时用力小一些，以后逐渐加大，节奏要均匀；提锯要轻，并可稍微抬高锯把，使锯齿离开上端锯口。

e. 木料快被锯开时，要将锯开部分用左手拿稳，放慢锯割速度，直到把木料全部锯开为止，不使其折断，也不应用手去掰开。

2）截锯。将木料放在板凳上，其操作要领如图 7.4（b）所示。

a. 左脚踏住木料，并与锯线平行。

b. 右手持锯，左手按住木料。

c. 锯条与木料锯割面成 30°～40°角。

d. 拉锯方法与纵向锯割基本相同。

（2）活动圆规锯。活动圆规锯专门用于在较大的构件上开小内孔。使用时，先在构件上钻出一个圆孔，将圆规锯伸入孔内，如图 7.5 所示。锯割时，要注意锯条与所锯的构件轮廓线相适应，如遇到绕不过去的地方时，应立即停止锯割，用锯条在原处上下锯几次，开出一条较宽的锯路，这样才能顺利地按照墨线继续锯割，绝对不能硬扭，以免损坏锯条或木料。

（3）板锯。板锯用于锯割板面比较宽的木料，它的特点是使用方便，并且锯割出来的木板边线很直。

锯割时，以左手握住木料，右手握紧锯柄，如图 7.6 所示。前推时起锯割作用。快锯完时，左腿要靠住木料，右脚放开一些，左手则转移到锯割线的中间撖住两边，以防木料折断。

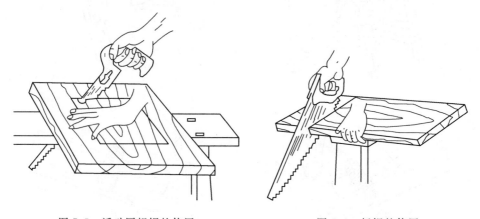

图 7.5　活动圆规锯的使用　　　　　图 7.6　板锯的使用

7.2.2　羊角榔头

在木工钉接工具中，羊角榔头是主要的工具。羊角榔头上端形状像羊角，如图 7.7（a）所示。它除了可以用来敲击钉子外，带羊角的部位还可以用来拔出钉子。对于较长的钉子，为了省力和避免榔头压坏物件表面，可在羊角处垫上一块木料，如图 7.7（b）所示。

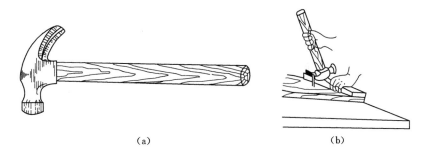

（a）　　　　　　　　　　　　　　（b）

图 7.7　羊角榔头

（a）羊角榔头；（b）拔钉子

羊角榔头的规格，是以榔头（不包括木柄）的质量来分的，它有 0.25kg、0.5kg、0.75kg 三种，以 0.25kg 的最为常用。

7.2.3　辅助工具

1. 钢丝钳

钢丝钳又称平头钳，如图 7.8 所示，用来拔出小的钉子和夹断或矫直铁钉。

2. 活络扳手

活络扳手的外形如图 1.9 所示，专门用来松紧螺母或螺钉。

3. 撬棍

撬棍用于模板拆除，常用 Φ8～25mm 钢筋制成，长度为 500～1500mm。带羊角时可起钉子，如图 7.9 所示。

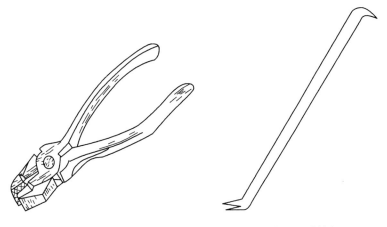

图 7.8　钢丝钳　　　　　　　　　图 7.9　撬棍

7.2.4　测量工具的种类和用途

用于量画构件尺寸等的工具统称为测量工具，见表 7.2。

表 7.2 木工常用的测量工具及其用途

名称	其他名称及分类		简 图	用途及说明
钢卷尺	钢皮卷尺	大钢卷尺		用以测量较长的构件或距离，其准确程度比皮卷尺（皮尺）高，大钢卷尺的规格有长度为 5m、10m、15m、20m、30m、50m 六种
		小钢卷尺	上海牌 2m 123	由薄钢片制成。装置在钢制或塑料制成的小圆盒内，方便携带，是一种常用量具，有 1m、2m、3m、5m 四种
角尺	曲尺 拐尺		尺翼 尺柄	有木制、钢制两种，一般尺柄长 15～20cm，尺翼长 20～40cm，柄、翼相垂直，用于画垂直线、平行线及检查是否平直
水平尺	木水平尺		水平气泡 调整螺钉 竖直气泡	尺的中部及端部各装有水准管，当水准管内气泡居中时，即成水平。用于检验物面的水平或垂直。使用时为防止误差，可在平面上将水平尺旋转 180°，以复核气泡是否居中
	钢水平尺			
线坠	锤球 线坠			用金属制成的正圆锥体，在其上端中央设有带孔螺栓盖，可系一根细绳。用来校验物面是否垂直。使用时手持绳的上端，视线随绳线，如绳线与物面上下距离一致即表示物面垂直
	靠板与靠尺			靠板与靠尺用来测定木制件表面的平整度，靠板的表面积较大，其一个方向不小于 2m，上表面相当平整，固定在一个水平面上，把加工的产品搁置在上面，观察是否漏光来检查加工件表面的平整程度； 靠尺是一根表面光滑平整且不变形的直杆件，常用硬性的木料或铝合金方管制成一把靠尺贴于加工件的表面，通过观察漏光现象检查加工件表面的平整程度

7.2.5 画线工具及画线

1. 画线工具

（1）笔。主要用于做记号、写字与画线。

红色笔常用于画线、弹线时的分档、定位及标注中心线与轴线位置。画出的线醒目，并可以保留一段时间。

（2）墨斗。墨斗由圆筒、摇把、线轮和定针等组成，如图 7.10（a）所示。圆筒内装有饱含墨汁的丝绵或棉花，筒身上留有对穿线孔，线轮上绕有线绳，一端拴住定针。

弹线时，将定针固定在画线的木板一端，另一端用手指压住，然后拉弹线绳，因线绳饱含墨汁，线绳拉弹放下时，即留有所弹线的黑线条，如图 7.10（b）所示。

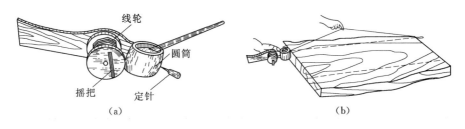

图 7.10 墨斗画线

（a）墨斗；（b）墨斗画线方法

2. 画线

上面讲了画线工具的使用方法，这里就一些常用的、必须掌握的基本画线方法、规则及画线符号作简单的介绍。

（1）拖线。拖线又叫平行画线。在画简单的和短距离的平行线时，一般都用木折尺、角尺（曲尺）。画线时，左手拿住尺子，中指抵住所需尺寸，紧靠木材侧面，右手拿笔，使笔尖紧贴尺端，两手同时平行地向后移动，即可画出线来，如图 7.11 所示。

（2）画线符号。木工有本行的画线符号，这些符号大部分是沿用下来的，各地大同小异。在同一处工作时，应使用该处统一的画线符号，以避免差错。木工常用画线符号见表 7.3。

（3）画线注意事项。画线时要根据锯割和刨削等加工的需要留出耗量，大锯和粗锯约为 4mm，二锯（中锯）约为 2mm。

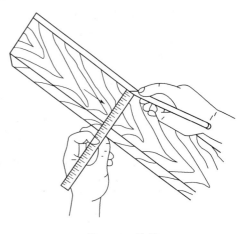

图 7.11 拖线

弹线时，遇到圆木弯曲、拱突、歪斜，应事先尽可能找正顶面，避免滑线。如断线或不清楚，则应在断线或不清楚线的两端之间补线。

表 7.3　　　　　　　　　　　　　　木工常用的画线符号

序 号	图　示	说　明
1		表示中心线或跨线锯割
2		表示正确的线条或断料线
3		表示废线或错线
4		表示齐墨线外锯割
5		表示跨墨线锯割
6		表示板料基准直边线（基准线）
7		表示枋料的基准面
8		表示枋料的外表面
9		表示大面

7.2.6　工作台及工作凳

　　工作台是指安放工件、工具，并在上面进行木制品制作作业的装置，如图 7.12（a）所示。

　　工作台的台面板常用杉木或不易变形的松木做成，厚为 75mm，分成宽窄几种铺设，中间的空当用以安放中、长刨。要求台面板上表面平整，并设置相应的刨削阻挡限位装置。在工作台上主要进行刨削画线、安装等作业。

　　工作凳又叫长凳，常用松木或轻质的硬木做成，凳面厚 50mm。在工作凳上主要进行锯割、装配等作业，平时作为坐凳用，如图 7.12（b）所示。

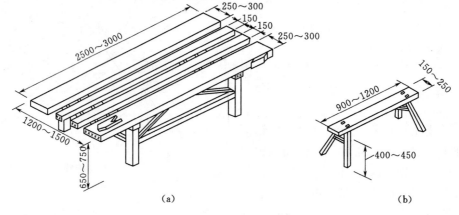

图 7.12　工作台及工作凳（单位：mm）

（a）工作台；（b）工作凳

除了上述的工作台、工作凳之外，还应配备工具箱、磨刀凳等设施。对于固定的工作场所，可将工具箱设在工作台的下部。对于流动的工作场所，可将工具箱单独设置，便于携带。

学习单元7.3 脱模剂

脱模剂有耐化学性，在与不同树脂的化学成分（特别是苯乙烯和胺类）接触时不被溶解。脱模剂还具有耐热及应力性能，不易分解或磨损；脱模剂黏合到模具上而不转移到被加工的制件上，不妨碍喷漆或其他二次加工操作。由于注塑、挤出、压延、模压、层压等工艺的迅速发展，脱模剂的用量也大幅度地提高。

7.3.1 脱模剂的种类

国外脱模剂品种繁多，国内近几年来也有发展，下面根据主要原材料将其划分为八类。

1. 纯油类

纯油类包括各种植物油、动物油和矿物油均可配制脱模剂。但目前大多采用矿物油，即石油工业生产的各种轻质润滑油，如机械油等。纯油类脱模剂可用于钢、木模板，对混凝土表面质量有一定影响。

2. 乳化油类

乳化油大多用石油润滑油、乳化剂、稳定剂配制而成，有时还加入防锈添加剂。用乳化油代替纯石油润滑油，不但可以节约大量油料，而且可以提高脱模质量，降低脱模成本。这类脱模剂可以分为油包水（W/O）型和水包油（O/W）型，一般用于钢模，也可用于木模上。涂刷后容易干燥，有的干燥后结成薄膜可以反复应用多次，既省工、又省料，大大降低脱模成本。

3. 石蜡类

石蜡具有很好的脱模性能，将其加热熔化后，掺入适量溶剂搅匀即可使用。苏联使用石蜡油、煤油作脱模剂，其配合比为石蜡油（液状石蜡）：煤油＝1∶3（重量比）；还有一种石蜡黄油溶液，其配合比为黄油∶石蜡∶汽油＝2∶（0.5～1.6）∶（0.5～3.0）（重量比）。这两种脱模剂可用于钢、木模板上，冬夏使用皆宜。国内有些预制构件厂生产大型墙板，使用过石蜡柴油溶液作脱模剂，其配合比为柴油∶石蜡∶粉煤灰＝1∶0.2∶0.7（重量比），据称使用效果良好。不过溶剂型石蜡脱模剂成本较高，而且不易涂刷均匀。要解决这个问题。可用乳化剂配制石蜡乳液。石蜡类脱模剂可用于钢、木模板和混凝土台座上，石蜡含量较高时往往在混凝土表面留下石蜡残留物，有碍于混凝土表面的黏结，因而其应用范围受到一定限制。

4. 脂肪酸类

脂肪酸类脱模剂一般含有溶剂，例如汽油、煤油、苯、松节油等。

5. 油漆类

油漆类脱模剂价格较高，但可以反复使用多次，经济上还是适宜的。作为脱模剂的油漆要求耐碱、耐水和涂膜坚硬，经得住摩擦。

6. 合成树脂溶液类

美国广泛使用有机硅等合成材料配制脱模剂。一种用有机硅、脂肪酸、乳化剂等配制的乳化液。

7. 废料类

利用工农业产品废料配制脱模剂是降低脱模成本的一项很好措施。在一定条件下使用这类材料可以取得较好的效果。

7.3.2 脱模剂的选择

1. 根据模板的材质选用脱模剂

木模板吸水性好,用油类脱模剂隔离效果最佳,用化学活性类脱模剂也能起到较理想的效果。木模板首次使用时,最好充分涂刷油类脱模剂使之渗入木模板一定的深度,这样可以减少下次涂刷的厚度和数量,并可延长模板的使用寿命。如有条件,涂刷树脂或塑料基合成涂料则是最理想的。

胶合模板一般是在工厂制作的定型模板,大都在工厂内涂油。钢模板的脱模剂须满足防锈要求,否则钢模生锈会影响混凝土外观。

玻璃钢模板是用玻璃钢纤维加筋的塑料模板,适用于这类模板的脱模剂有油类、蜡类和化学活性类等。

2. 根据使用要求选择脱模剂

构件处于地下或隐蔽处,或表面美感要求不高的混凝土工程,可选用价格便宜的脱模剂,如果需要饰面如涂油漆、刷浆或抹灰,就不能选用蜡类或纯油类及影响混凝土表面黏结、污染或变色的脱模剂。

冬季施工时,选用冰点低于气温的脱模剂;雨季施工时,选用耐雨水冲刷的脱模剂;当构件采用蒸气养护时,选用热稳定性合格的脱模剂。

有些脱模剂涂刷后即可浇注混凝土,但有的要等干燥后才能浇注,由于干燥时间不一,有的半小时,有的 20 余小时,因此选用时应考虑干燥时间能否满足施工工艺的要求,脱模效果与拆模时间,最好通过试验确定。应选择费用较低的脱模剂,有些脱模剂虽然每吨价格较高,但其单位用量少,或可以多次使用;有的脱模剂每吨价格低,但其单位用量大,通常只能使用一次。所以脱模剂的最终经济效果,不完全取决于价格的高低而应按:单位重量价格/使用面积×使用次数,还要考虑脱模剂的运输费用问题,对固体、膏体或浓缩的脱模剂是运到现场后兑水稀释使用的。可以节约运费,要综合分析来选择。选择脱模剂时也要考虑储存条件,对含有挥发性溶剂的脱模剂要密封储存以防浓度改变。一般脱模剂不应在使用时临时加水稀释,某些油类脱模剂有一定的临界乳化剂含量,稀释时会使乳液不稳定,影响脱模效果。

7.3.3 使用注意事项

(1) 油类脱模剂虽涂刷方便,脱模效果良好,但对结构构件表面有一定污染;影响装饰效果,因此应慎用。其中乳化机油使用时按乳化机油:水 = 1:5 调配(体积比),搅拌均匀后涂刷效果较好。

（2）油类脱模剂可以在低温和负温时使用。

（3）甲基硅树脂成膜固化后，透明、坚硬、耐磨、耐热和耐水性能都很好。涂在钢模面上不仅起隔离作用，也能起防锈、保护作用。该材料无毒，喷、刷均可。

配制时容器工具要干净，无锈蚀，不得混入杂质。工具用毕后应用酒精洗刷干净晾干。由于加入了乙醇胺易固化，不宜多配，故应根据用量配制，用多少配多少。当出现变稠或结胶现象时，应停止使用。甲基硅树脂与光、热、空气等物质接触都会加速聚合，应储存在避光、阴凉的地方，每次用过后，必须将盖子盖严，防止潮气进入，储存期不宜超过 3 个月。

在首次涂刷甲基硅树脂脱模剂前，应将板面彻底擦洗干净，打磨出金属光泽，擦去浮锈，然后用棉纱蘸酒精擦洗。板面处理越干净，则成模越牢固，周转使用次数越多。采用甲基硅树脂脱模剂，模板表面不准刷防锈漆。当模板重刷脱模剂时，要趁拆模后板面潮湿，用扁铲、棕刷、棉丝将浮渣清理干净，否则，干涸后清理就比较困难。

（4）涂刷脱模剂可以采用喷涂或涂刷，操作要迅速。结膜后，不要回刷，以免起胶。涂层要薄而均匀，太厚反而容易剥落。

学习单元 7.4　模板连接工具

7.4.1　连接件

固定模板的连接工具除木模板采用螺栓与原钉外，一般采用 U 形卡、L 形插销、钩头螺栓、紧固螺栓、对拉螺栓和扣件等。

1. U 形卡

U 形卡主要用于钢模板纵横向的自由拼接，是将相邻钢模板夹紧固定的主要连接件，如图 7.13 所示。

2. L 形插销

L 形插销是用来增强钢模板的纵向拼接刚度，确保接头处板面平整的连接件，如图 7.14 所示。

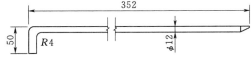

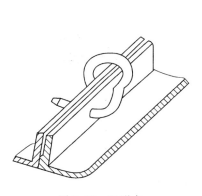

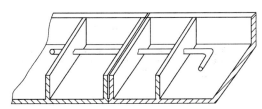

图 7.13　U 形卡　　　　　　　　　　图 7.14　L 形插销（单位：mm）

3. 钩头螺栓

钩头螺栓用于钢模板与内、外钢棱之间的连接固定，直径为 12mm，如图 7.15 所示。

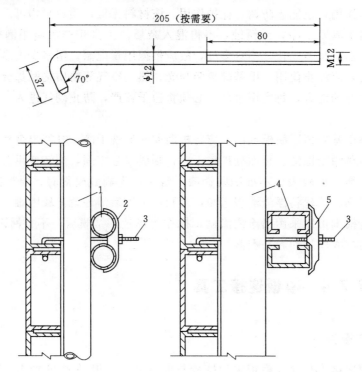

图 7.15　钩头螺栓连接（单位：mm）

1—圆钢管钢棱；2—3 形扣件；3—钩头螺栓；

4—内卷边槽钢钢棱；5—蝶形扣件

4. 紧固螺栓

紧固螺栓用于紧固内、外钢棱，增强模板拼装后的整体刚度，直径为 12mm，如图 7.16 所示。

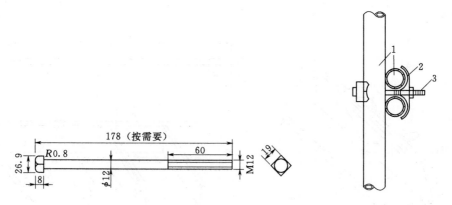

图 7.16　紧固螺栓连接（单位：mm）

1—圆钢管钢棱；2—3 形扣件；3—紧固螺栓

5．扣件

扣件用于钢模板与钢棱或钢棱之间的紧固，并与其他配件一起将钢模板拼装成整体，扣件应与相应的钢棱配套使用。按钢棱的不同形状，分为蝶形扣件和 3 形扣件，见图 7.17，它能与钩头螺栓、紧固螺栓配套使用，但扣件的刚度应与配套螺栓强度相应。

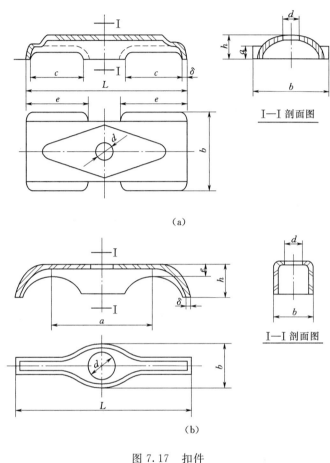

（a）

（b）

图 7.17　扣件
（a）蝶形扣件；（b）3 形扣件

6．对拉螺栓

对拉螺栓用于连接内、外模板，保持内、外模板的间距，承受新浇筑混凝土的侧压力和其他荷载，使模板具有足够的刚度和强度。常用的为圆杆式拉杆螺栓，又称穿墙螺栓，如图 7.18 所示。

7．预埋件的固定方法

预埋件的固定方法见表 7.4。

7.4.2　支撑件

组合钢模板的支撑件有钢桁架、钢棱、柱箍、梁卡具、圈梁卡、钢支架、斜撑、钢筋托具等。

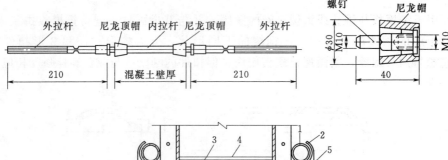

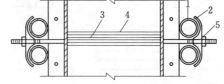

图 7.18　对拉螺栓（单位：mm）

1—圆钢管钢棱；2—3 形扣件；3—对拉螺栓；4—塑料套管；5—螺母

表 7.4　　　　　　　　　　　　　　预 埋 件 的 固 定 方 法

序号	名称	适用场合	做　　法	优　缺　点
1	螺栓固定	埋件在侧模面用于木模及钢模板	埋件对角或四角钻 ϕ8mm 孔　　ϕ6mm 螺栓	1. 埋件位置准确并紧贴混凝土面 2. 螺母埋在混凝土内，螺栓可拧出重复利用
2	圆钉固定	埋件在木模面	埋件铁板的四角或对角钻孔，用 40～50mm 长圆钉钉在模板上，或埋件不钻孔，用 4 只圆钉钉入木模一半，一半打弯压住埋件铁板　　圆钉　木模板　预埋件	1. 方法简单 2. 拆模后要及时将圆钉脚凿去，以免伤人

续表

序号	名称	适用场合	做法	优缺点
3	钢筋扎头固定	埋件在侧模面	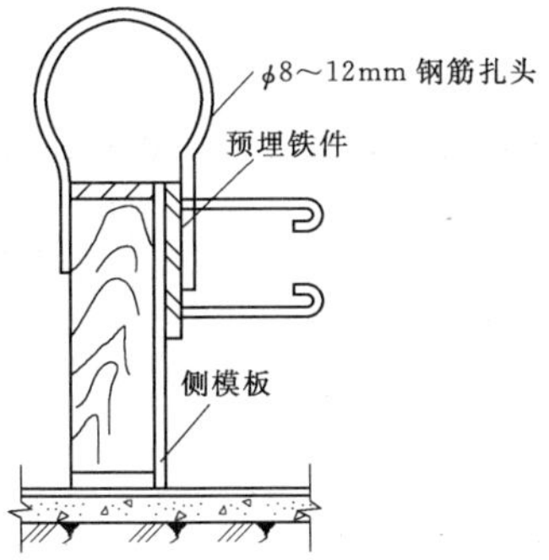 φ8～12mm 钢筋扎头　预埋铁件　侧模板	1. 方法简便 2. 快速脱模 3. 埋件容易移位
4	外插钢筋固定	管状埋件	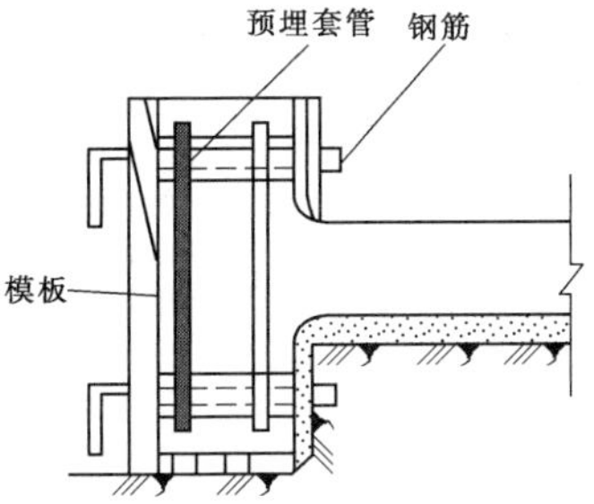 预埋套管　钢筋　模板	1. 准确方便 2. 振捣时注意钢筋脱出
5	与骨架焊接	木模或钢模中埋件	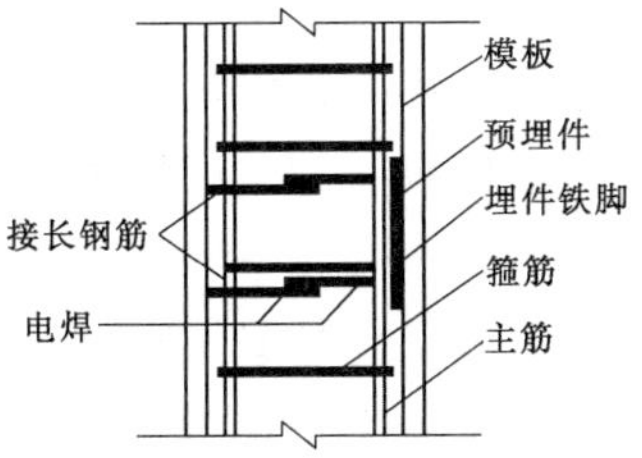 模板　预埋件　埋件铁脚　箍筋　主筋　接长钢筋　电焊	1. 钢筋骨架预先用垫块等相对固定于模内 2. 埋件表面与模面不易紧贴，有时被水泥浆遮盖
6	木框固定	角钢框等埋件	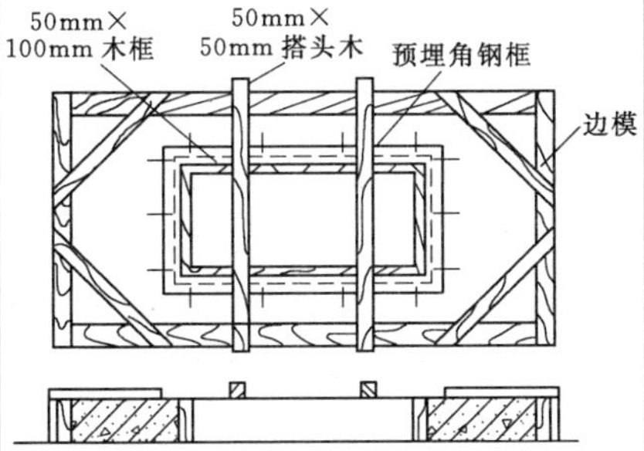 50mm×100mm 木框　50mm×50mm 搭头木　预埋角钢框　边模	1. 位置准确 2. 固定程序较多

1. 钢桁架

钢桁架用于楼板、梁等水平模板的支架。用它支设模板，可以节省模板支撑和扩大楼层的施工空间，有利于加快施工速度。

如图 7.19 所示，其两端可支撑在钢筋托具、墙、梁侧模板的横档以及柱顶梁底横栏上，以支撑梁或板的模板。钢桁架分为整榀式和组合式两种。整榀式桁架一榀的承载能力约为30kN（均匀放置）；组合式可调范围为 2.5～3.5m，一榀桁架的承载能力约为20kN（均匀放置）。

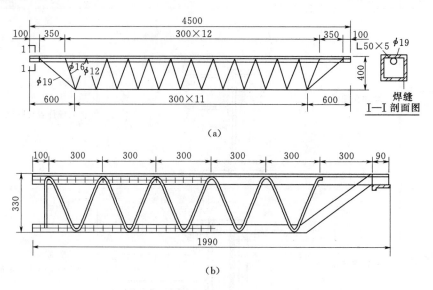

图 7.19　钢桁架（单位：mm）

（a）整榀式；（b）组合式

2. 钢棱

钢棱又称龙骨，主要用于支撑钢模板并加强其整体刚度。钢棱的材料有圆钢管、矩形钢管、内卷边槽钢、轻型槽钢、轧制槽钢等，可根据设计要求和供应条件选用。

3. 柱箍

柱箍又称柱卡箍、定位夹箍，用于直接支撑和夹紧各类柱模的支撑件，可根据柱模的外形尺寸和侧压力的大小来选用常用柱箍的规格。

柱箍是用来加固柱模板的支撑件，有用扁钢、槽钢、钢管制成的多种形式，如图 7.20 所示。

4. 梁卡具

梁卡具又称梁托架，是一种将大梁、过梁等钢模板夹紧固定的装置，并承受混凝土侧压力。其种类较多，其中钢管型梁卡具，如图 7.21 所示，适用于断面为 700mm×500mm 以内的梁；扁钢和圆钢管组合梁卡具，如图 7.22 所示，适用于断面为 600mm×500mm 以内的梁。上述两种梁卡具的高度和宽度都能调节。

5. 圈梁卡

圈梁卡用于圈梁、过梁、地基梁等方矩形梁侧模的夹紧固定。目前各地使用的形式多样，几种施工简便的圈梁卡，如图 7.23 所示。

6. 钢支架

钢支架是由内外两节钢管制成，其高低调节距模数为 100mm，支架底部除垫板外，均用木楔调整，以利于拆除，如图 7.24（a）所示。另一种钢支架本身装有调节螺杆，能调节一个孔距的高度，使用方便，但成本略高，如图 7.24（b）所示。

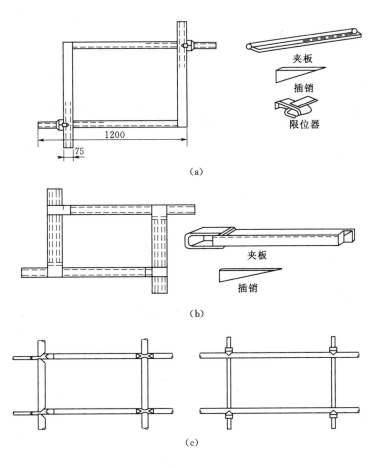

图 7.20 柱箍（单位：mm）

（a）扁钢柱箍；（b）槽钢柱箍；（c）钢管柱箍

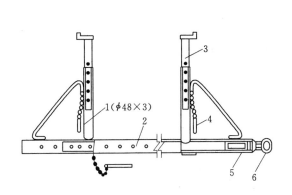

图 7.21 钢管型梁卡具

1—三脚架；2—底座；3—调节杆；4—插销；

5—调节螺栓；6—钢筋环

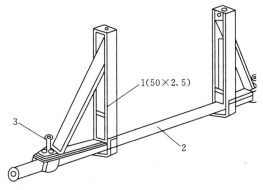

图 7.22 扁钢和圆钢管组合梁卡具

1—三脚架；2—底座；3—固定螺栓

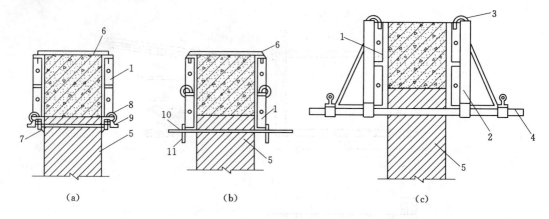

图 7.23　圈梁卡

1—钢模板；2—梁卡具；3—弯钩；4—圆钢管；5—砖墙；6—拉铁；
7—连接角模；8—L 形卡；9—拉杆；10—扁钢；11—楔块

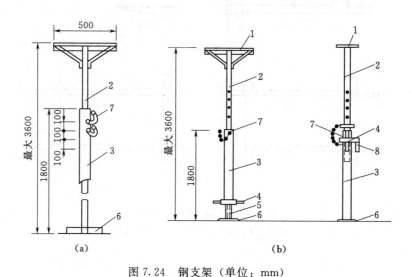

图 7.24　钢支架（单位：mm）

（a）钢支架；（b）调节螺杆钢支架

1—顶板；2—插管；3—套管；4—转盘；5—螺杆；6—底板；7—插销；8—转动手柄

学习单元 7.5　模板的拆除

混凝土浇筑后经过一段时间的养护，达到一定强度就应拆除模板。及时拆模可提高模板的周转率，也可为其他工作创造条件。但过早拆除，混凝土会因强度不足以承担本身自重，或受到外力作用而变形甚至断裂，造成重大的质量事故。模板拆除时间应根据混凝土的强度、各个模板的用途、结构的性质、混凝土硬化时的气温确定。

7.5.1　拆模时间

拆模时间根据结构的特点和混凝土所达到的强度来决定。

　　混凝土强度及强度增长情况与水泥品种、标号及用量、养护温度和湿度、龄期有关。在一定湿度条件下，温度越高，水化反应越快；反之，强度增长慢。如果湿度不够，会影响混凝土强度的增长。混凝土强度随龄期的增长而逐渐提高，在正常养护条件下，混凝土强度在最初 7～14d 内发展较快。

　　1. 非承重模板拆除时间

　　不承重的侧面模板，混凝土强度达到 2.5MPa 以上，能保证混凝土表面及棱角不因拆模而损坏时，才能拆除。一般需 2～7d，夏天 2～4d，冬天 5～7d。混凝土表面质量要求高的部位，拆模时间宜晚一些。

　　2. 承重模板拆模时间

　　钢筋混凝土结构的承重模板，混凝土强度（用与结构混凝土同条件养护的试块做试验）达到下列规定值（按混凝土设计强度等级的百分率计算），才能拆除。

　　（1）悬臂板、梁：跨度≤2m，70%；跨度＞2m，100%。

　　（2）其他梁、板、拱：跨度≤2m，50%；跨度 2～8m，70%；跨度＞8m，100%。

　　如果需预先估计模板拆模时间，可参考表 7.5 和表 7.6。

表 7.5　　　　　　　　　　　　　模 板 拆 除 时 间 表

水泥品种	水泥标号	达到设计强度	硬化时昼夜平均温度/℃						
			1	5	10	15	20	25	30
			对应拆模天数						
普通水泥	32.5	50%	18	12	8	6	4	3	3
	42.5		15	10	7	6	5	4	3
矿渣水泥	32.5		＞28	22	14	10	8	7	6
	42.5		＞28	16	11	9	8	7	6
普通水泥	32.5	70%		28	20	14	10	8	7
	42.5			20	14	11	8	7	6
矿渣水泥	32.5			32	25	17	14	12	10
	42.5			30	20	15	13	12	10
普通水泥	32.5	100%		55	45	35	28	21	18
	42.5			50	40	30	28	20	18
矿渣水泥	32.5			60	50	40	28	24	20
	42.5			60	50	40	28	24	20

　　对于大体积混凝土，为了防止拆模后混凝土表面温度骤降而产生表面裂缝，应考虑外界温度的变化而确定拆模时间，并避免早、晚或夜间气温较低时拆模。

　　3. 洞顶拱模板拆除时间

　　当隧洞围岩稳定，顶拱混凝土强度达到设计强度等级的 40%～50% 时，顶拱模板才能拆除。在有计算及试验论证的情况下，拆模时间可适当提前。

表 7.6　　　　　　　　　达到拆除混凝土底模板所需强度的参考时间

水泥品种	达到强度标准值百分率	硬化时昼夜平均温度/℃					
		5	10	15	20	25	30
		对应拆模天数					
425# 普通水泥	50%	10	7	6	5	4	3
	75%	22	15	12	9	8	7
	100%	50	40	30	28	20	18
425# 矿渣水泥	50	16	11	9	8	7	6
	75%	32	22	16	14	13	11
	100%	60	50	40	28	24	20

7.5.2　拆模的操作要点

（1）拆模一般顺序是先支后拆，后支先拆，先拆除侧模板部分，后拆除底模板部分。

（2）重大复杂模板的拆除，事前应制定拆模方案。

（3）肋形楼板应先拆柱模板，再拆楼板底模板、梁侧模板，最后拆梁底模板。

（4）侧模板的拆除应按自上而下的顺序进行。跨度较大的梁底支柱拆除，应从跨中开始分别向两端拆。拆模时，严禁用大锤和撬棍硬砸硬撬。

（5）拆模时，操作人员应站在安全处，以免发生安全事故，待该片（段）模板全部拆除后，方准将模板、配件、支架等运出堆放。

（6）拆模时要避免模板受到损坏，拆下的模板、配件等，严禁抛扔，要有人接应传递，按指定地点、种类及尺寸分别堆放保管，并做到及时清理、维修和涂刷好隔离剂，以备待用。

（7）多层楼板模板支架的拆除，当上层楼板正在浇筑混凝土时，下一层楼板的模板支架不得拆除，再下一层楼板模板的支架仅可拆除一部分。跨度≥4m 的梁下均应保留支撑，其间距不得大于 3m。

（8）工具式支模的梁、板模板的拆除，应先拆卡具、横棱、侧模，再松动木楔或可调螺杆，使支柱、桁架等平稳下降，逐级抽出底模和横档木，最后拆除桁架、支柱和托具。

7.5.3　模板拆除顺序

1. 柱模的拆除

单块组拼的应先拆除钢棱、柱箍和对拉螺栓等连接件、支撑件，从上而下逐步拆除；预组拼的应拆除两个对角的卡件，并临时支撑，再拆除另两个对角的卡件，挂好吊钩，拆除临时支撑，方能脱模起吊。

2. 墙模的拆除

单块组拼的在拆除对拉螺栓、大小钢棱和连接件后，从上而下逐步水平拆除；预组拼的应先挂好吊钩，检查所有连接件是否拆除后，方能拆除临时支撑，脱模起吊。

3. 梁、板模板

先拆除梁侧模，再拆除楼板底模，最后拆梁底模。拆除跨度较大的梁下支柱时，应从跨中开始分别拆向两端。

多层楼板支柱的拆除：上层楼板正在浇筑混凝土时，下一层楼板的模板支柱不得拆除，再下一层楼板模板的支柱，仅可拆除一部分；跨度 4m 及 4m 以上的梁下均应保留支柱，其间距不得大于 3m。

7.5.4　拆除模板时注意事项

（1）拆模时，操作人员应站在安全处，以免发生安全事故。

（2）拆模时应避免用力过猛、过急，严禁用大锤和撬棍硬砸硬撬，以免损坏混凝土表面或模板。

（3）拆除的模板及配件应有专人接应传递并分散堆放，不得对楼层形成冲击荷载，严禁高空抛掷。

（4）模板及支架清运至指定地点，应及时加以清理、修理，按尺寸和种类分别堆放，以便下次使用。

（5）拆除阳台、雨篷的模板时，要注意防止阳台、雨篷的倾覆翻倒，如图 7.25 所示。

（6）拆除模板时不能先拆支撑。一般的框架结构，应该先拆除大梁的侧模和柱子的模板（至少两边），拆除后认真对梁、柱进行检查，确定不影响结构性能以后，才能拆除支撑和全部承重模板，如图 7.26 所示。

7.5.5　拆模的安全技术要求

（1）模板支撑拆除前，混凝土强度必须达到设计要求，并应申请，经技术负责人批准后方可进行拆除。

（2）各类模板拆除的顺序和方法，应根据模板设计的规定进行，如无具体规定，应按先支后拆，先拆非承重的模板，后拆承重的模板和支架的顺序进行拆除。

（3）拆模时必须设置警戒区域，并派人监护。拆模必须干净彻底，不得留有悬空模板。

（4）高处的拆模作业，应配置登高用具或搭设支架，必要时应戴安全带。

（5）拆下的模板不准随意向下抛掷，应及时清理。临时堆放处离楼层边沿不应小于 1m，堆放高度不得超过 1m，楼层边口、通道口、脚手架边缘严禁堆放任何拆下物件。

（6）拆模间歇时，应将已活动的模板、牵杠、支撑等运走或妥善堆放，防止施工人员因踏空、扶空而坠落。

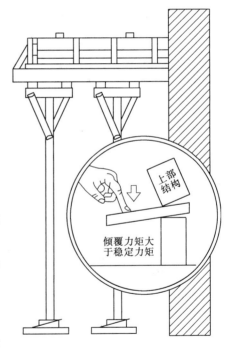

图 7.25　拆除阳台、雨篷的模板
注意倾覆力矩

图 7.26　拆除模板时不能先拆支撑

学习单元 7.6　模板的运输和保管

7.6.1　模板的运输

（1）不同规格的钢模板不得混装混运。运输时，必须采取有效措施，防止模板滑动、倾倒。长途运输时，应采用简易集装箱，支撑件应捆扎牢固，连接件应分类装箱。

（2）预组装模板运输时，应分隔垫实，支捆牢固，防止松动变形。

（3）装卸模板和配件应轻装轻卸，严禁抛掷，并应防止碰撞损坏。严禁用钢模板作其他非模板用途。

7.6.2　模板的保管

（1）钢模板和配件拆除后，应及时清除黏结的灰浆，对变形和损坏的模板和配件，宜采用机械整形和清理。钢模板及配件修复后的质量标准见表 7.7。

表 7.7　　　　　　　　　　　　钢模板及配件修复后的质量标准

项　　目		允许偏差/mm
钢模板	板面平整度	≤2.0
	凸棱直线度	≤1.0
	边肋不直度	不得超过凸棱高度
配件	U 形卡卡口残余变形	≤1.2
	钢棱和支柱不直度	≤L/1000

（2）维修质量不合格的模板及配件，不得使用。

（3）对暂不使用的钢模板，板面应涂刷脱模剂或防锈油。背面油漆脱落处，应补刷防锈漆，并按规格分类堆放。

（4）钢模板宜存放在室内或棚内，板底支垫离地面 100mm 以上。露天堆放，地面应平整坚实，模板底支垫离地面 200mm 以上，支垫距模板两端长度不大于模板长度的 1/6。地面要有排水措施。

（5）入库的配件，小件要装箱入袋，大件要按规格分类，并成垛堆放。

7.6.3　模板的堆放

（1）所有的模板和支撑系统应按不同材质、品种、规格、型号、大小、形状分类堆放，应注意在堆放中留出空地或交通道路，以便取用。在多层和高层施工中还应考虑模板和支撑的竖向转运顺序合理化。

（2）木质材料可按品种和规格堆放，钢质模板应按规格堆放，钢管应按不同长度堆放整齐。小型零配件应装袋或集中装箱转运。

（3）模板的堆放一般以平卧为主，对桁架或大模板等部件，可采用立放形式，但必须采取抗倾覆措施，每堆材料不宜过多，以免影响部件本身的质量和转运方便。

（4）堆放场地要求垫平垫高，应注意通风排水，保持干燥；室内堆放应注意取用方便、堆放安全；露天堆放应加遮盖；钢质材料应防水防锈，木质材料应防腐、防火、防雨、防暴晒。

学习项目 ⑧ 木模板

学习单元 8.1　木模板的基本要求

木模板是钢筋混凝土结构施工中采用较早的一种模板。从 20 世纪 70 年代以来，钢筋混凝土结构构件施工中，虽然模板材料已广泛"以钢代木"，采用钢材和其他材料，其构造也向定型化、工具化方向发展，但是在一些地区，仍然沿用着木模板。

木模板是使混凝土按几何尺寸成型的模型板，俗称壳子板，因此木模板选用的木材品种，应根据它的构造来确定。与混凝土表面接触的模板，为了保证混凝土表面的光洁，宜采用红松、白松、杉木，因为它重量轻，不易变形，可以增加模板的使用次数。如混凝土表面不露明或需抹灰时，则可尽量采用其他树种的木材做模板。

8.1.1　木工操作间及防火要求

（1）操作间建筑应采用阻燃材料搭建。

（2）操作间应冬季宜采用暖气（水暖）供暖，如用火炉取暖时，必须在四周采用挡火措施；不应用燃烧劈柴、刨花代煤取暖。每个火炉都要有专人负责，下班时要将余火彻底熄灭。

（3）电气设备的安装符合要求。抛光、电锯等部位的电气设备应采用密封式或防爆式。应对在刨花、锯末较多处安置的电动机安装防尘罩。

（4）操作间内严禁吸烟和用明火作业。

（5）操作间只能存放当班的用料，成品及半成品要及时运走。木工应做到活完场地清、刨花、锯末每班都打扫干净，倒在指定地点。

（6）严格遵守操作规程，对旧木料一定要经过检查，起出铁钉等金属后，方可上锯锯料。

（7）配电盘、刀闸下方不能堆放成品、半成品及废料。

（8）工作完毕应拉闸断电，并经检查确无火险后方可离开。

8.1.2　木模板的特点及要求

建筑工程中，木模板具有自重轻，易于加工，一次性投资小等热点。但是木模板在制作和安装时费工，重复使用次数少，损耗大，受潮后产生膨胀，干燥时会收缩扭曲变形。

建筑模板必须符合下列要求。

（1）保证结构和构件各部分形状尺寸和相互位置的正确性。

（2）具有足够的强度、刚度和稳定性，能可靠地承受所浇混凝土的自重和侧压力，以及在施工过程中所产生的荷载。

（3）构造简单，装拆方便，并便于钢筋绑扎安装、混凝土浇筑及养护等。

（4）模板的接缝应严密、不漏浆。

8.1.3　木模板的选材及制作要求

1. 木模板的选材

木模板一般使用松木和杉木制作。板条厚度一般为 25～50mm，宽度不宜超过200mm，以保证干缩时缝隙均匀，浇水后易于密缝。但梁底板的板条宽度不受限制，以减少拼缝，防止漏浆。拼条截面尺寸为（25mm×35mm）～（50mm×50mm）。钉子长度为木板厚度的 1.5～2 倍。

2. 木模板的制作

木模板系统包括模板、支架和紧固件，一般是在加工厂和现场木工棚制作成元件，然后再在现场拼装，如图 8.1 所示。木模板拼板的长短、宽窄可以根据钢筋混凝土构件的尺寸、设计出几种标准规格，以便组合使用。每块拼板自重以两人能搬动为宜。拼板的板面有刨平和不刨平两种；接缝的形式有平头对接、交错对接、榫头对接等，如图 8.2 所示。木档间距取决于所浇混凝土侧压力的大小及板条厚度，一般为 400～500mm。

8.1.4　模板的配制、安装和基本要求

1. 模板的配制方法

（1）按图纸尺寸直接配制模板。形体简单的结构构件，可根据结构施工图纸，直接按尺寸列出模板规格和数量进行配制。模板厚度，横档及楞木的断面和间距，以及支撑系统的配置，都可按支承要求通过计算选用。

（2）放大样方法配制模板。形体复杂的结构构件，如楼梯、圆形水池等结构模板，可采用放大样的方法配制模板。即在平整的地坪上，按结构图，用足尺画出结构构件的实

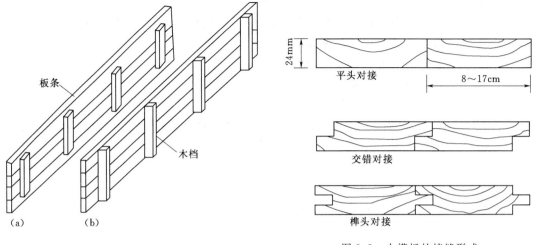

图 8.1 拼板的构造
（a）一般拼板；（b）梁侧板的拼板

图 8.2 木模板的接缝形式

样，量出各部分模板的准确尺寸或套制样板，同时确定模板及其安装的节点构造，进行模板的制作。

（3）按计算方法配制模板。形体复杂的结构构件，尤其是一些不易采用放大样且又有规律的几何形体，可以采用计算方法，或用计算方法结合放大样的方法，进行模板的配制。

（4）结构表面展开法配制模板。有些形体复杂的结构构件，如设备基础，是由各种不同的形体组合成的复杂体。其模板的配制，就适用展开法，画出模板平面图和展开图，再进行配模设计和模板制作。

2. 模板的配制要求

（1）木模板及支撑系统所用的木材，不得有脆性、严重扭曲和受潮后容易变形的木材。

（2）木模厚度。侧模一般可采取 20～30mm 厚，底模一般可采取 40～50mm 厚。

（3）拼制模板的木板条不宜宽于下值。

1）工具式模板的木板为 150mm。

2）直接与混凝土接触的木板为 200mm。

3）梁和拱的底板，如采用整块木板，其宽度不加限制。

（4）木板条应将拼缝处刨平刨直，模板的木档也要刨直。

（5）钉子长度应为木板厚度的 1.5～2 倍，每块木板与木档相叠处至少钉 2 只钉子。

（6）混水模板正面高低差不得超过 3mm；清水模板安装前应将模板正面刨平。

（7）配制好的模板应在反面编号并写明规格，分别堆放保管，以免错用。

3. 模板安装的一般程序及要求

模板安装程序应根据构件类型和特点、施工方法和机械选择、施工条件和环境等确定。一般安装程序是：先上后下，先内后外，先支模，后支撑，再紧固。

对模板及支撑系统的基本要求如下。

（1）保证结构构件各部分的形状、尺寸和相互间位置的正确性。

（2）具有足够的强度、刚度和稳定性。能承受本身自重及钢筋、浇捣混凝土的重量和侧压力，以及在施工中产生的其他荷载。

（3）装拆方便，能多次周转使用。

（4）模板拼缝严密，不漏浆。

（5）所用木料受潮后不易变形。

（6）支承必须安装在坚实的地基上，并有足够的支承面积，以保证所浇筑的结构不致发生下沉。

（7）节约材料。

4. 配件

配件包括顶撑、柱箍、格栅、托木、夹木、斜撑、横担、牵杠、拉杆、搭头木、垫板、木楔、木桩等。

（1）顶撑用于支撑梁模。顶撑由帽木、立柱、斜撑等组成，帽木用（50～100）mm×100mm 方木，立柱用 100mm×100mm 方木或直径为 100mm 的原木，斜撑用 50mm×75mm 的方木。顶撑也可以用钢制，立柱由内外套管组成，内管用 50mm 钢管，外管用 63mm 钢管，内外管上都有销孔，两者销孔对准，插入销子，可调整立柱高度；斜撑用 12mm 圆钢，立柱顶应装帽木托座，帽木置于托座中，用钉子转圈钉牢。为了调整梁模的标高，在顶撑立柱底下加设木楔，沿顶撑底的地面上应铺垫板，垫板厚度应不小于 40mm，宽度不小于 200mm，长度不小于 600mm。

（2）柱箍用于箍紧桩模，以防止混凝土浇筑时柱模发生鼓胀变形。柱箍有钢柱箍和钢木柱箍。钢柱箍两边为角钢，另两边为螺栓，角钢边长不小于 50mm，螺栓直径不小于 12mm。钢木柱箍两边为方木，另两边为螺栓，方木应用硬木，断面不小于 50mm×50mm，螺栓直径不小于 12mm。

（3）格栅用于支撑楼板底模。格栅应用方木制作，其断面面积不小于 50mm×100mm。格栅的头搁置于梁模外侧的托木上。格栅间距不超过 500mm。

（4）托木用于支撑格栅，钉于梁模侧板外侧。托木应用方木制作，其断面面积不小于 50mm×75mm。托木如不需要支撑格栅，则作为斜撑上段支撑点。

（5）夹木用于梁模、墙模侧板下册外端，以防止侧板下端移位。夹木应用方木制作，其断面面积不小于 50mm×75mm。

（6）斜撑用于稳固梁模、墙模、基础等的侧板。斜撑应用方木制作，其断面面积不小于 50mm×50mm。斜撑一般按 45°～60°方向布置，其上端支撑在托木上，其下端支撑在顶撑的帽木或木桩上。

（7）横担用于支撑预制混凝土构件模板或悬挂基础地梁模板。横担应用方木制作，其断面面积不小于 50mm×100mm。

（8）牵杠用于墙模侧板外侧或格栅底下。牵杠应用方木制作，其断面面积不小于 50mm×75mm。

（9）拉杆设置于顶撑间，以稳固顶撑。拉杆应用方木制作，其断面面积不小于 50mm×50mm。

（10）搭头木用于卡住梁模、墙模的上口，以保持模板上口宽度不变。搭头木应用方木制作，其断面面积不小于 40mm×40mm。

学习单元 8.2　现浇结构木模板的制作与安装

现浇结构木模板的基本形式是散支散拆组拼式木模板。

8.2.1　基础模板

混凝土基础的形式有独立式和条形式两种。独立式基础又分阶形和杯形等（图 8.3）。基础模板的构造随着其形式的不同而有所不同。

1. 阶形基础模板

（1）构造。阶形基础的模板，每一台阶模板由四块侧板拼钉而成，其中两块侧板的尺寸与相应的台阶侧面尺寸相等；另两块侧板长度应比相应的台阶侧面长度大150～200mm，高度与其相等。四块侧板用木档拼成方框。上台阶模板的其中两块侧板的最下一块拼板要加长，以便搁置在下层台阶模板上，下层台阶模板的四周要设斜撑及平撑支撑住。斜撑和平撑一端钉在侧板的木档（排骨档）上；另一端顶紧在木桩上。上台阶模板的四周也要用斜撑和一平撑支撑住，斜撑和平撑的一端钉在上台阶侧板的木档上，另一端可钉存下台阶侧板的木档顶上（图 8.4）。

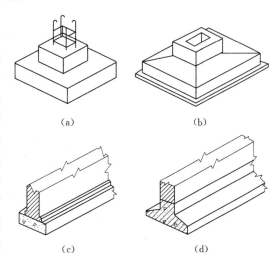

(a)　　　　　(b)

(c)　　　　　(d)

图 8.3　基础形式
(a) 阶形独立基础；(b) 杯形独立基础；
(c) 条形基础；(d) 带地梁条形基础

（2）安装。模板安装前，在侧板内侧划出中线，在基坑底弹出基础中线。把各台阶侧板拼成方框。

安装时，先把下台阶模板放在基坑底，两者中线互相对准，并用水平尺校正其标高，在模板周围钉上木桩，在木桩与侧板之间，用斜撑和平撑进行支撑，然后把钢筋网放入模板内，再把上台阶模板放在下台阶模板上，两者中线互相对准，并用斜撑和平撑加以钉牢。

2. 杯形基础模板

（1）构造。杯形基础模板的构造与阶形基础相似，只是在杯口位置要装设杯芯模。杯芯模两侧钉上轿杠，以便于搁置在上台阶模板上。如果下台阶顶面带有坡度，应在上台阶模板的两侧钉上轿杠，轿杠端头下方加钉托木，以便于搁置在下台阶模板上。近旁有基坑壁时，可贴基坑壁设垫木，用斜撑和平撑支撑侧板木档（图 8.5）。

杯芯模有整体式和装配式两种。整体式杯芯模是用木板和木档根据杯口尺寸钉成一个整体，为了便于脱模，可在芯模的上口设吊环，或在底部的对角十字档穿设 8 号铁丝，以

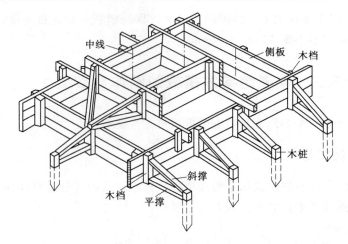

图 8.4　阶形独立基础模板

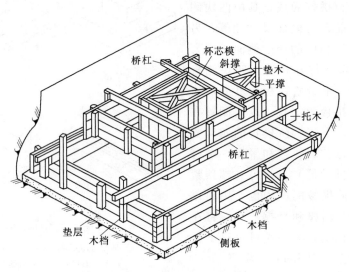

图 8.5　杯形独立基础模板

便于芯模脱模。装配式芯模是由四个角模组成，每侧设抽芯板，拆模时先抽去抽芯板，即可脱模（图 8.6）。

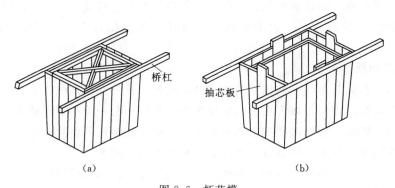

（a）　　　　　　　　　　　　　　　（b）

图 8.6　杯芯模
（a）整体式；（b）装配式

杯芯模的上口宽度要比柱脚宽度大 100～150mm，下口宽度要比柱脚宽度大 40～60mm，杯芯模的高度（轿杠底到下口）应比柱子插入基础杯口中的深度大 20～30mm，以便安装柱子时校正柱列轴线及调整柱底标高。

杯芯模一般不装底板，这样浇筑杯口底处混凝土比较方便，也易于振捣密实。

（2）安装。安装前，先将各部分划出中线，在基础垫层上弹出基础中线。各台阶钉成方框，杯芯模钉成整体，上台阶模板及杯芯两侧钉上轿杠。

安装时，先将下台阶模板放在垫层上，两者中心对准，四周用斜撑和平撑钉牢，再把钢筋网放入模板内，然后把上台阶模板摆上，对准中线，校正标高，最后在下台阶侧板外加木档，把轿杠的位置固定住。杯芯模应最后安装，对准中线，再将轿杠搁于上台阶模板上，并加木档予以固定。

3. 条形基础模板

（1）构造。条形基础模板一般由侧板、斜撑、平撑组成。侧板可用长条木板加钉竖向木档拼制，也可用短条木板加横向木档拼成。斜撑和平撑钉在木桩（或垫木）与木档之间（图 8.7）。

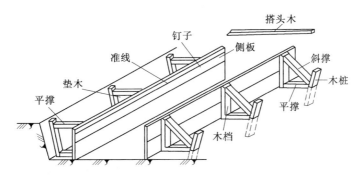

图 8.7　条形基础模板

（2）安装。

1）条形基础模板安装时，先在基槽底弹出基础边线，再把侧板对准边线垂直竖立，同时用水平尺校正侧板顶面水平，无误后，用斜撑和平撑钉牢。如基础较长，则先立基础两端的两块侧板，校正后，再在侧板上口拉通线，依照通线再立中间的侧板。当侧板高度大于基础台阶高度时，可在侧板内侧按台阶高度弹准线，并每隔 2m 左右在准线上钉圆钉，作为浇筑混凝土的标志。为了防止浇筑时模板变形，保证基础宽度的准确，应每隔一定距离在侧板上口钉上搭头木。

2）带有地梁的条形基础，轿杠布置在侧板上口，用斜撑，吊木将侧板吊在轿杠上。在基槽两边铺设通长的垫板，将轿杠两端搁置在其上，并加垫木楔，以便调整侧板标高（图 8.8）。

安装时，先按前述方法将基槽中的下部模板安装好，拼好地梁侧板，外侧钉上吊木（间距 800～1200mm），将侧板放入基槽内。在基槽两边地面上铺好垫板，把轿杠搁置于垫板上，并在两端垫上木楔。将地梁边线引到轿杠上，拉上通线，再按通线将侧板吊木逐个钉在轿杠上，用线坠校正侧板的垂直，再用斜撑固定，最后用木楔调整侧板上口标高。

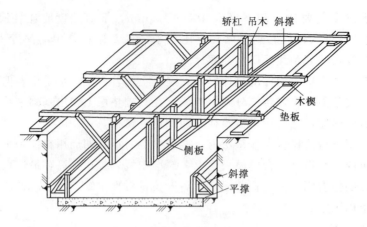

图 8.8 带地梁的条形基础模板

4. 用料尺寸

基础模板用料尺寸可参考表 8.1。

表 8.1	基 础 模 板 用 料 尺 寸		单位：mm
基础高度	木档最大间距（侧板厚 25）	木档断面	木档钉法
300	500	50×50	
400	500	50×50	
500	500	50×75	平摆
600	400～500	50×75	平摆
700	400～500	50×75	立摆

5. 施工要点

（1）安装模板前先复查地基垫层标高及中心线位置，弹出基础边线。基础模板面标高应符合设计要求。

（2）基础下段模板如果土质良好，可以用土模，但开挖基坑和基槽尺寸必须准确。杯芯模板要刨光，应直拼。如设底板，应使侧板包底板；底板要钻几个孔以便排气。芯模外表面涂隔离剂，四角做成小圆角，灌混凝土时上口要临时遮盖。

（3）杯芯模板的拆除要掌握混凝土的凝固情况，一般在初凝前后即可用锤轻打，撬棒松动；较大的芯模，可用倒链将杯芯模稍加松动后拔出。

（4）浇捣混凝土时要注意防止杯芯模向上浮升或四周偏移，模板四周混凝土应均衡浇捣。

（5）脚手板不能搁置在基础模板上。

8.2.2 墙模板

1. 构造

混凝土墙体的模板主要由侧板、立档、牵杠、斜撑等组成（图 8.9）。

侧板可以采取用长条板模拼，预先与立档钉成大块板，板块高度一般不超过 1.2m 为

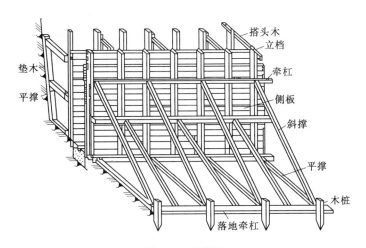

图 8.9 墙模板

宜。牵杠钉在立档外侧，从底部开始每隔 0.7～1.0m 一道。在牵杠与木桩之间支斜撑和平撑，如木桩间距大于斜撑间距时，应沿木桩设通长的落地牵杠，斜撑与平撑紧顶在落地牵杠上。当坑壁较近时，可在坑壁上立垫木，在牵杠与垫木之间用平撑支撑。

2. 安装

墙模板安装时，先在基础或地面上弹出墙的中线及边线，根据边线立一侧模板，临时用支撑撑住，用线锤校正模板的垂直，然后钉牵杠，再用斜撑和平撑固定。也可不用临时支撑，直接将斜撑和平撑的一端先钉在牵杠上，用线锤校正侧板的垂直，即将另一端钉牢。用大块侧模时，上下竖向拼缝要互相错开，先立两端，后立中间部分。

待钢筋绑扎后，按同样方法安装另一侧模板及斜撑等。

为了保证墙体的厚度正确，在两侧模板之间可用小方木撑好（小方木长度等于墙厚）。小方木要随着浇筑混凝土逐个取出。为了防止浇筑混凝土的墙身鼓胀，可用 8～10 号铅丝或直径 12～16mm 螺栓拉结两侧模板，间距不大于 1m。螺栓要纵横排列，并在混凝土凝结前经常转动，以便在凝结后取出。如墙体不高，厚度不大，亦可在两侧模板上口钉上搭头木即可。

3. 用料尺寸

墙模板的用料尺寸，可参考表 8.2。

表 8.2 　　　　　　　　　　　　墙 模 板 用 料 尺 寸　　　　　　　　　　单位：mm

墙厚	侧板厚	立档间距	立档断面	牵杠间距	牵杠断面
200 以下	25	500	50×100	1000	100×100
200 以上	25	500	50×100	700	100×100

注　本表为机械振捣混凝土时用料尺寸。

8.2.3　肋形楼盖模板

肋形楼盖主要由柱、主梁和次梁及平板等组成（图 8.10）。

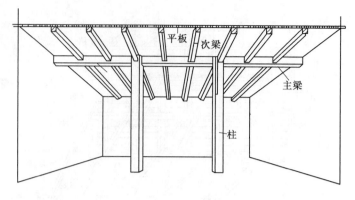

图 8.10　肋形楼盖

1. 柱模板

（1）矩形柱模板的构造。矩形柱的模板由四面侧板、柱箍、支撑组成。其中的两面侧板为长条板用木档纵向拼制；另两面用短板横向逐块钉上，两头要伸出纵向板边，以便于拆除，并每隔 1m 左右留出洞口，以便从洞口中浇筑混凝土。纵向侧板一般厚 40～50mm，横向侧板厚 25mm。在柱模底用小方木钉成方盘，用于固定（图 8.11）。

柱子侧模如四边都采用纵向模板，则模板横缝较少，其构造见图 8.12。

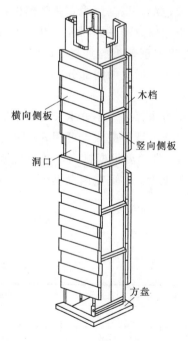

图 8.11　矩形柱模板

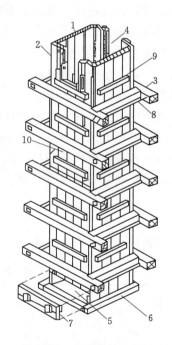

图 8.12　方形柱子的模板

1—内拼板；2—外拼板；3—柱箍；4—梁缺口；5—清理孔；
6—木框；7—盖板；8—拉紧螺栓；9—拼条；10—活动板

柱顶与梁交接处，要留出缺口，缺口尺寸即为梁的高及宽（梁高以扣除平板厚度计算），并在缺口两侧及口底钉上衬口档，衬口档离缺口边的距离即为梁侧板及底板的厚度

（图 8.13）。

断面较大的柱模板，为了防止在混凝土浇筑时模板产生鼓胀变形，应在柱模外设置柱箍（图 8.14）。柱箍可采用木箍、钢木箍及钢箍等几种（图 8.15）。

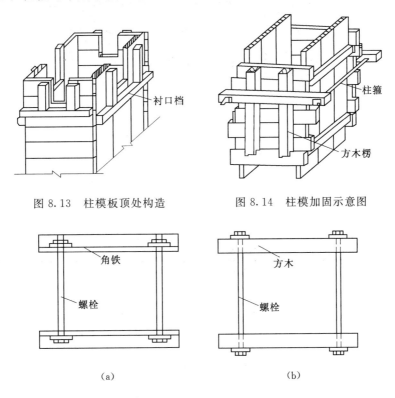

图 8.13　柱模板顶处构造　　　　图 8.14　柱模加固示意图

图 8.15　柱箍
（a）钢柱箍；（b）钢木柱箍

柱箍间距应根据柱模断面大小确定，一般不超过 100mm，柱模下部间距应小些，往上可逐渐增大间距。设置柱箍时，横向侧板外面要设竖向木档。

（2）圆形柱木模板。圆形柱木模板用竖直狭条（厚 20～25mm，宽 30～50mm）模板和圆弧档（又称木带，厚 30～50mm）做成两个半片组成，直径较大的可做成三片以上。为防止混凝土浇筑时侧压力使模板爆裂，木带净宽应不小于 50mm 或在模外每隔500～1000mm 加两股以上 8～10 号铅丝箍紧。

（3）安装。

1）柱模板安装程序。柱模板安装分为现场拼装和场外预拼装、现场安装就位两种。

a. 柱模板现场安装时，先在基础面（或楼面）上弹柱轴线及边线。同一柱列应先弹两端柱轴线、边线，然后拉通线弹出中间部分柱的轴线及边线。按照边线先把底部方盘固定好，再对准边线安装两侧纵向侧板，用临时支撑支牢，并在另两侧钉几块横向侧板，把纵向侧板互相拉住。用线坠校正柱模垂直后，用支撑加以固定，再逐块钉上横向侧板。为了保证柱模的稳定，柱模之间要用水平撑、剪刀撑等互相拉结固定（图 8.16）。

b. 场外预拼装现场安装就位程序。场外将柱模板分四片预拼装，运至现场后，先立四边拼板并连接成整体，再校正垂直度，装设柱箍，最后安装水平和斜向支撑。

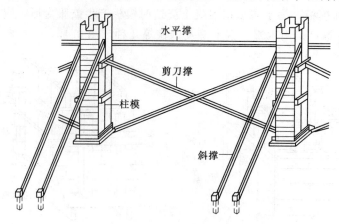

图 8.16　柱模的固定

2）用料。柱模板用料参考表 8.3。

表 8.3　　　　　　　　　　　柱 模 板 用 料 参 考 表　　　　　　　　　　单位：mm

柱断面	木档间距（模板厚 50）	木档断面	木档钉法
300×300	450	50×50	
400×400	450	50×50	
500×500	400	50×50	平摆
600×600	400	50×50	平摆
700×700	400	50×70	立摆
800×800	400	50×70	立摆

3）施工要点。

a. 安装时先在基础面上弹出纵横向轴线和四周边线，固定小方盘，在小方盘上调整标高，立柱头板。小方盘一侧要留清扫口。

b. 同一柱列的模板，可采取先校正两端的柱模，在柱模顶中心拉通线，按通线校正中间部分的柱模。

c. 柱头板可用厚 25mm×50mm 长料木板，门子板一般用厚 25mm×30mm 的短料或定型模板。短料在装钉时，要交错伸出柱头板，以便于拆模及操作人员上下。由地面起每隔 1～2m 留一道施工口，以便浇筑混凝土及放入振捣器。

d. 柱模板宜加柱箍，用四根小木枋互相搭接钉牢或用工具式柱箍。采用 50mm×100mm 木枋做立棱的柱模板，每隔 500mm×1000mm 加一道柱箍。

e. 为便于拆模，柱模板与梁模板连接时，梁模宜缩短 2～3m，并锯成小斜面。

2. 梁模板

（1）构造。梁模板主要由侧板、底板、夹木、托木、梁箍、支撑等组成。侧板可用厚 25mm 的长条板加木挡拼制，底板一般用厚 40～50mm 的长条板加木挡拼制，或用整块板。在梁底板下每隔一定间距支设顶撑。夹木设在梁模两侧板下方，将梁侧板与底板夹紧，并钉牢在支柱顶撑上。次梁模板，还应根据搁栅标高，在两侧板外面钉上托木。在主梁与次梁交接处，应在主梁侧板上留缺口，并钉上衬口档，次梁的侧板和底板钉在衬口档上（图8.17）。

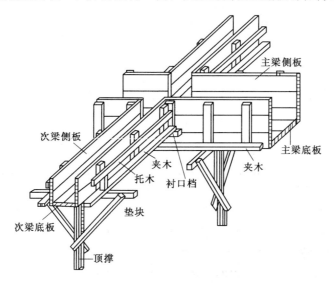

图 8.17　梁模板

支承梁模的顶撑（又称琵琶撑、支柱），其立柱一般为 100mm×100mm 的方木或直径 120mm 的原木，帽木用断面（50～100)mm×100mm 的方木，长度根据梁高决定，斜撑用断面 50mm×75mm 的方木；亦可用钢制顶撑（图8.18）。为了调整梁模的标高，在立柱底要垫木楔。沿顶撑底在地面上应铺设垫板。垫板厚度应不小于40mm；宽度不小于200mm，长不小于600mm。新填土或土质不好的基层地面须采取夯实措施。

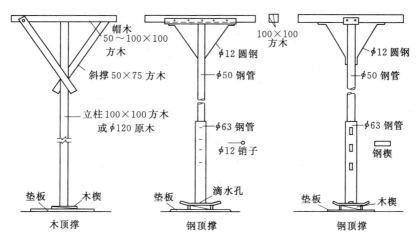

图 8.18　顶撑（单位：mm）

顶撑的间距要根据梁的断面大小而定，一般为800～1200mm。当梁的高度较大，应在侧板外面另加斜撑，斜撑上端钉在托木上，下端钉在顶撑的帽木上（图8.18），独立梁的侧板上口用搭头木互相卡住。

梁模板的用料尺寸可参考表8.4。

表 8.4　　　　　　　　　　　　　　　**梁 模 板 用 料 尺 寸**　　　　　　　　　　　单位：mm

梁高	梁侧板（厚不小于 25）		梁底板（厚 40～50）	
	木档间距	木档断面	支承点间距	支承琵琶头断面
300	550	50×50	1250	50×100
400	500	50×50	1150	50×100
500	500	50×75（立摆）	1050	50×100
600	450	50×75（立摆）	1000	50×100
800	450	50×75（立摆）	900	50×100
1000	400	50×100（立摆）	800	50×100
1200	400	50×100（立摆）	800	50×100

　　注　夹木一般用断面为 50mm×（75～100）mm。

　　（2）安装。梁模板安装时，应在梁模下方地面上铺垫板，在柱模缺口处钉衬口档，然后把底板两头搁置在柱模衬口档上，再立靠柱模或墙边的顶撑，并按梁模长度等分顶撑间距，立中间部分的顶撑。顶撑底应打入木楔。安放侧板时，两头要钉牢在衬口档上，并在侧板底外侧铺上夹木，用夹木将侧板夹紧并钉牢在顶撑帽木上，随即把斜撑钉牢。

　　次梁模板的安装，要待主梁模板安装并校正后才能进行。其底板及侧板两头是钉在主梁模板缺口处的衬口档上。次梁模板的两侧板外侧要按搁栅底标高钉上托木。

　　梁模板安装后，要拉中线进行检查，复核各梁模中心位置是否对正。待平板模板安装后，检查并调整标高，将木楔钉牢在垫板上。各顶撑之间要设水平撑或剪刀撑，以保持顶撑的稳固（图 8.19）。

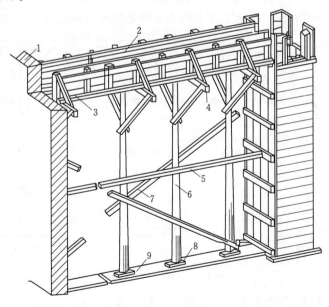

图 8.19　梁模板的安装
1—砖墙；2—侧板；3—夹木；4—斜撑；5—水平撑；
6—琵琶撑；7—剪刀撑；8—木楔；9—垫板

当梁的跨度在 4m 或 4m 以上时，在梁模的跨中要起拱，起拱高度为梁跨度的 0.2％～0.3％。

当楼板采用预制圆孔板、梁为现浇花篮梁时，应先安装梁模板，再吊装圆孔板，圆孔板的重量暂时由梁模板来承担。这样，可以加强预制板和现浇梁的连接。其模板构造如图 8.20 所示，安装时，先按前述方法将梁底板和侧板安装好，然后在侧板的外边立支撑（在支撑底部同样要垫上木楔和垫板），再在支撑上钉通长的搁栅，搁栅要与梁侧板上口靠紧，在支撑之间用水平撑和剪刀撑互相连接。

当梁模板下面需留施工通道，或因土质不好不宜落地支撑，且梁的跨度又不大时，则可将支撑改成倾斜支设，支设在柱子的基础面上，倾角一般不宜大于 30°，在梁底板下面用一根 50mm×75mm 或 50mm×100mm 的方木，将两根倾斜的支撑撑紧，以加强梁底板刚度和支撑的稳定性（图8.21）。

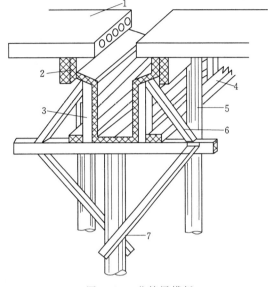

图 8.20 花篮梁模板
1—孔板；2—搁栅；3—木档；4—夹木；
5—牵杠撑；6—斜撑；7—琵琶撑

3. 平板模板

（1）构造。平板模板一般用厚 20～25mm 的木板拼成，或采用定型木模块，铺设在搁栅上。搁栅两头搁置在托木上，搁栅一般用断面 50mm×100mm 的方木，间距为 400～500mm。当搁栅跨度较大时，应在搁栅中间立支撑，并铺设通长的龙骨，以减小搁栅的

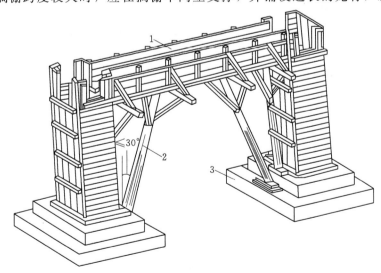

图 8.21 用支撑倾斜支模
1—侧板；2—支撑；3—柱基础

跨度。牵杠撑的断面要求与顶撑立柱一样，下面须垫木楔及垫板。一般用 50～75mm×150mm 的方木。平板模板应垂直于搁栅方向铺钉。定型模块的规格尺寸要符合搁栅间距，或适当调整搁栅间距来适应定型模块的尺寸（图 8.22）。

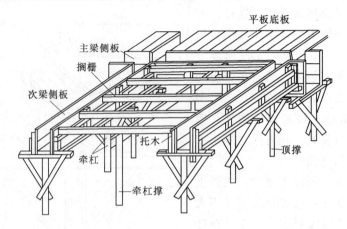

图 8.22　平板模板

（2）用料。平板模板用料参考，见表 8.5。

表 8.5　　　　　　　　　　　　　　平板模板用料参考表　　　　　　　　　　　　单位：mm

混凝土平台板厚度	搁栅断面	搁栅间距	底板厚度	牵杠断面	牵杠撑间距	牵杠间距
60～140	50×100	500	25	70×150	1500	1200
140～200	50×100	400～500	25	70×200	1300～1500	1200

（3）安装。平板模板安装时，先在次梁模板的两侧板外侧弹水平线，水平线的标高应为平板底标高减去平板模板厚度及搁栅高度，然后按水平线钉上托木，托木上与水平线相齐。再把靠梁模旁的搁栅先摆上，等分搁栅间距，摆中间部分的搁栅。最后在搁栅上铺钉平板模板。为了便于拆模，只在模板端部或接头处钉牢，中间尽量少钉。如用定型模块则铺在搁栅上即可。如中间设有牵杠撑及牵杠时，应在搁栅摆放前先将牵杠撑立起，将牵杠铺平，平板模板铺好后，应进行模板面标高的检查工作，如有不符，应进行调整。

8.2.4　楼梯模板

现浇钢筋混凝土楼梯分为有梁式、板式和螺旋式几种结构形式，有梁式楼梯段的两侧有边梁，板式楼梯则没有。本书以双跑板式楼梯模板为例。

（1）板式楼梯模板的构造。双跑板式楼梯包括楼梯段（梯板和踏步）梯基梁、平台梁及平台板等（图 8.23）。

平台梁和平台板模板的构造与肋形楼盖模板基本相同。楼梯段模板是由底模、搁栅、牵杠、牵杠撑、外帮板、踏步侧板、反三角木等组成（图 8.24）。

踏步侧板两端钉在梯段侧板（外帮板）的木档上，如先砌墙体，则靠墙的一端可钉在反三角木上。梯段侧板的宽度至少要等于梯段板厚及踏步高，板的厚度为 30mm，长度按

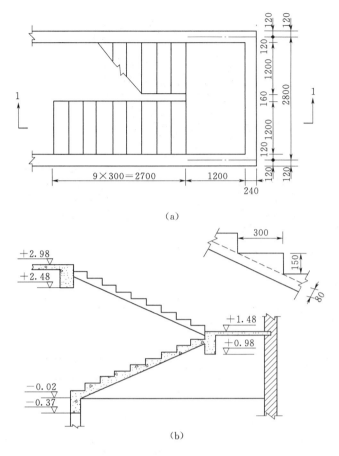

图 8.23　楼梯详图（高程单位：m；其他单位：mm）

（a）楼梯平面图；（b）楼梯 1—1 剖面图

梯段长度确定。在梯段侧板内侧划出踏步形状与尺寸，并在踏步高度线一侧留出踏步侧板厚度钉上木档，用于钉踏步侧板。反三角木是由若干三角木块钉在方木上，三角木块两直角边长分别各等于踏步的高和宽，板的厚度为 50mm，方木断面为 50mm×100mm。每一梯段反三角木至少要配一块。楼梯较宽时，可多配。反三角木用横楞及立木支吊。

（2）楼梯模板的安装。现以先砌墙体后浇楼梯的施工方法介绍楼梯模板安装步骤。

先立平台梁、平台板的模板以及梯基的侧板。在平台梁和柱基侧板上钉托木，将搁栅支于托木上，搁栅的间距为 400～500mm，断面为 50mm×100mm。搁栅下立牵杠及牵杠撑，牵杠断面为 50mm×150mm，牵杠撑间距为 1～1.2m，其下垫通长垫板。牵杠应与搁栅相垂直。牵杠撑之间应用拉杆相互拉结。然后在搁栅上铺梯段底板，底板厚为 25～30mm。底板纵向应与搁栅相垂直。在底板上划梯段宽度线，依线立外帮板，外帮板可用夹木或斜撑固定。再在靠墙的一面立反三角木，反三角木的两端与平台梁和梯基的侧板钉牢。然后在反三角木与外帮板之间逐块钉踏步侧板，踏步侧板一头钉在外帮板的木档上，另一头钉在反三角木的侧面上。如果梯形较宽，应在梯段中间再加设反三角木。

如果是先浇楼梯后砌墙体时，则梯段两侧都应设外帮板，梯段中间加设反三角木，其

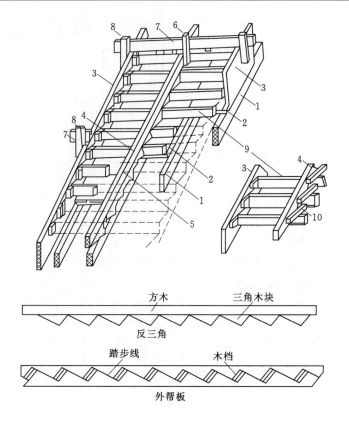

图 8.24 楼梯模板构造

1—楞木；2—底模；3—外帮板；4—反三角木；5—三脚板；6—吊木；7—横楞；
8—立木；9—踏步侧板；10—顶木

余安装步骤与先砌墙体做法相同。

8.2.5 门窗过梁、圈梁和雨篷模板

1. 门窗过梁模板

门、窗过梁模板由底模、侧模、夹木和斜撑等组成。底模一般用厚 40mm 的木板，其长度等于门、窗洞口长度，宽度与墙厚相同。侧模用 25mm 厚的木板，其高度为过梁高度加底板厚度，长度应比过梁长 400～500mm，木档一般选用 50mm×75mm 的方木。

安装时，先将门、窗过梁底模按设计标高搁置在支撑上，支撑立在洞口靠墙处，中间部分间距一般为 1m 左右，然后装上侧模，侧模的两端紧靠砖墙，在侧模外侧钉上夹木和斜撑，将侧模固定。最后，在侧模上口钉搭头木，以保持过梁尺寸的正确（图 8.25）。

2. 圈梁模板

圈梁模板是由横楞（托木）、侧模、夹木、斜撑和搭头木等组成，其构造与门、窗过梁基本相同。圈梁模板是以砖墙顶面为底模，侧模高度一般是圈梁高度加一皮砖厚度，以便支模时两侧侧模夹住顶皮砖。安装模板前，在离圈梁底第二皮砖，每隔 1.2～1.5m 放置楞木，侧模立于横楞上，在横楞上钉夹木，使侧模夹紧墙面。斜撑下端钉在横楞上，上

端钉在侧模的木档上。搭头木上划出圈梁宽度线，依线对准侧板里口，隔一定距离钉在侧模上（图 8.26）。

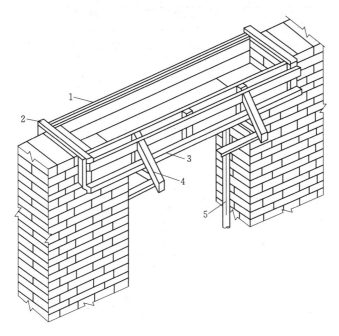

图 8.25　门、窗过梁模板之一
1—木档；2—搭头木；3—夹木；4—斜撑；5—支撑

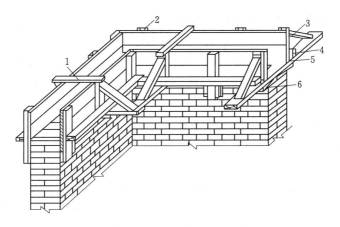

图 8.26　圈梁模板
1—搭头木；2—木档；3—斜撑；4—夹木；5—横楞；6—木楔

3. 雨篷模板

雨篷包括门过梁和雨篷板两部分。门过梁的模板由底模、侧模、夹木、顶撑、斜撑等组成；雨篷板的模板由托木、搁栅、底板、牵杠、牵杠撑等组成（图 8.27）。

雨篷模板安装时，先立门洞两旁的顶撑，搁上过梁的侧模，用夹木将侧模夹紧，在侧模外侧用斜撑钉牢。在靠雨篷板一边的侧板上钉托木，托木上口标高应是雨篷板底标高减

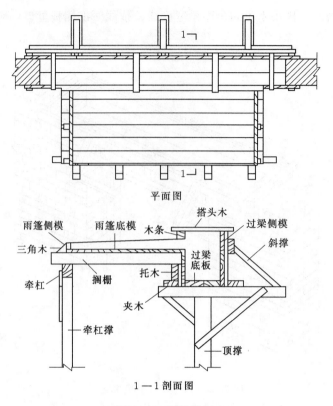

平面图

1—1 剖面图

图 8.27　雨篷模板

去雨篷板底板厚及搁栅高口，再在雨篷板前沿上方立起牵杠撑，牵杠撑上端钉上牵杠，牵杠撑下端要垫上木楔板，然后在托木与牵杠之间摆上搁栅，在搁栅上钉上三角撑。如雨篷板顶面低于梁顶面，则在过梁侧板上口（靠雨篷板的一侧）钉通长木条，木条高度为两者顶面标高之差。安装完后，要检查各部分尺寸及标高是否正确，如有不符，予以调整。

学习项目 9 胶合板模板

　　从 20 世纪 70 年代以来，模板材料已广泛"以钢代木"，采用钢材和其他面板材料，其构造也向定型化、工具化方向发展。到 20 世纪 90 年代，由于对混凝土结构表面的质量要求进一步提高，提倡"清水混凝土"，近年来，胶合板以施工便捷、拼装方便、拆后浇筑面光滑、透气性好等特点，在模板工程中得到迅速的发展，尤其是近年发展了框木（竹）胶合板模板，以热轧异型钢为钢框架，以覆面胶合板作板面，并加焊若干钢筋肋承托面板的组合式模板。

　　胶合板模板及其支架系统一般在加工厂或现场木工棚制成元件，然后再在现场拼装。胶合板面板的单张板块大，不易变形，表面覆膜后增加了耐磨和重复使用次数。胶合板有木胶合板和竹胶合板，厚度有 12mm、15mm、18mm 等。但胶合板作为模板也带来重复使用次数不多，造成资源浪费等新的问题。我国于 1981 年，在南京金陵饭店高层现浇平板结构施工中首次采用胶合板模板，胶合板模板的优越性第一次被认识，目前在全国各地大中城市的高层现浇混凝土结构施工中，胶合板模板已有相当的使用量，如图 9.1 所示。

图 9.1　覆膜胶合板

学习单元 9.1　胶合板模板的特点

胶合板模板作为混凝土模板有以下特点：

（1）模板板幅大、自重轻、板面平整。既可减少安装工作量，节省现场人工费用，又可减少混凝土外漏表面的装饰及磨去接缝水文费用。

（2）承载能力大，特别是模板表面经处理后耐磨性更好，能多次重复使用。

（3）材质轻，厚 18mm 的木胶合板，单位面积质量为 50kg，模板的运输、堆放、使用和管理等都较为方便。

（4）保温性能好，能有效防止温度变化过快，冬季施工时有助于混凝土的保温。

（5）锯截方便，易加工成各种形状的模板。

（6）便于按工程的需要弯曲成型，制作成曲面模板。

（7）用于清水混凝土模板，最为理想。

学习单元 9.2　胶合板模板的分类

混凝土所用的胶合板模板有木胶合板和竹胶合板两类。

9.2.1　木胶合板模板

混凝土模板常用的木胶合板属具有高耐温、耐水性的 I 类胶合板，胶黏剂为酚醛树脂胶黏剂（PF 主要用于室外；主要用阿比东、柳安、桦木、马尾松、云南松、落叶松等树种加工)。

1. 构造和规格

(1) 构造。模板用的木胶合板通常由 5、7、9 层等奇数层单板经热压固化而胶合成型。相邻层的纹理方向相互垂直，通常最外层表板的纹理方向和胶合板板面的长向平行，因此，整张胶合板的长向为强方向，短向为弱方向，使用时必须加以注意。

(2) 规格。木胶合板模板的幅面尺寸一般宽度为 1200mm，长度为 2400mm 左右，厚度为 12～18mm，常用规格见表 9.1。

表 9.1 木 胶 合 板 模 板 规 格 单位：mm

模数制		非模数制		厚度	层数
宽度	长度	宽度	长度		
600	1800	915	1830	12.0	至少 5 层
900	1800	1220	1830	15.0	至少 7 层
1000	2000	915	2135	18.0	
1200	2400	1220	2440	21.0	

2. 胶合性能及承载能力

(1) 胶合性能检验。胶合板模板的胶黏剂主要是酚醛树脂。此类胶黏剂胶合强度高，耐水、耐热、耐腐蚀等性能好，其突出的优点是耐沸水性能及耐久性优良。

评定胶合性能的指标主要有两项：

1) 胶合强度。为初期胶合性能，指的是单板经胶合后完全粘牢，有足够的强度。

2) 胶合耐久性。为长期胶合性能，指的是经过一定时期后，仍保持胶合良好。

上述两项指标可通过胶合强度试验、沸水浸渍试验来判定。

施工单位在购买混凝土模板用胶合板时，首先要判别是否属于Ⅰ类胶合板，即判别该批胶合板是否采用了酚醛树脂胶或其他性能相当的胶黏剂。如果受试验条件限制，不能做胶合强度试验时，可以用沸水煮小块试件快速简单判别。方法是从胶合板上锯截下 20mm 见方的小块，放在沸水中煮 0.5～1h，用酚醛树脂作为胶黏剂的试件煮后不会脱胶，而用脲醛树脂作为胶黏剂的试件煮后会脱胶。

(2) 承载能力。木胶合板的承载能力与胶合板的厚度、静弯曲强度以及弹性模量有关。模板用胶合板模板的纵向弯曲强度和弹性模量指标值见表 9.2。

表 9.2 模板用胶合板模板的纵向弯曲强度和弹性模量指标值

树 种	弹性模量/MPa	静弯曲强度/MPa
柳桉	3.5×10^2	25
马尾松、云南松、落叶松	4.0×10^2	30
桦木、克隆、阿比东	4.5×10^2	35

3. 施工要点及注意事项

(1) 施工要点。为了使胶合板板面具有良好的耐碱性、耐水性、耐热性、耐磨性以及脱模性，增加胶合板的重复使用次数，必须选用经过处理的胶合板。

未经处理的胶合板（亦称白坯板或素板）可在其表面冷涂刷一层涂料胶，亦称作表层胶，构成保护膜。表层胶的胶种有：聚氨酯树脂类、环氧树脂类、酚醛树脂类等。

（2）注意事项。

经表面处理的胶合板，使用时一般应注意以下几个问题。

1）脱模后立即清洗板面浮浆，堆放整齐。

2）胶合板周边涂封边胶，及时清除水泥浆。若在模板拼缝处粘帖纸胶带或水泥袋纸，则易脱模，不损伤胶合板边角。

3）胶合板板面尽量不钻洞。遇有预留孔洞等用普通板材拼补。现场有修补材料，及时修补，防止损伤面扩大。

4）模板拆除后，严禁从高处向下扔，以免损伤板面处理层。

9.2.2　竹胶合板模板

在我国木材资源有限的情况下，以竹材为原料代替木材制作模板成为一种趋势，由于我国竹材资源丰富，而且竹材具有生长快、生产周期短（一般 2～3 年成材）的特点，另外，一般竹材顺纹抗拉强度为 18MPa，为杉木的 2.5 倍，红松的 1.5 倍；横纹抗压强度为 6～8MPa，是杉木的 1.5 倍，红松的 2.5 倍，静弯曲强度为 15～16MPa，因此，制成混凝土模板用竹胶合板，具有收缩率、膨胀率和吸水率低，承载能力大等优点，是一种大有前途的新型建筑模板。

1. 组成和构造

混凝土模板用竹胶合板，其面板与芯板所用材料既有不同之处又有相同之处。不同的材料是芯板将竹子劈成竹条（称竹帘单板），宽 14～17mm，厚 3～5mm，在软化池中进行高温软化处理后，采用烤青、烤黄、去竹皮衣及干燥等作进一步处理。竹帘的编织可用人工或编织机，如图 9.2 所示。

面板通常为编席单板，做法是竹子劈成篾片，由编工编成。表面板采用薄木胶合板，这样既可利用竹材资源，又可兼有木胶合板的表面平整度。

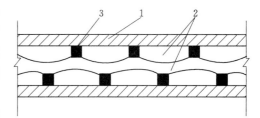

图 9.2　竹胶合板断面示意图
1—竹席或薄木片表板；2—竹帘芯板；3—胶黏剂

为了提高竹胶合板的耐水性、耐磨性和耐碱性，经实验证明，竹胶合板表面进行环氧树脂涂面的耐碱性较好，进行瓷釉涂料面的综合效果最佳。

2. 规格和性能

（1）规格。竹胶合板的规格见表 9.3 和表 9.4。

表 9.3　　　　　　　　　竹胶合板长、宽规格　　　　　　　　　单位：mm

长　　　度	宽　　　度	长　　　度	宽　　　度
1830	915	2440	1220
2000	1000	3000	1500
2135	915		

注　引自《竹胶合板模板》（JG/T 156—2004）。

表 9.4 竹胶合板厚度与层数对应关系参考表

层数	厚度/(mm)	层数	厚度/(mm)
2	1.4～2.5	14	11.0～11.8
3	2.4～3.5	15	11.8～12.5
4	3.4～4.5	16	12.5～13.0
5	4.5～5.0	17	13.0～14.0
6	5.0～5.5	18	14.0～14.5
7	5.5～6.0	19	14.5～15.5
8	6.0～6.5	20	15.5～16.2
9	6.5～7.5	21	16.5～17.2
10	7.5～8.2	22	17.5～18.0
11	8.2～9.0	23	18.0～19.5
12	9.0～9.8	24	19.5～20.0
13	9.01～0.8		

我国建筑行业标准对竹胶合板模板的规格尺寸规定见表 9.5。

表 9.5 竹胶合板模板的规格尺寸 单位：mm

长度	宽度	厚度	长度	宽度	厚度
1830	915		2135	915	
1830	1220	9，12，15，18	2440	1220	9，12，15，18
2000	1000		3000	1500	

（2）性能。根据我国建筑行业标准，竹胶合板模板性能见表 9.6。

表 9.6 竹 胶 合 板 模 板 性 能

性　能		单位	优等品	一等品	合格品	备注
密度		g/cm³	≥0.85	≥0.85	≥0.85	
含水率		%	≤12	≤14	≤15	*
吸水率		%	≤12	≤14	≤17	
静去弹性模量	∥	MPa	≥7×10³	≥6.5×10³	≥6×10³	*
	⊥	MPa	≥5×10³	≥4.5×10³	≥4×10³	*
静曲强度	∥	MPa	≥90	≥80	≥70	
	⊥	MPa	≥60	≥55	≥50	
冲击强度		kJ/m²	≥60	≥50	≥40	
胶合强度		MPa	≥0.80	≥0.70	≥0.60	
水煮、冰冻、干燥的保有强度	∥	MPa	≥60	≥50	≥40	
	⊥	MPa	≥40	≥35	≥30	

注 1. 引自《竹胶合板模板》（JG/T 156—2004）。

　　　2. 带 * 号者要求出厂必须检验。

学习单元 9.3　胶合板模板的配置及要求

9.3.1　胶合板模板的配置方法

1. 按设计图纸尺寸直接配置模板

形体结构简单的结构构件，可根据结构施工图纸直接按尺寸列出模板规格和数量进行配制。

2. 采用放大样方法配制模板

形体复杂的结构构件，如楼梯、圆形水池等，可在平整的地坪上，按结构图的尺寸画出结构构件的实样，量出各部分模板的准确尺寸或套制样板，同时确定模板极其安装的节点构造，进行模板的制作。

3. 用计算方法配制模板

形体复杂不易采用放大样方法，但有一定几何形体规律的构件，可用计算方法结合放大样的方法，进行模板的配制。

4. 采用结构表面展开法配制

采用结构表面法配制模板、横档及楞木的断面和间距以及支撑系统的配制，都可按支撑要求通过计算选用。

一些形体复杂且又由不同形体组成的复杂体型结构构件，如设备基础，其模板的配制，可采用先画出模板平面图和展开图，再进行配模设计和模板制作。

9.3.2　胶合板模板的配制要求

（1）应整张直接使用，尽量减少随意锯截，造成胶合板浪费。

（2）木胶合板常用厚度一般为 12mm 或 18mm，竹胶合板常用厚度一般为 12mm，内、外楞的间距，可随胶合板的厚度，通过设计计算进行调整。

（3）支撑系统可以选用钢管脚手架，也可以采用木支撑。采用木支撑时，不得选用脆性、严重扭曲和受潮容易变形的木材。

（4）钉子长度应为胶合板厚度的 1.5～2.5 倍，每块胶合板与木楞相叠处至少钉 2 个钉子，第二块板的钉子要转向第一块模板方向斜钉，使拼缝严密。

（5）配制好的模板应在反面编号并写明规格，分类堆放保管，以免错用。

学习单元 9.4　胶合板模板的施工

采用胶合板模板作浇筑混凝土墙体和楼板的模板，是目前常用的一种模板技术，相比采用组合式模板，可以减少混凝土外露表面的接缝，满足清水混凝土的要求。

9.4.1　墙体模板

常规的支模方法是：胶合板模板外侧的立档用 50mm×100mm 方木，横档（又称牵杠）可用 48mm×3.5mm 脚手钢管或方木（一般为 100 方木），两侧胶合板用穿墙螺栓拉结，如图 9.3 所示。

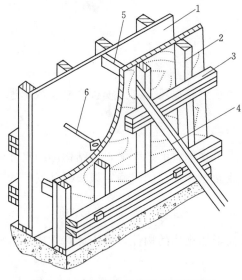

图 9.3　采用胶合板模板的墙体模板
1—胶合板；2—主档；3—横档；4—斜撑；
5—撑头；6—穿墙螺栓

（1）墙体模板安装时，根据边线先立一侧模板，临时用支撑撑住，用线锤校正使模板垂直，然后固定牵杠，再用斜撑固定。大块侧模组拼时，上下竖向拼缝要相互错开，先立两端，后立中间部分。待钢筋绑扎后，按同样方法安装另一侧模板及斜撑等。

（2）为了保证墙体的厚度准确，在两侧模板之间可用小方木撑头（小方木长度等于墙厚），防水混凝土墙的撑头要加有止水板。小方木要随着混凝土的浇筑逐个取出。为了防止浇筑混凝土的墙身鼓胀，可用 8～10 号钢丝或直径 12～16mm 螺栓拉结两侧模板，间距不大于 1m。螺栓要纵横排列，并在混凝土凝结前经常转动，以便在凝结后取出，如墙体不高、厚度不大，亦可在两侧模板上口钉上搭头木即可。

9.4.2　楼板模板

楼板模板的支设方法有以下几种。

1. 采用脚手钢管排架

铺设楼板模板常采用的支模方法：用 48mm×3.5mm 脚手钢管搭设排架，在排架上铺设 50mm×100mm 方木，间距为 400mm 左右，作为面板的格栅（楞木），在其上铺设胶合板面板，如图 9.4 所示。

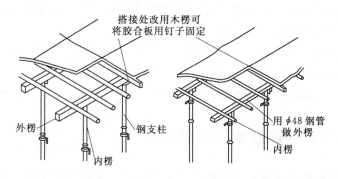

图 9.4　楼板模板采用脚手钢管（或钢支柱）排架支撑

2. 采用木顶撑支设楼板模板

（1）楼板模板铺设在格栅上。格栅两头搁置在托木上，格栅一般用断面面积为 50mm×100mm 的方木，间距为 400～500mm。当格栅跨度较大时，应在格栅下面再铺设通长的牵杠，以减小格栅的跨度。牵杠撑的断面要求与顶撑立柱一样，下面须垫木楔及垫板，一般用（50～75）mm×150mm 的方木。楼板模板应垂直于格栅方向铺钉，如图 9.5 所示。

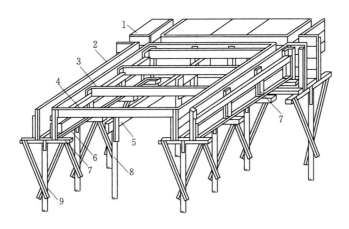

图 9.5　肋形楼盖木模板楼板
1—楼板模板；2—梁侧模板；3—搁栅；4—横档（托木）；5—牵杠；
6—夹木；7—短撑木；8—牵杠撑；9—支柱（琵琶撑）

（2）楼板模板安装时，要先在次梁模板的两侧板外侧弹水平线，水平线的标高应为楼板标高减去楼板模板厚度及格栅高度，然后按水平线钉上托木，托木上口与水平线相齐。再把靠近梁模的格栅先摆上。等分格栅间距，摆中间部分的格栅。最后在格栅上铺钉楼板模板，为了便于拆模，只在模板端部或接头处钉牢，中间尽量少钉。如中间设有牵杠撑及牵杠时，应在格栅摆放前先将牵杠撑立起。

学习项目 ⑩ 钢模板

学习单元 10.1　组合钢模板部件的组成

钢模板又称组合式钢模板（图 10.1），是现浇混凝土结构施工常用的模板类型之一，在桥墩、筒仓、水坝等一般构筑物以及现场预制混凝土构件施工中，也已大量采用。定型组合钢模板具有节约木材、组装灵活、装拆方便、通用性好、周转次数多、成型质量高等优点，在工程中被广泛采用。

但是，随着社会不断进步，科学技术的不断提高，人们对于自身生存环境的重视，以及环保意识的增强，对建筑施工也提出了更新、更高的要求。组合式钢模板由于其单位面积重量大不易操作，与混凝土亲和力强拆除比较困难、施工噪声大、影响文明施工等缺陷的充分暴露，使得钢模板的更新换代已迫在眉睫。

图 10.1　定型组合钢模板

55 型组合钢模板又称小钢模（图 10.2），是目前使用较广泛的一种组合式模板。55型组合钢模板主要由钢模板、连接件和支撑件三部分组成。

图 10.2　55 型组合钢模板

钢模板是组合式钢模板的重要组成部件，一般采用 Q235 钢材制成，钢板厚度2.5mm，对于大于或等于 400mm 宽面钢模板的钢板厚度应采用 2.75mm 或 3.0mm。

不同的结构和部位，要采用不同的钢模板。建筑工程中常用的钢模板包括平面模板、阴角模板、阳角模板、连接角模板等通用模板和倒棱模板、梁腋模板、柔性模板、搭接模板、双曲可调模板、角可调模板及嵌补模板等专用模板。

10.1.1 平面模板

平面模板由面板和肋条组成，肋条上设有U形卡孔，平面模板利用U形卡L形插销等可拼装成大块模板。U形卡两边设凸鼓，以增加U形卡的夹紧力，边肋倾角处0.3mm的凸棱，可增强模板的刚度，并使拼缝严密。平面模板用于基础、墙体、梁、柱和板等各种结构的平面部位，如图10.3所示。

10.1.2 转角模板

转角模板有阴角模板、阳角模板和连接角模板三种，如图10.4～图10.6所示。

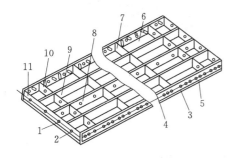

图 10.3　平面模板

1—插销孔；2—U形卡孔；3—凸鼓；4—凸棱；
5—边肋；6—主板；7—无孔横肋；
8—有孔纵肋；9—无孔纵肋；
10—有孔横肋；11—端肋

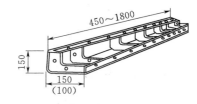

图 10.4　阴角模板（单位：mm）

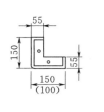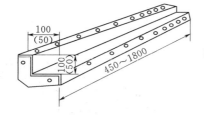

图 10.5　阳角模板（单位：mm）

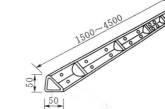

图 10.6　连接角模板（单位：mm）

转角模板的长度与平面模板相同，其中阴角模板的宽度有150mm×150mm、100mm×150mm两种；阳角模板的宽度有100mm×100mm、50mm×50mm两种；连接角模板宽度为50mm×50mm。阴角模板用于墙体和各种构件的内角及凹角的转角部位，阳角模板及连接角模板主要用于柱、梁及墙体等外角及凸角的转角部位。

10.1.3 倒棱模板

倒棱模板有角棱模板和圆棱模板两种，倒棱模板的长度与平面模板相同，其中角棱模板的宽度有17mm、45mm两种，圆棱模板的半径有R20、R35两种。倒棱模板用于柱、梁及墙体等阳角的倒棱部位，如图 10.7 所示。

10.1.4 梁腋模板

梁腋模板用于暗渠、明渠、沉箱及高架结构等梁腋部位，如图 10.8 所示。宽度有 50mm×150mm 和 50mm×100mm 两种。

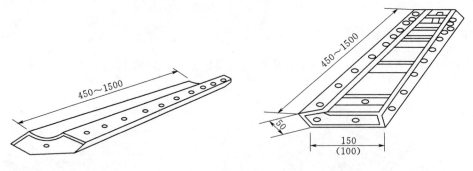

图 10.7 倒棱模板（单位：mm） 　　　　图 10.8 梁腋模板（单位：mm）

10.1.5 其他模板

其他模板还有柔性模板、搭接模板、可调模板和嵌补模板等。

柔性模板用于圆形筒壁、曲筒壁、曲面墙体等结构部位，如水利工程中的翼墙等。

搭接模板用于调节 50mm 以内的拼装模板尺寸，如图 10.9 所示。

可调模板包括双曲可调模板和角可调模板。双曲可调模板用于构筑物曲面部位，如水利工程中的曲面溢流堰等，如图 10.10 所示。角可调模板用于展开面为扇形或梯形的构筑物的结构部位，如图 10.11 所示。

嵌补模板用于梁、板、墙、柱等结构的接头部位。

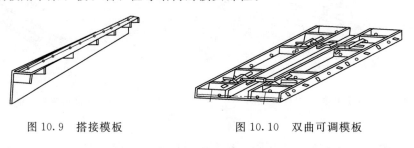

图 10.9 搭接模板 　　　　　　图 10.10 双曲可调模板

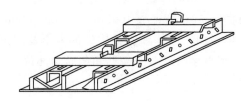

图 10.11 角可调模板

钢模板的编码和规格见表 10.1。

表 10.1　　钢模板的编码和规格

单位：mm

模板名称	宽度	模板长度													
		450		600		750		900		1200		1500		1800	
		代号	尺寸	代号	尺寸	代号	尺寸	代号	尺寸	代号	尺寸	代号	尺寸	代号	尺寸
平面模板（代号 P）	600	P6004	600×450	P6006	600×600	P6007	600×750	P6009	600×900	P6012	600×1200	P6015	600×1500	P6018	600×1800
	550	P5504	550×450	P5506	550×600	P5507	550×750	P5509	550×900	P5512	550×1200	P5515	550×1500	P5518	550×1800
	500	P5004	500×450	P5006	500×600	P5007	500×750	P5009	500×900	P5012	500×1200	P5015	500×1500	P5018	500×1800
	450	P4504	450×450	P4506	450×600	P4507	450×750	P4509	450×900	P4512	450×1200	P4515	450×1500	P4518	450×1800
	400	P4004	400×450	P4006	400×600	P4007	400×750	P4009	400×900	P4012	400×1200	P4015	400×1500	P4018	450×1800
	350	P3504	350×450	P3506	350×600	P3507	350×750	P3509	350×900	P3512	350×1200	P3515	350×1500	P3518	350×1800
	300	P3004	300×450	P3006	300×600	P3007	300×750	P3009	300×900	P3012	300×1200	P3015	300×1500	P3018	300×1800
	250	P2504	250×450	P2506	250×6C0	P2507	250×750	P2509	250×900	P2512	250×1200	P2515	250×1500	P2518	250×1800
	200	P2004	200×450	P2006	200×600	P2007	200×750	P2009	200×900	P2012	200×1200	P2015	200×1500	P2018	200×1800
	150	P1504	150×450	P1506	150×600	P1507	150×750	P1509	150×900	P1512	150×1200	P1515	150×1500	P1518	150×1800
	100	P1004	100×450	P1006	100×600	P1007	100×750	P1009	100×900	P1012	100×1200	P1015	100×1500	P1018	100×1800
阴角模板（代号 E）		E1504	150×150×450	E1506	150×150×600	E1507	150×150×750	E1509	150×150×900	E1512	150×150×1200	E1515	150×150×1500	E1518	150×150×1800
		E1004	100×150×450	E1006	100×150×600	E1007	100×150×750	E1009	100×150×900	E1012	100×150×1200	E1015	100×150×1500	E1018	100×150×1800
阳角模板（代号 Y）		Y1004	100×100×450	Y1006	100×100×600	Y1007	100×100×750	1009	100×100×900	Y1012	100×100×1200	Y1015	100×100×1500	Y1018	50×50×1800
		Y0505	50×50×450	Y0506	50×50×600	Y0507	50×50×750	Y0509	50×50×900	Y0512	50×50×1200	Y0515	50×30×1500	Y0518	50×50×1800
连接角模（代号 J）		J0004	50×50×450	J0006	50×50×600	J0007	50×50×750	J0009	50×50×900	J0012	50×50×1200	J0015	50×50×1500	J0018	50×50×1800

学习单元 10.2　组合钢模板的配板

10.2.1　组合钢模板的配板原则

钢模板的宽度模数以 50mm 进级，长度模数以 150mm 进级，有多种规格型号。对同一模板面积可以用不同规格型号的钢模板作多种的排列组合，但究竟哪一种排列形式最好，组合方案最佳，需要多方面进行分析对比。为了提高配板工作效率，并保证质量，一般遵循以下原则。

（1）要保证构件的形状尺寸及相互位置的正确。

（2）要使模板具有足够的强度、刚度和稳定性，能够承受新浇混凝土的重量和侧压力以及各种施工荷载。

（3）力求构造简单，装拆方便，不妨碍钢筋绑扎，保证混凝土浇筑时不漏浆。

（4）配制的模板，应优先选用通用、大块模板，使其种类和块数量少，木模镶拼量最少。设置对拉螺栓的模板，为了减少钢模板的钻孔损耗，可在螺栓部位改用 55mm×100mm 刨光方木代替。

（5）模板长向拼接宜采用错开布置，以增加模板的整体刚度。

（6）模板的支承系统应根据模板的荷载和部件的刚度进行布置。

1）内钢楞应与钢模板的长度方向相垂直，直接承受钢模板传来的荷载；外钢楞应与内钢楞互相垂直，承受内钢楞传来的荷载，用以加强钢模板结构的整体刚度，其规格不得小于内钢楞。

2）内钢楞悬挑长度不宜大于 400mm，支柱应着力在外钢楞上。

3）一般柱、梁模板，宜采用柱箍和梁卡具作支承件；断面较大的柱、梁，宜用对拉螺栓和钢楞。

4）模板端缝齐平布置时，一般每块钢模板应有两处钢楞支承；错开布置时，其间距可不受端缝位置的限制。

5）在同一工程中可多次使用的预组装模板，宜采用模板与支承系统连成整体的模架。

6）支承系统应经过设计计算，保证具有足够的强度和稳定性。当支柱或其节间的长细比大于 110 时，应按临界荷载进行核算，安全系数可取 3～3.5。

7）对于连续形式或排架形式的支柱，应适当配置水平撑与剪刀撑，以保证其稳定性。

（7）模板的配板设计应绘制配板图，标出钢模板的位置、规格型号和数量。预组装大模板，应标绘出其分界线。预埋体和预留孔洞的位置，应在配板图上标明，并注明固定方法。

10.2.2　组合钢模板的配板方法

1. 配板步骤

（1）根据施工组织设计对施工区段的划分、施工工期和流水作业的安排，首先明确需要配制模板的层段数量。

（2）根据工程情况和现场施工条件，决定模板的组装方法，如在现场散装散拆，或进行预拼装；支撑方法是采用钢楞支撑，还是采用桁架支撑等。

（3）根据已确定配模的层段数量，按照施工图纸中梁、柱、墙、板等构件尺寸，进行模板组配设计。

（4）明确支撑系统的布置、连接和固定方法。

（5）进行夹箍和支撑件等的设计计算和选配工作。

（6）确定预埋件的固定方法、管线埋设方法，以及特殊部位（如预留孔洞等）的处理方法。

（7）根据所需钢模板、连接件、支撑及架设工具等列出统计表，以便备料。

2. 组配方法

钢模板的配板组合排列，虽然要根据工程设计的具体情况进行，但是按照《组合钢模板技术规范》（GBJ 214—89）中提出的钢模板规格，即长度有 1500mm、1200mm、900mm、750mm、600mm、450mm 六种，宽度为 300mm、200mm、150mm、100mm 四种，一般可从中选取几种，尽量选用大规格板型组合使用。可依照表 10.2 和表 10.3 选配模板。该两表是以长度为 1500mm、900mm、600mm、450mm，宽度为 300mm、200mm、150mm、100mm 的常用规格为例，并以 300mm×1500mm×55mm 的钢模板为主板编制的配板表，以供参考。

表 10.2　横排时基本长度配板表　　单位：mm

主板块数 / 配模长度序号	0 / 1	1 / 2	2 / 3	3 / 4	4 / 5	5 / 6	6 / 7	7 / 8	8 / 9	其余规格块数	备注
1	1500	3000	4500	6000	7500	9000	10500	12000	13500		
2	1650	3150	4650	6150	7650	9150	10650	12150	13650	2×600+1×450 =1650	△
3	1800	3300	4800	6300	7800	9300	10800	12300	13800	2×900=1800	☆
4	1950	3450	4950	6450	7950	9450	10950	12450	13950	1×450=450	
5	2100	3600	5100	6600	8100	9600	11100	12600	14100	1×600=600	
6	2250	3750	5250	6750	8250	9750	11250	12750	14250	2×900+1×450 =2250	△
7	2400	3900	5400	6900	8400	9900	11400	12900	14400	1×900=900	☆
8	2550	4050	5550	7050	8550	10050	11550	13050	14550	1×600+1×450 =1050	△
9	2700	4200	5700	7200	8700	10200	11700	13200	14700	2×600=1200	
10	2850	4350	5850	7350	8850	10350	11850	13350	14850	1×900+1×450 =1350	

注　1. 当长度为 15m 以上时，可依次类推。

　　2. ☆（△）由此行向上移两档（一档），可获得更好的配板效果。

表 10.3　　　　　　　　　　横排时基本高度配板表　　　　　　　　　　单位：mm

配模长度序号 \ 主板块数	0 / 1	1 / 2	2 / 3	3 / 4	4 / 5	5 / 6	6 / 7	7 / 8	8 / 9	9 / 10	其余规格块数
1	300	600	900	1200	1500	1800	2100	2400	2700	3000	
2	350	650	950	1250	1550	1850	2150	2450	2750	3050	1×200+1×150 =350
3	400	700	1000	1300	1600	1900	2200	2500	2800	3100	1×100=100
4	450	750	1050	1350	1650	1950	2250	2550	2850	3150	1×150=150
5	500	800	1100	1400	1700	2000	2300	2600	2900	3200	1×200=200
6	550	850	1150	1450	1750	2050	2350	2650	2950	3250	1×150+1×100 =250

注　高度 3.3m 以上时照此类推。

3. 模板横排合理方式的选用

当钢模板以 300mm×1500mm×55mm 为主板作横排时，各适用长度列于表 10.2 中。使用时，首先从上往下，从左往右找到要配板长度的数字范围，然后由最上一行找到所需钢模板主规格的模板数量，不足之处，再由其余规格块数栏中查出。表中以斜线分为两种情况，分别各自对应采用。

4. 模板竖排合理方式的选用

模板竖排时，可看作将该配板平面旋转 90°即将高度当作横向长度，仍可采用表 10.2 配板。然后将长度尺寸当成高度，再按表 10.3 查出主规格钢模板块数，不足部分，再以 200mm、150mm、100mm 宽的钢模板补足，其组合方式及所需块数由其余规格块数一列中查出。任何高度需镶拼的木料的宽度，均不超过 40mm。

5. 梁、柱模板的排列

梁、柱模板的排列，可按梁、柱及条形基础的配板平面，按构件长度方向配置。表 10.4 按边宽或边高列出模板数量最少的排列方案。另外列出三种参考方案，供选用。

表 10.4　　　　　　　　　梁、柱断面按模板宽度的配板表　　　　　　　　　单位：mm

序号	断面边长	排列方案	参考方案 Ⅰ	参考方案 Ⅱ	参考方案 Ⅲ
1	150	150			
2	200	200			
3	250	150+100			
4	300	300	200+100	150×2	
5	350	200+150	150+100×2		

序号	断面边长	排列方案	参 考 方 案		
			Ⅰ	Ⅱ	Ⅲ
6	400	300+100	200×2	150×2+100	
7	450	300+150	200+150+100	150×3	
8	500	300+200	300+100×2	200×2+100	200+150×2
9	550	300+150+100	200×2+150	150×3+100	
10	600	300×2	300+200+100	200×3	
11	650	300+200+150	200+150×3	200×2+150+100	300+150+100×2
12	700	300×2+100	300+200×2	200×3+100	
13	750	200×2+150	300+200+150+100	200×2+150	
14	800	300×2+200	300+200×2+100	300+200+150×2	300+200×2+100
15	850	300×2+150+100	300+200×2+150	200×3+150+100	
16	900	300×3	300×2+200+100	300+200×3	200×4+100
17	950	300×2+200+150	300+200×2+150+100	300+200+150×3	150+200×4
18	1000	300×3+100	300×2+200×2	300+200×3+100	200×5
19	1050	300×3+150	300×2+200+150+100	300×2+150×3	

10.2.3 柱、墙、梁配板设计

1. 柱的配板

柱模板的施工，首先应按单位工程中不同断面尺寸和长度的柱所需配制模板的数量作出统计，并编号、列表，然后再进行每一种规格的柱模板的施工设计，其具体步骤如下：

（1）依照断面尺寸按照表 10.4 选用宽度方向的模板规格组配方案。

（2）参照表 10.2 选用长（高）度方向的模板规格组配方案。

（3）按结构构造配置柱间的水平撑和斜撑，如图 10.12 所示。

2. 墙的配板

按图样统计所有墙需配模板平面并进行编号，然后对每一种平面模板进行配板设计，其具体步骤如下。

（1）根据墙的平面尺寸，采用横排原则，按照表 10.2 确定长度方向模板的配板组合，再按表 10.4 确定宽度方向模板的配板组合，计算模板块数和需镶拼木模的面积。

（2）根据墙的平面尺寸，采用竖排原则按表 10.2 和表 10.3 确定长度和宽度方向模板的配板组合。

（3）对上述横、竖排的方案进行比较，择优选用。

（4）确定内、外钢棱的规格型号及对拉螺栓的规格型号。

（5）对需配模板、钢棱、对拉螺栓的规格型号及对拉螺栓的规格型号。如图 10.13 所示，为墙体模板配板图。

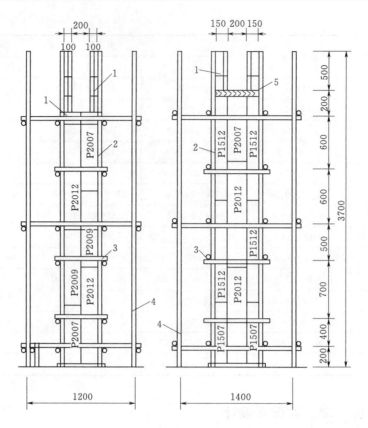

图 10.12 柱模板立面图（单位：mm）

1—阴角模板；2—连接角模板；3—钢管柱箍；4—钢管排架；5—镶补木料

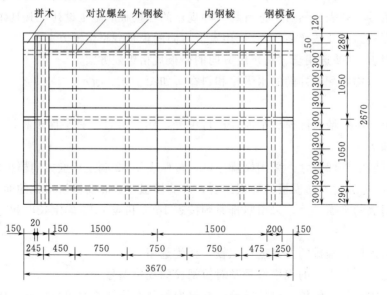

图 10.13 墙体模板配板（单位：mm）

3. 梁的配板

梁模板往往与柱、墙、楼板模板相交接，所以配板比较复杂，另外，梁模板既承受新浇筑混凝土的侧压力，又承受垂直压力，故支撑体系也比较特殊。梁模板主要由侧板、底板、梁卡具、支撑等组成。

构造要求如下。

（1）梁模板与柱、墙模板交接时，用角模和不同规格的钢模板作嵌补模板拼出梁口，如图 10.14 所示，不使梁口处的模板边肋和柱混凝土接触，在柱身梁底位置设柱箍或槽钢，用以搁置梁模。梁的配板长度为梁净跨减去梁口嵌补模板的宽度。

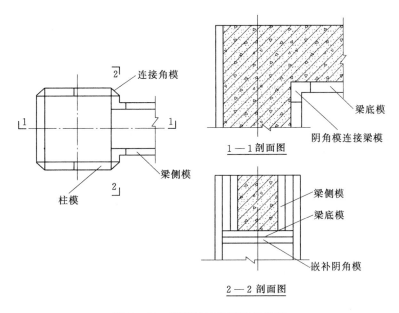

图 10.14 柱顶梁口采用嵌补模板

（2）梁模板与楼板模板交接，可采用阴角模板或木材拼镶，如图 10.15 所示。

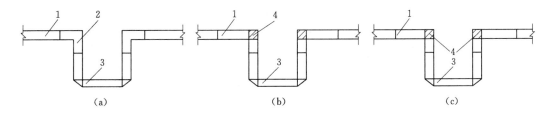

图 10.15 梁模板与楼板模板交接

（a）阴角模连接；（b）、（c）木材拼镶

1—楼板模板；2—阴角模板；3—梁模板；4—木材

（3）支撑梁底模板的横棱间距尽量与梁侧模板的纵棱相适应，并照顾楼板模板的支撑布置情况。横棱下布置的纵棱或桁架由支柱支撑，一般采用双支柱，间距 600～1000mm 为宜。

学习单元 10.3 组合钢模板施工安装

10.3.1 55 型组合钢模板施工准备

为了使组合钢模板准确、顺利、安全、牢固地安装在设计位置，在正式安装前，应做好一切施工准备工作。

（1）支撑模板的土壤地面应事先夯实整平，并做好防水、排水设置，准备好支撑模板的垫木。

（2）模板要涂刷脱模剂。但对于凡是结构表面需要进行处理的工程，严禁在模板上刷油类脱模剂，以防止污染混凝土表面。

（3）在模板正式安装前，要向施工班组进行技术交底，并且做好工程样板，经监理和有关人员认可后，才能大面积展开。

（4）安装前，要做好模板的定位基准工作，其工作步骤是：

1）进行中心线和位置的放线。首先引测建筑的边柱或墙轴线，并以该轴线为起点，引出每条轴线。模板放线时，根据施工图用墨线弹出模板的内边线和中心线，墙模板要弹出模板的边线和外侧控制线，以便于模板安装和校核。

2）做好模板安装位置标高的测量工作。用水准仪把建筑物水平标高根据实际标高的要求，直接引测到模板安装位置。

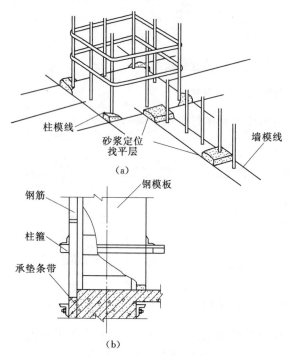

图 10.16 墙、柱模板找平

（a）砂浆找平层；（b）外柱外模板设承垫条带

3）进行模板安装位置的找平工作。模板安装的底部应预先找平，以保证模板位置正确，防止模板底部漏浆。常用的找平方法是沿模板边线用 1∶3 水泥砂浆抹找平层［图 10.16（a）］。另外，在外墙、外柱部位，继续安装模板前，要设置模板承垫条带［图 10.16（b）］，并校正其平直。

4）设置模板定位的基准。传统的方法是按照构件的断面尺寸，先用同强度等级的细石混凝土浇筑 $50 \sim 100 \text{mm}$ 的导墙，作为模板定位的基准。

另一种做法是采用钢筋定位，即墙体模板可根据结构断面尺寸，切割一定长度的钢筋焊成定位梯子支撑筋，绑（焊）在墙体的两根竖向钢筋上（图 10.17），起到支撑的作用，间距为 1200mm 左右；柱子模板可在基础和柱子模板上部用钢筋焊成井字形套箍，用来撑住模板并固定竖向钢筋，也可在竖向钢筋靠模板一侧焊一短钢筋，以保持钢筋与模板的位置，如图 10.17 所示。

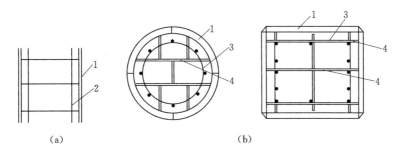

图 10.17　钢筋定位示意图

(a) 墙体梯子支撑筋；(b) 柱井字套箍支撑筋

1—模板；2—梯形筋；3—箍筋；4—井字支撑筋

(5) 按照施工所需要的模板及配件，对其规格、数量和质量逐项清点检查，未经修复的部件不得使用。

(6) 采取预组装模板施工时，预组装工作应在组装平台或经夯实的地面上进行，其组装的质量标准应达到表 10.5 中的要求，并按要求逐块进行试吊，试吊后再进行复查，并检查配件的数量、位置和紧固情况，不合格的不得用于工程。

表 10.5　　　　　　　　　钢模板施工组装质量标准表　　　　　　　　单位：mm

项　　目	允许偏差	项　　目	允许偏差
两块模板之间拼接缝隙	≤2.0	组装模板板面长宽尺寸	≤长度和宽度的 1/100，最大±4.0
相邻模板面的高低差	≤2.0	组装模板两条对角线长度差值	≤对角线长度的 1/100，最大≤7.0
组装模板板面平整度	≤2.0（用 2m 长平尺检查）		

(7) 经检查合格的模板，应当按照安装程序进行堆放或装车运输。当采用重叠平放形式时，每层模板之间应当加设垫木，为使力的传递垂直，模板和木垫块都应当上下对齐，底层模板应离开地面不小于 10cm。在进行运输时，要避免模板碰撞，防止产生倾倒，应采取措施保证稳固。

(8) 模板安装前应做好安装准备。

1) 向施工班组进行技术交底，并且做好工程样板，经监理、有关人员认可后，再大面积展开。

2) 支撑支柱的土壤地面，应事先夯实整平，并做好防水、排水设置，准备支柱底垫木。

3) 竖向模板安装的底面应平整坚实，并采取可靠地定位措施，按施工设计要求预埋支撑锚固件。

10.3.2　钢模板安装固定

组合式钢模板的安装固定主要包括：钢模板安装的基本要求和钢模板安装的操作

工艺。

1. 钢模板支设安装应遵守的规定

（1）按配板设计循序拼装，以保证模板系统的整体稳定。

（2）配件必须装插牢固。支柱和斜撑下的支撑面应平整垫实，要有足够的受压面积，支撑件应着力于外钢楞。

（3）预埋件与预留孔洞必须位置准确、安设牢固。

（4）基础模板必须支撑牢固，防止变形，侧模斜撑的底部应加设垫木。

（5）墙和柱子模板的底面应找平，下端应与事先做好的定位基准靠紧垫平，在墙、柱子上继续安装模板时，模板应有可靠的支撑点，其平直度应进行校正。

（6）楼板模板支模时，应事先完成一个合格的水平支撑及斜撑安装，再逐渐向外扩展，以保持支撑系统的稳定性。

（7）预组装墙模板吊装就位后，下端应垫平，紧靠定位基准；两侧模板均应利用斜撑调整和固定其垂直度。

（8）支柱所设的水平撑与剪刀撑，应按构造与整体稳定性布置。

（9）多层支设的支柱。上下应设置在同一竖向中心线上，下层楼板应具有承受上层荷载的承载能力或加设支架支撑。下层支架的立柱应铺设垫板。

2. 模板安装的基本要求

（1）同一条拼缝上的 U 形卡，不宜向同一方向卡紧。

（2）墙模板的对拉螺栓孔应平直相对，穿插螺栓不得斜拉硬顶。钻孔应具有机具，严禁采用电、气焊灼孔。

（3）钢楞宜采用整根杆件，接头应错开设置，搭接长度应不少于 200mm。

（4）对于现浇混凝土梁或板，当其跨度不小于 4m 时，模板应按设计要求起拱；当设计中无具体要求时，起拱的高度宜为其跨度的 $1/1000\sim3/1000$。

（5）曲面混凝土结构可采用曲面可调模板，当采用平面模板组装时，应使模板面与设计曲面的最大差值不得超过设计的允许值。

（6）在进行合模之前，要检查构件竖向接槎处面层混凝土是否已经凿毛处理，是否达到设计要求。

（7）钢模板的支设方法有两种，即单块就位组拼（散装）和预组拼。当采用预组拼方法时，必须具备相应的吊装设备和较大的拼装场地。

10.3.3　钢模板安装的工艺要点

组合式钢模板可以任意进行组装，用于多种不同的混凝土结构施工，但不同的混凝土结构，钢模板安装的操作工艺各不相同。

1. 柱模板安装

（1）柱模板安装的操作工艺。

1）保证柱模板的长度要符合模数，不符合模数要求的部分应放在节点部位处理；或以梁底标高为准，由上往下进行配模，不符合模数要求的部分应放在柱子根部位处理；柱子的高度在 4m 和 4m 以上时，一般应四面支撑。当柱子高度超过 6m 时，不宜单根柱子支撑，应将几根柱子同时连成构架支撑。

2）柱模板根部要用水泥砂浆堵严，防止浇筑混凝土时跑浆；柱子模板的浇筑口和清理口，在配置模板时应一并考虑留出。

3）梁和柱模板分两次安装时，在柱子混凝土达到拆模强度时，最上部一段柱子模板先保留不拆，以便于与梁模板进行连接。

4）柱模板的清渣口应留置在柱脚的一侧，如果柱子的断面较大，为了便于内部的清理，也可以考虑两面留置，但在清理完毕后，必须立即封闭。

5）柱模板安装就位后，立即用四根支撑或有张紧器花篮螺栓的缆风绳与柱子顶四角拉结，并校正其中心线位置和垂直度（图 10.18），经全面检查合格后，再群体固定。

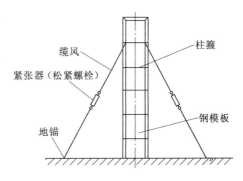

图 10.18 校正柱模板

（2）柱模板安装的步骤（图 10.19）。

柱模板安装按下述步骤进行。

1）根据施工图，在基础面上标出柱轴线和柱边线。如果是一排柱子，先标出两端柱的轴线和边线，然后拉通线，确定中间柱子的轴线和边线。

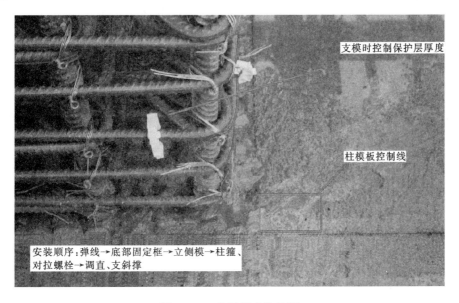

图 10.19 柱模板安装步骤

2）柱子使用组合钢模板时，模板应纵向错缝排列。如果柱子高度不符合钢模板模数，用木模镶补。当柱模高度大于 2m 时，应考虑留卸料孔口。

3）为了抵抗混凝土侧压力，模板外面设柱箍。柱箍的间距一般为 0.4～0.8m，在柱模下部间距小些，在上部间距可以大些。柱子断面尺寸大于 500mm 时，设竖向围令；柱子断面尺寸大于 600mm 时，宜增设对拉螺栓固定。

4）在柱模上端挂线锤，检查两个方向的铅垂度。

5）模板校准后，及时用支撑固定。柱子之间用水平撑或剪刀撑相互牵牢，或设排架连接，防止柱模发生位移、偏斜。

2. 梁模板安装

(1) 梁模板安装的操作工艺。

1）梁柱接头模板的连接特别重要，往往是此类工程施工成败的关键，一般可按照图 10.20 和图 10.21 所示的方法处理，或者用专门加工的梁柱接头模板。

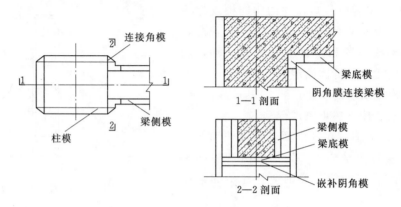

图 10.20　柱顶梁口采用嵌补模板

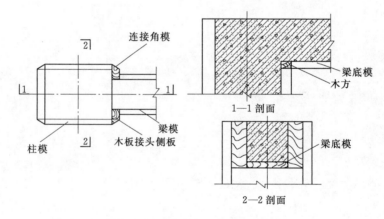

图 10.21　柱顶梁口采用方木镶拼

2）梁模板支柱的设置，必须经过模板设计计算后决定，一般情况下采用双支柱时，间距以 60～100cm 为宜。

3）模板支柱纵横方向设置的水平拉杆和剪刀撑等，均应按设计要求布置；一般工程当设计中无规定时，纵横方向水平拉杆的上下间距不宜大于 1.5m，纵横方向垂直剪刀撑的间距不宜大于 6.0m；跨度大和楼层高的工程，必须进行认真的设计和计算，尤其是对支撑系统的稳定性必须进行结构计算，按照设计要求精心施工。

4）当梁模板安装采用扣件式钢管脚手架或碗扣式钢管脚手架作为支架时，扣件一定要拧紧，杯口一定要紧扣，要复查扣件的扭力矩。横杆的步距要按设计要求设置。当采用桁架支模时，要按事先设计的要求设置，要考虑桁架的横向上下弦要设置水平连接，拼接桁架的螺栓一定要拧紧，数量一定要满足要求。

5）由于空调等各种设备管道安装方面的要求，需要在模板上预留孔洞时，应尽量使穿梁的管道孔分散。

6）管道的间距应大于梁的高度，穿梁管道孔的位置应设置在梁中（图 10.22）

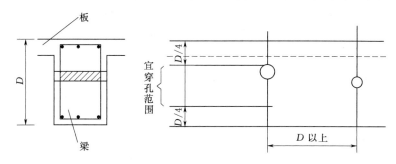

图 10.22　穿梁管道孔洞设置的高度范围

（2）梁模板安装的步骤。

1）标出梁轴线及梁底高程。

2）用钢管搭设支撑排架。顶梁轴线方向设两排立柱，立柱下端垫一对木模，便于调整梁底标高，泥土地面应铺垫板。立柱间距 1.0m 左右，立柱高度方向按 1.2～1.5m 的间距布置水平系杆。排架两侧杆设斜撑，以加强稳定。排架顶部横杆跨中比两端稍高些，以满足梁模拱的要求。

3）先拼装底模，检查底模中心线与梁轴线是否相符，梁底高程是否符合设计要求，再装侧模。如果梁截面高度比较大，可以先装一面侧模，等钢筋绑扎后再装另一面侧模。模板也可以在地面组装，吊装就位。当梁高大于 600mm，侧模应布置对拉螺栓，并增加侧模斜撑。

4）检查模板上口间距，模板内侧用方木临时撑紧，浇筑结束之前取出方木。梁模板也可用钢管支柱和钢桁架支撑。楼板模板支撑与梁模板支撑类似，用排架或钢管架支撑。

3. 墙体模板安装的操作工艺

（1）在组装墙体模板时，要使两侧穿孔的模板对称放置，并确保孔洞对准，以使穿墙螺栓与墙体模板保持垂直。

（2）相邻模板边肋连接所用的 U 形卡，其间距不得大于 300mm，预组装模板接缝处宜满上。

（3）预留门窗洞口的模板应有一定锥度，安装一定要牢固，既不变形，又便于拆除。

（4）墙体模板上预留的小型设备的孔洞，当遇到钢筋时，应法确保钢筋位置准确，不得将钢筋挤向一侧（图 10.23），影响混凝土墙体结构的受力状态。

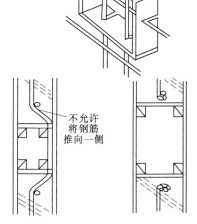

图 10.23　墙体模板上设孔洞的模板做法

（5）墙体模板优先采用预组装的大块模板，这种模板必须有良好的刚度，以便于模板的整体安装、拆除和运输。

（6）墙体模板的上口必须在同一水平面上，严格防止墙体的标高不一致。

4. 楼板模板安装的操作工艺

（1）当楼板模板采用立柱做支架时，从边跨一侧开始逐排安装立柱，并同时安装外侧钢楞（大龙骨）。立柱和外钢楞的间距，应根据模板设计计算决定，一般情况下立柱与外钢楞的间距为 600～1200mm，内钢楞（小龙骨）的间距为 400～600mm。待调平后即可铺设模板。

（2）在模板铺设完毕经标高校正后，立柱之间应加设水平拉杆，以提高立柱的稳定性和模板支架的整体性，具体的道数应根据立柱的高度决定。一般情况下离地面 200～300mm 处设置一道，往上纵横方向每隔 1.6m 左右设置一道。

（3）当采用桁架做支架结构式时，一般是预先支好梁和墙体的模板，然后将桁架按模板设计要求，支设在梁侧面模板通长的型钢或方木上，调平并固定后再铺设模板。梁和楼板桁架支模板，如图 10.24 所示。

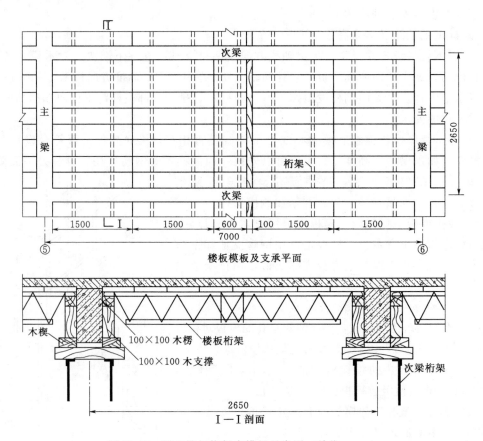

图 10.24 梁和楼板桁架支模板示意图（单位：mm）

（4）当楼板模板采用单块就位组装时，宜以每个节点从四周先用阴角模板与墙体、梁模板连接，然后再向中间进行铺设。相邻模板的边肋应按设计要求用 U 形卡连接，也可以用钩头螺栓与钢楞连接，还可以用 U 形卡将模板预组装成大块，然后再吊装铺设。

（5）当采用钢管脚手架作为支撑时，在立柱的高度方向每隔 1.2～1.3m 设置一道双向水平拉杆，以增强其刚度和稳定性。

（6）为提高楼板模板的周转效率，要优先采用支撑系统的快拆体系。

5. 楼梯模板安装的操作工艺

（1）楼梯模板与前几种模板相比，其构造是比较复杂的，常见的楼梯模板有板式和梁式两种，它们的支模工艺基本相同。

（2）在楼梯模板正式安装前，应根据施工图和实际层高进行放样，首先安装休息平台梁模板，再安装楼梯模板斜楞，然后铺设楼梯的底模，安装外邦侧模板和踏步模板。安装模板时要注意斜向支柱固定牢固，防止浇筑混凝土时模板产生移动。楼梯模板安装示意图，如图 10.25 所示。

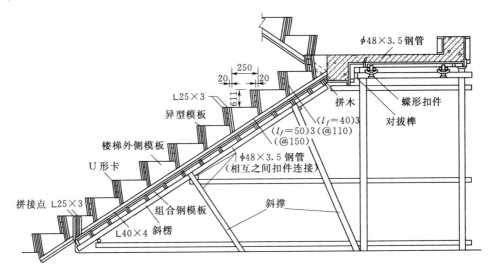

图 10.25　楼梯模板安装示意图（单位：mm）

10.3.4　钢模板工程安装质量检查及验收

（1）钢模板工程安装过程中，应进行下列质量检查和验收。

1）钢模板的布局和施工顺序。

2）连接件、支承件的规格、质量和紧固情况。

3）支承着力点和模板结构整体稳定性。

4）模板轴线位置和标志。

5）竖向模板的垂直度和横向模板的侧向弯曲度。

6）模板的拼缝度和高低差。

7）预埋件和预留孔洞的规格数量及固定情况。

8）扣件规格与对拉螺栓、钢楞的配套和紧固情况。

9）支柱、斜撑的数量和着力点。

10）对拉螺栓、钢楞与支柱的间距。

11）各种预埋件和预留孔洞的固定情况。

12）模板结构的整体稳定。

13）有关安全措施。

（2）模板工程验收时，应提供下列文件。

1）模板工程的施工设计或有关模板排列图和支承系统布置图。

2）模板工程质量检查记录及验收记录。

3）模板工程支模的重大问题及处理记录。

（3）施工安全要求。模板安装时，应切实做好安全工作，应符合以下安全要求。

1）模板上架设的电线和使用的电动工具，应采用 36V 的低压电源和其他有效的安全措施。

2）登高作业时，各种配件应放在工具箱或工具袋中，严禁放在模板或脚手架上；各种工具应系挂在操作人员身上或放在工具袋内，不得掉落。

3）高耸建筑施工时，应有防雷措施。

4）高空作业人员严禁攀登组合钢模板或脚手架等上下，也不得在高空的墙顶、独立梁及其模板上面行走。

5）模板的预留孔洞、电梯井口等处，应加盖或设置防护栏，必要时应在洞口处设置安全网。

6）装拆模板时，上下应有人接应，随拆随运转，并应把活动部件固定牢靠，严禁堆放在脚手板上和抛掷。

7）装拆模板时，必须采用稳固的登高工具，高度超过 3.5m 时，必须搭设脚手架。装拆施工时，除操作人员外，下面不得站人。高处作业时，操作人员应挂上安全带。

8）安装墙、柱模板时，应随时支撑固定，防止倾覆。

9）预拼装模板的安装，应边就位、边校正、边安设连接件，并加设临时支撑稳固。

10）预拼装模板垂直吊运时，应采取两个以上的吊点；水平吊运应采取四个吊点。吊点应作受力计算，合理布置。

11）预拼装模板应整体拆除。拆除时，先挂好吊索，然后拆除支撑及拼接两片模板的配件，待模板离开结构表面后再起吊。

12）拆除承重模板时，必要时应先设立临时支撑，防止突然整块坍落。

10.3.5　钢模板拆除及维修工作

1. 模板拆除程序和方法

混凝土浇筑后经过一段时间的养护，达到一定强度就应拆除模板，这样便于模板周转使用和相邻部位的混凝土施工。钢模板的拆除工作也是混凝土结构施工中的重要工序，如果拆除时间和拆除方法不当，不仅会损坏混凝土结构的表面和棱角，还会造成对钢模板的损伤，因此，在钢模板的拆除过程中，应当注意以下事项。

（1）钢模板拆除的顺序和方法，应当按照模板组装和拆除设计的规定，遵循"先支后拆，先非承重部位，后承重部位，自上而下"的原则。拆除模板时，严禁用大锤和撬棍硬砸硬撬。

（2）当混凝土的强度大于 $1N/mm^2$ 时，先拆除侧面模板；承重模板的拆除，必须等混凝土达到设计规定的强度后才能进行。

（3）组合式的大模板宜大块整体拆除，一般不得再拆开拆除，大模板拆除要配备相应的吊装机械。

（4）钢模板的支承件和连接件应逐渐拆卸，模板应按顺序逐块拆卸传递，拆除过程中不得损伤模板和混凝土。

（5）拆下的钢模板和各种配件，均应分类堆放整齐，附件应放在工具袋内。有条件的单位，对拆下的模板和配件应及时进行维修和保养。

模板拆除工作应由支模人员进行，因为他们对模板的构造和安装顺序比较熟悉，拆起来比较顺手。

拆除的程序：拆除对拉螺栓→拆除支撑钢→脱模吊运→模板清理→涂刷隔离剂→堆放备用。

高处拆组合钢模板，应使用绳索逐块下放，模板连接件、支撑件及时清理，收捡归堆。高空拆模要特别注意安全，必要时，在模板旁边搭设拆模用的脚手架。大型模板拆除时，应先挂好吊钩，后松动锚固螺栓。拆除承重模板，应避免整块突然坍塌，必要时，先设临时支撑。

2. 模板维修和保管

（1）钢模板和配件拆除后，应及时清除黏结的灰浆，对变形和损坏的模板和配件，宜采用机械整形和清理。钢模板及配件修复后的质量标准，见表 10.6。

表 10.6　　　　　　　　钢模板及配件修复后的质量标准

项　目		允许偏差/mm
钢模板	板面平整度	$\leqslant 2.0$
	凸棱直线度	$\leqslant 1.0$
	边肋不直度	不得超过凸棱高度
配件	U 形卡卡口残余变形	$\leqslant 1.2$
	钢楞和支柱不直度	$\leqslant L/1000$

注　L 为钢楞和支柱的长度。

（2）维修质量不合格的模板及配件，不得使用。

（3）对暂不使用的钢模板，板面应涂刷脱模剂或防锈油。背面油漆脱落处，应补刷防锈漆，焊缝开裂时应补焊，并按规格分类堆放。

（4）钢模板宜存放在室内或棚内，板底支垫离地面 100mm 以上。露天堆放时，地面应平整坚实，有排水措施，模板底支垫离地面 200mm 以上，两点距模板两端长度不大于模板长度的 1/6。

学习单元 10.4　中型组合钢模板

中型组合钢模板是针对 55 型组合钢模板而言的，一般模板的肋高有 70mm、75mm

等，模板规格尺寸也比 55 型加大，采用的薄钢板厚度也加厚，这样使模板的刚度增大。本节内容主要介绍 G-70 组合钢模板。

该模板是近几年推广应用建筑模板及支撑新技术的实践中，在分析综合钢框胶合板模板和小钢模板及整体大模板的特点基础上，研究开发的一种新产品。

10.4.1　组成

1. 模板块

模板块全部采用厚度 2.75～3mm 厚优质薄钢板制成；四周边肋呈 L 形，高度为 70mm，弯边宽度为 20mm，模板块内侧，每 300mm 高设一条横肋，每 150～200mm 设一条纵肋。模板边肋及纵、横肋上的连接孔为蝶形，孔距为 50mm，采用板销连接，也可以用一对楔板或螺栓连接。

模板块基本规格：标准块长度有 1500mm、1200mm、900mm 三种，宽度有 600mm、300mm 两种，非标准块的宽度有 250mm、200mm、150mm、100mm 四种，总共 18 种规格。平面模板块和角模、连接角钢、调节板的规格分别见表 10.7 和表 10.8。

表 10.7　　　　　　　　　　　G-70 组合钢模板平面模板块规格

代号	规　格 宽×长/(mm×mm)	有效面积 /m²	重量/kg	
			$\delta=3\text{mm}$	$\delta=2.75\text{mm}$
7P6009	600×900	0.54	23.28	21.34
7P6012	600×1200	0.72	30.61	28.06
7P6015	600×1500	0.90	37.92	34.76
7P3009	300×900	0.27	13.42	12.30
7P3012	300×1200	0.36	17.67	16.20
7P3015	300×1500	0.45	21.93	20.10
7P2509	250×900	0.225	11.16	10.23
7P2512	250×1200	0.30	14.76	13.53
7P2515	250×1500	0.375	18.35	16.82
7P2009	200×900	0.18	8.38	7.68
7P2012	200×1200	0.24	11.07	10.15
7P2015	200×1500	0.30	13.78	12.63
7P1509	150×900	0.135	6.97	6.39
7P1512	150×1200	0.18	9.23	8.46
7P1515	150×1500	0.225	11.48	10.52
7P1009	100×900	0.09	5.61	5.14
7P1012	100×1200	0.12	7.43	6.81
7P1015	100×1500	0.15	9.26	8.49

表 10.8　　　　　　　　　　　　　角模、连接角钢、调节板规格

名　称	代　号	规　格/(mm×mm×mm)	有效面积/m²	重量/kg δ=3mm	重量/kg δ=2.75mm
阴角模	7E1059	150×150×900	0.27	11.06	10.14
阴角模	7E1512	150×150×1200	0.36	14.64	13.42
阴角模	7E1515	150×150×1500	0.45	18.20	16.69
阳角模	7Y1509	150×150×900	0.27	11.62	10.65
阳角模	7Y1512	150×150×1200	0.36	15.30	14.07
阳角模	7Y1515	150×150×1500	0.45	19.00	17.49
铰链角模	7L1506	150×150×600	0.18	11.00(δ=4～5mm)	
铰链角模	7L1509	150×150×900	0.27	16.38(δ=4～5mm)	
可调阴角模	TE2827	280×280×2700	1.35	63.00(δ=4mm)	
可调阴角模	TE2830	280×280×3000	1.50	70.00(δ=4mm)	
L 形调节板	7T0827	74×80×2700	0.135	15.36(δ=5mm)	
L 形调节板	7T1327	74×130×2700	0.27	20.87(δ=5mm)	
L 形调节板	7T0830	74×80×3000	0.15	17.07(δ=5mm)	
L 形调节板	7T1330	74×130×3000	0.30	23.20(δ=5mm)	
连接角钢	7J0009	70×70×900		4.02(δ=4mm)	
连接角钢	7J0012	70×70×1200		5.33(δ=4mm)	
连接角钢	7J0015	70×70×1500		6.64(δ=4mm)	

2. 模板配件

G－70 组合钢模板的配件，见图 10.26，规格见表 10.9。

表 10.9　　　　　　　　　　　　G－70 组合钢模板配件规格

名　称	代　号	规格/mm	重量/kg
楔板	J01	1 对楔板	0.13
小钢卡	J02	卡 Φ48	0.44
大钢卡	J03A	卡 2Φ48 或 Φ50×100	0.64
大钢卡	J03B	卡 8 号槽钢	0.60
双环钢卡	J04A	卡 2Φ50×100	2.40
双环钢卡	J04B	卡 2 个 8 号槽钢	1.70
模板卡	J05		0.13
板销	J06	1 个楔板、1 个销键	0.11
平台支架	P01A	40×40 方钢管	11.07
平台支架	P02B	50×26 槽钢	13.10
斜支撑	P02A	Φ60 钢管 1 底座 2 销轴卡座	30.64
斜支撑	P02B	50Φ26 槽钢	12.82
外墙挂架	P03	8 号槽钢 Φ48 钢管 T25 高强螺栓	65.84

名　称	代　号	规格/mm	重量/kg
钢爬梯	P04	Φ16 钢筋	18.42
工具箱	P05	3 厚钢板	26.80
吊环	P06	8 厚、Φ12 螺栓 3 个	1.38
对拉螺栓	DS2570	T25 $L=700$	3.35
对拉螺栓	DS2270	T22 $L=700$	3.00
组合对拉螺栓	ZS1670	M16 $L=650$	2.14
锥形对拉螺栓	ZUS3096	Φ26～30 $L=965$	7.12
锥形对拉螺栓	ZUS3081	Φ26～30 $L=815$	6.29
塑料堵塞	SS25	Φ25	1（500 个）
塑料堵塞	SS18	Φ18	
塑料堵塞	SS16	Φ16	
方钢管龙骨	LGA	Φ50×100 L 按需要	6.6（每米）
槽钢龙骨	LGB	8 号槽钢 L 按需要	8.04（每米）
圆钢管龙骨	LGC	Φ48 L 按需要	3.84（每米）

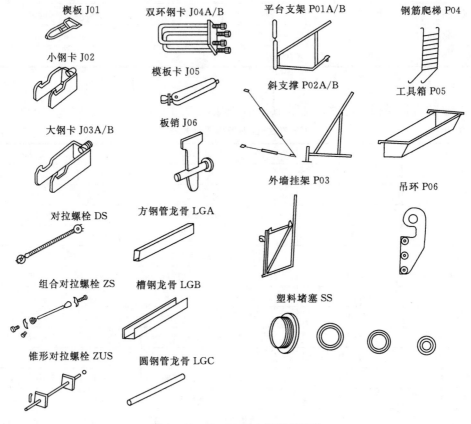

图 10.26　G-70 组合钢模板配件

3. 楼（顶）板模板早拆支撑体系

楼（顶）板模板早拆支撑体系既能用于 G-70 组合钢模板，又能用于小钢模、SP-70 钢框胶合板模板、竹（木）胶合板模板和模壳密肋梁模板。多功能早拆柱头，适用于不同厚度的模板，不同高度的模板梁。

早拆支撑配件，见图 10.27，其规格见表 10.10。

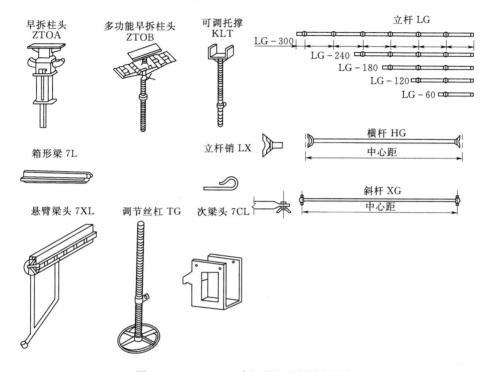

图 10.27   G-70 组合钢模板早拆支撑配件

表 10.10   **柱模及早拆支撑配件规格**

名　称	代　号	规格/mm	重量/kg
早拆柱头	ZTOA	70 型	4.26
多功能早拆柱头	ZTOB	多功能型	7.83
箱形主梁	7L185	柱心距 1850	14.10
箱形主梁	7L155	柱心距 1550	11.95
箱形主梁	7L125	柱心距 1250	9.7
箱形主梁	7L095	柱心距 950	7.53
悬臂梁头	7XL	70 型	5.90
次梁头	7CL	70 型	0.85
调节丝杠	TG060A	T38 $L=760$	6.9
调节丝杠	TG060B	T36 $L=760$	6.13
调节丝杠	TG050A	T38 $L=660$	6.1
调节丝杠	TG050B	T38 $L=660$	5.47

名　称	代　号	规格/mm	重量/kg
调节丝杠	TG030A	T38 $L=460$	4.7
调节丝杠	TG030B	T36 $L=460$	4.19
可调托撑	KLT300	可调范围 0～300	6.10
可调托撑	KLT600	可调范围 0～600	8.35
立杆	LG300	有效 $L=3000$	16.68
立杆	LG240	有效 $L=2400$	13.45
立杆	11G180	有效 $L=1800$	10.35
立杆	LG120	有效 $L=1200$	7.20
立杆	LG060	有效 $L=600$	4.00
横杆	HG185	心距 1850	7.46
横杆	HG155	心距 1550	6.32
横杆	HG125	心距 1250	5.16
横杆	HG95	心距 950	3.95
横杆	HG65	心距 650	2.78
斜杆	XG300	心距 3000 2400×1800	13.10
斜杆	XG258	心距 2581 1850×1800	11.46
斜杆	XG220	心距 2205 1850×1200	10.00
斜杆	XG237	心距 2375 1550×1800	10.70
斜杆	XG196	心距 1960 1550×1200	9.10
斜杆	XG173	心距 1733 1250×1200	8.20
立杆销	LX	$\phi10$	0.125

10.4.2　特点

（1）G-70组合钢模板由于采用了 2.75～3mm 厚钢板制成，肋高为 70mm，因此刚度大，能满足侧压力 50kN/m² 的要求；模板接缝严密，浇筑的混凝土表面平整光洁，能达到清水混凝土的要求。

（2）G-70组合钢模板用于楼板模板采用早拆支撑体系时，与常规支撑体系相比，其模板用量省 66.0%，支撑用量省 44%，综合用工省 58.4%。

（3）G-70组合钢模板边肋增加了卷边，提高了模板的刚度；采用板销，使模板连接方便，接缝严密；采用早拆柱头和多功能早拆柱头，实现立柱与模板的分离，达到早期拆模的目的。

10.4.3　施工工艺

G-70组合钢模板的安装施工工艺与早拆体系钢框胶合板模板基本相同；对模板安装和拆除的要求以及维修、保管等内容可参见 55 型组合钢模板的有关内容。

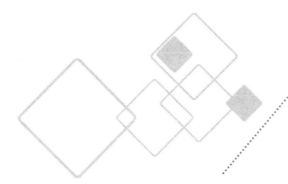

第3篇

砌筑工

学习项目 11 砌体材料认知

学习单元 11.1 烧结普通砖、烧结多孔砖砌体

11.1.1 烧结普通砖

1. 分类

（1）类别。烧结普通砖按主要原料分为黏土砖（N）、页岩砖（Y）、煤矸石砖（M）和粉煤灰砖（F）。

（2）质量等级。

1）烧结普通砖根据抗压强度分为 MU30、MU25、MU20、MU15、MU10 五个强度等级。

2）烧结普通砖根据尺寸偏差、外观质量、泛霜和石灰爆裂分为优等品、一等品、合格品三个质量等级。优等品适用于清水墙，一等品、合格品可用于混水墙。中等泛霜的砖不能用于潮湿部位。

3）规格。烧结普通砖的外形为直角六面体，其公称尺寸为长 21mm、宽 115mm、高 53mm，常用配砖规格为 17mm×11mm×53mm。

2. 技术要求

（1）砖的品种、强度等级必须符合设计要求，规格一致，强度等级不小于 MU10，并有出厂合格证、产品性能检测报告清水墙的砖应色泽均匀，边角整齐。

（2）严禁使用黏土实心砖。

（3）有冻胀环境的地区，地面以下或防潮层以下的砌体，可采用煤矸石、页岩实心砖。

11.1.2　烧结多孔砖

（1）类别。烧结多孔砖按主要原料分为薪土砖、页岩砖、煤矸砖、粉煤灰砖、淤泥砖、固体废弃物砖。

（2）规格。烧结多孔砖的外形为直角六面体，其长度、宽度、高度尺寸应符合下列要求：长为 290mm、240mm，宽为 190mm、180mm、140mm、115mm，高为 90mm。其他规格尺寸由供需双方确定。

学习单元 11.2　粉煤灰砖、灰砂砖砌体

11.2.1　粉煤灰砖

1. 分类

（1）类别：砖的颜色分为本色（N）和彩色（Co）。

（2）规格：砖的外形为直角六面体。砖的公称尺寸为：长度 240mm、宽度 115mm、高度 53mm。

（3）等级。

1）强度等级分为 MU30、MU25、MU20、MU15、MU10。

2）质量等级根据尺寸偏差、外观质量、强度等级、干燥收缩分为优等品（A）、一等品（B）、合格品（C）。

（4）适用范围。

1）粉煤灰砖可用于工业与民用建筑的墙体和基础，但用于基础或易受冻融和干湿交替作用的建筑部位必须使用 MU15 及以上强度等级的砖。

2）粉煤灰砖不得用于长期受热（200℃以上）、受急冷急热和有酸性介质侵蚀的建筑部位。

2. 抽样检测

（1）检验项目。出厂检验的项目包括外观质量、抗折强度和抗压强度。

（2）批量。每 10 万块为一批，不足 10 万块亦为一批。

（3）抽样。

1）用随机抽样法抽取 100 块砖进行外观质量检验。

2）从外观质量检验合格的砖样中按随机抽样法抽取 2 组 20 块砖样（每组 10 块），其中 1 组进行抗压强度和抗折强度试验，另 1 组备用。

（4）判定。

1）若外观质量不符合优等品规定的砖数不超过 10 块，判定该批砖外观质量为优等品；不符合一等品规定的砖数不超过 10 块，判定该批砖为一等品；不符合合格品规定的砖数不超过 10 块，判定该批砖为合格品。

2）该批砖的抗折强度与抗压强度级别由试验结果的平均值和最小值按产品技术要求判定。

3）每批砖的等级应根据外观质量、抗折强度、抗压强度、干燥收缩和抗冻性进行判定，应符合产品标准规定。

11.2.2 灰砂砖

1. 分类

（1）类别：砖的颜色分为彩色（Co）和本色（N）。

（2）规格：砖的外形为直角六面体。砖的公称尺寸为长 240mm、宽 115mm、高 53mm。

生产其他规格尺寸产品，由用户与生产厂协商确定。

（3）等级。

1）强度级别。根据抗压强度和抗折强度分为 MU25、MU20、MU15、MU10 四级。

2）质量等级。根据尺寸偏差和外观质量、强度及抗冻性分为优等品（A）、一等品（B）、合格品（C）。

3）适用范围。

a. MU15、MU20、MU25 的砖可用于基础及其他建筑，MU10 的砖仅可用于防潮层以上的建筑。

b. 灰砂砖不得用于长期受热（200℃以上）、受急冷急热和有酸性介质侵蚀的建筑部位。

2. 抽样检测

（1）检验项目。

1）出厂检验项目包括尺寸偏差和外观质量、颜色、抗压强度和抗折强度。

2）形式检验项目包括技术要求中全部项目。

（2）批量。同类型的砖每 10 万块为一批，不足 10 万块亦为一批。

（3）抽样。尺寸偏差和外观质量检验的样品用随机抽样法从堆场中抽取；其他检验项目的样品用随机抽样法从尺寸偏差和外观质量检验合格的样品中抽取。

学习单元 11.3 砌块砌体

11.3.1 普通混凝土小型空心砌块

（1）普通混凝土小型空心砌块是以水泥、砂、碎石或卵石、水等预制成的混凝土小型空心砌块，各部位名称如图 11.1 所示。

（2）普通混凝土小型空心砌块按尺寸偏差、外观质量分为优等品、一等品和合格品。

（3）普通混凝土小型空心砌块按其强度等级分为 MU3.5、MU5.0、MU7.5、MU10.0、MU15.0、MU20 六个强度等级。

（4）普通混凝土小型空心砌块主规格尺寸为 390mm×190mm×190mm，其他规格尺寸可由供需双方协商确定。最小外壁厚应不小于 30mm，最小肋厚应不小于 25mm，空心率应不小于 25%。

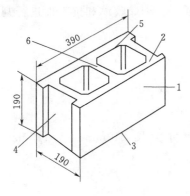

图 11.1　混凝土小型空心砌块
（单位：mm）

1—条面；2—坐浆面（肋厚较小的面）；
3—铺浆面（肋厚较大的面）；
4—顶面；5—壁；6—肋

11.3.2　轻集料混凝土小型空心砌块

（1）类别。按砌块孔的排数分为单排孔、双排孔、三排孔和四排孔等。

（2）等级。

1）按砌块密度等级分为八级：700、800、900、1000、1100、1200、1300、1400。

2）按砌块强度等级分为五级：MU2.5、MU3.5、MU5.0、MU7.5、MU10.0。

（3）轻集料。

1）最大料径不宜大于 9.5mm。

2）轻集料应符合《轻集料及其试验方法　第 1 部分：轻集料》（GB/T 17431—2010）的要求。

3）轻集料混凝土小型空心砌块的主规格尺寸为390mm×190mm×190mm，其他规格尺寸可由供需双方商定。

11.3.3　蒸压加气混凝土砌块

1. 应用特点

（1）高层框架混凝土建筑。多年的实践证明，加气混凝上在高层框架混凝土建筑中的应用是经济合理的，特别是用砌块来砌筑内外墙，已普遍得到社会的认同。

（2）抗震地区建筑。由于加气混凝土自重轻，其建筑的地震力就小，对抗震有利，和砖筑相比，同样的建筑、同样的地震条件下，震害程度相差一个地震设计设防级别，如砖混建筑 7 度设防，会受破坏，而此时加气混凝土建筑只达 6 度设防，就不会被破坏。

（3）严寒地区建筑。加气混凝土的保温性能好，200mm 厚的墙的保温效果相当于490mm 厚的砖墙的保温效果，因此它在寒冷地区的建筑经济效果突出，具有一定的市场竞争力。

（4）软质地基建筑。在相同地基条件下，加气混凝土建筑的层数可以增多，对经济有利。

（5）加气混凝土的缺点以及不适应场所如下：

1）主要缺点是收缩大，弹性模量低，怕冻害。

2）不适合下列场合：温度大于 80℃的环境；有酸、碱危害的环境；长期潮湿的环境，特别是在寒冷地区尤应注意。

（6）加气混凝土砌块的品种及用途，见表 11.1。

2. 分类

（1）蒸压加气混凝土砌块的规格尺寸见表 11.2。

（2）砌块按强度和干密度分级。

强度级别有 A1.0、A2.0、A2.5、A3.5、A5.0、A7.5、A10 七个级别。

表 11.1 加气混凝土砌块的品种及用途

品　种	特　点	用　途
蒸压粉煤灰加气混凝土砌块	以水泥、石灰、石膏和粉煤灰为主要原料，以铝粉为发气剂，经搅拌、注模、静停、切割、蒸压养护而成。具有质量轻、强度较高、可加工性好、施工方便、价格较低、保温隔热、节能效果好等优点	适用于低层建筑的承重墙、多层建筑的自承重墙、高层框架建筑的填充墙，以及建筑物的内隔墙、屋面和外墙的保温隔热层，特别适用于节能建筑的单一和复合外墙。少量作其他用途（保温方面如滑冰场和供热管道保温等）
加气混凝土砌块	由磨细砂、石灰，加水泥、水和发泡剂搅拌，经注模、静停、切割、蒸压养护而成。具有质量轻、强度较高、可加工性好、施工方便、价格较低、保温隔热、节能效果好等优点	适用于低层建筑承重墙、多层建筑自承重墙、高层框架填充墙，以及建筑物内隔墙、屋面和墙体的保温隔热层等
蒸压粉煤灰加气混凝土屋面板	用经过防锈处理的U形钢筋网片、板端预埋件，与粉煤灰加气混凝土共同浇筑而成，具有质量轻、强度较高、整体刚度大、保温隔热、承重合一，抗震、节能效果好，施工方便、造价较低等优点	适用于建筑物的平屋面和坡屋面
加气混凝土隔墙板	带防锈防腐配筋。具有质量轻、强度较高、施工方便、造价较低、隔声效果好等优点	适用于建筑物分室和分户隔墙
加气混凝土外墙板	同屋面板	适用于建筑物外墙
加气混凝土集料空心砌块	以加气混凝土碎块作为集料，加水泥、粉煤灰和外加剂，制成空心砌块。具有质量轻、施工方便、造价较低、保温隔热性能好等优点	适用于框架填充墙和隔墙
加气混凝土砌筑砂浆外加剂	掺有 AM-1 型外加剂的砌筑砂浆，具有黏着力大、保水性好、施工方便、保证灰缝饱满、砌体牢固等优点	适用于加气混凝土砌块砌筑。按外加剂 20kg、水泥 50kg、砂 200～250kg、水适量充分搅拌备用，砌筑时砌块可不浇水润湿，垂直缝可直接抹碰头灰
加气混凝土抹灰砂浆外加剂	掺有 AM-2 型外加剂的抹灰砂浆，具有良好的施工性能，可以使抹灰层与砌体粘结牢固。防止起鼓和开裂现象	适用于加气混凝土内外墙面抹灰。按外加剂 20kg、水泥 50kg、砂 200～300kg、水适量搅拌备用。砂浆强度等级以 M5～M7.5 为宜

表 11.2 蒸压加气混凝土砌块的规格尺寸 　　　　单位：mm

项目名称	指　标	项目名称	指　标
长度 L	600	高度 H	200、240、250、300
宽度 B	100、120、125、150、180、200		

注 如需要其他规格，可由供需双方协商解决。

干密度级别有 B03、B04、B05、B06、B07、B08 六个级别。

（3）砌块等级。砌块按尺寸偏差与外观质量、干密度、抗压强度和抗冻性分为：优等品（A）、合格品（B）两个等级。

11.3.4　粉煤灰混凝土小型空心砌块

粉煤灰混凝土小型空心砌块指以粉煤灰、水泥、各种轻重集料、水为主要组分（也可加入外加剂等）拌和制成的小型空心砌块，其中粉煤灰用量不应低于原材料质量的 20%，水泥用量不应低于原材料质量的 10%。

（1）分类：按孔的排数分为单排孔、双排孔和多排孔三类。

（2）等级。

1）按砌块抗压强度分为 MU3.5、MU5.0、MU7.5、MU10.0、MU15.0 和 MU20.0 六个等级。

2）按砌块密度等级分为 600、700、800、900、1000、1200 和 1400 七个等级。

（3）粉煤灰应符合《用于水泥和混凝土中的粉煤灰》（GB/T 1596—2005）和《建筑材料放射性核素限量》（GB 6566—2010）的规定，对含水率不作规定，但应满足生产工艺要求。粉煤灰用量应不低于原材料干质量的 20%，也不高于原材料干质量的 50%。

（4）各种集料的最大粒径不大于 10mm。

11.3.5　填充墙砌体

1. 砌块

空心砖、加气混凝土砌块、轻集料混凝土小型空心砌块等材料的品种、规格、强度等级、密度须符合设计要求，规格应一致。砌块进场应有产品合格证书及出厂检测报告、试验报告单。施工时所用的小砌块的产品龄期不应小于 28d，宜大于 35d。

填充墙砌体砌筑前要求控制含水率的块材应提前 2d 喷水、洒水湿润。蒸压加气混凝土砌块砌筑时，应向砌筑面适量洒水。

2. 烧结空心砌块

（1）类别。按主要原材料分为黏土砌块（N）、页岩砌块（Y）、煤矸石砌块（M）、粉煤灰砌块（F）。

（2）规格。砌体的外形为直角六面体，如图 11.2 所示其长度、宽度、高度尺寸应符合下列要求，单位为毫米（mm）：长为 390、290，宽为 240、190、180（175）、140、115，高为 90。

（3）等级。

1）根据密度分为 800、900、1000 三个密度等级。

2）根据抗压强度分为 MU10、MU7.5、MU5.0、MU3.5、MU2.5 五个强度级别。

3）密度、强度和抗分化性能合格的称为砖和砌块，根据尺寸偏差、外观质量、孔洞及其结构、泛霜、石灰爆裂、吸水率分为称砖和砌块（A）、一等品（B）和合格品（C）三个质量等级。

4）产品标记。砖和砌块的产品标记按产品名称、品种、密度级别、规格、强度级别、质量等级和标准编号顺序编写。

示例 1：优等品的页岩空心砖。其标记为：烧结空心砖 Y800（290×190×90）7.5A GB13545

图 11.2　烧结空心砖

示例 2：规格尺寸 290mm×290mm×190mm、密度 1000 级、强度等级 MU2.5、一等品的黏土砖，其标记为：烧结空心砌块 N1000（290×290×190）2.5B GB13545。

学习单元 11.4　料石砌体

11.4.1　料石

料石也称条石，是由人工或机械开拆出的较规则的六面体石块，用来砌筑建筑物用的石料。

11.4.2　分类

（1）按其加工后的外形规则程度可分为毛料石、粗料石、半细料石和细料石四种。

毛料石：外观大致方正，一般不加工或者稍加调整。料石的宽度和厚度不宜小于 200mm，长度不宜大于厚度的 4 倍。叠砌面和接砌面的表面凹入深度不大于 25mm。

粗料石：规格尺寸同上，叠砌面和接砌面的表面凹入深度不大于 20mm；外露面及相接周边的表面凹入深度不大于 20mm。

细料石：通过细加工，规格尺寸同上，叠砌面和接砌面的表面凹入深度不大于 10mm，外露面及相接周边的表面凹入深度不大于 2mm。

注意：相接周边的表面是指叠砌面、接砌面和外露面相接处 20～30mm 范围内的部分。

（2）按形状可分为条石、方石及拱石。

11.4.3　应用

粗料石主要应用于建筑物的基础、勒脚、墙体部位，半细料石和细料石主要用作镶面的材料。

学习单元 11.5　砂浆

普通砂浆主要包括砌筑砂浆、抹灰砂浆、地面砂浆。砌筑砂浆、抹灰砂浆主要用于承重墙、非承重墙中各种混凝土砖、粉煤灰砖和黏土砖的砌筑和抹灰，地面砂浆用于普通及特殊场合的地面找平。特种砂浆包括保温砂浆、装饰砂浆、自流平砂浆、防水砂浆等，其用途也多种多样，广泛用于建筑外墙保温、室内装饰修补等。

将砖、石、砌块等黏结成为砌体的砂浆称为砌筑砂浆。砌筑砂浆起着传递荷载的作用，是砌体的重要组成部分。水泥砂浆宜用于砌筑潮湿环境以及强度要求较高的砌体，水泥石灰砂浆宜用于砌筑干燥环境中的砌体，多层房屋的墙一般采用强度等级为 M5 的水泥石灰砂浆，砖柱、砖拱、钢筋砖过梁等一般采用强度等级为 M5～M10 的水泥砂浆，砖基础一般采用不低于 M5 的水泥砂浆，低层房屋或平房可采用石灰砂浆，简易房屋可采用石灰黏土砂浆。

11.5.1　组成材料

（1）胶凝材料。用于砌筑砂浆的胶凝材料有水泥和石灰。

水泥是砂浆的主要胶凝材料，常用的水泥品种有普通水泥、矿渣水泥、火山灰水泥、粉煤灰水泥和复合水泥等，可根据设计要求、砌筑部位及所处的环境条件选择适宜的水泥品种。水泥品种的选择与混凝土相同。水泥标号应为砂浆强度等级的 4～5 倍，水泥标号过高，将使水泥用量不足而导致保水性不良。水泥砂浆采用的水泥，其强度等级不宜大于 32.5 级；水泥混合砂浆采用的水泥，其强度等级不宜大于 42.5 级。如果水泥强度等级过高，则可加些混合材料。对于一些特殊用途，如配置构件的接头、接缝或用于结构加固、修补裂缝，应采用膨胀水泥。石灰膏和熟石灰作为胶凝材料，可使砂浆具有良好的保水性。

（2）细骨料。细骨料主要是天然砂，所配制的砂浆称为普通砂浆。砂中黏土含量应不大于 5%；强度等级小于 M2.5 时，黏土含量应不大于 10%。砂的最大粒径应小于砂浆厚度的 1/5～1/4，一般不大于 2.5mm。作为勾缝和抹面用的砂浆，最大粒径不超过 1.25mm，砂的粗细程度对水泥用量、和易性、强度和收缩性影响很大。

（3）拌和用水。砂浆拌和用水与混凝土拌和用水的要求相同，应选用无有害杂质的洁净水来拌制砂浆。

（4）基本要求。

1）砂浆拌合物的和易性应满足施工要求，且新拌砂浆体积密度：水泥砂浆不应小于 1900kg/m³，混合砂浆不应小于 1800kg/m³。砌筑砂浆的配合比一般查施工手册或根据经验而定。

2）砌筑砂浆的强度、耐久性应满足设计要求。

3）经济上应合理，水泥及掺合料的用量应较少。

11.5.2　砌筑砂浆配合比设计

砌筑砂浆配合比计算和选用分别见表 11.3 和表 11.4。

表 11.3   **砌筑砂浆配合比计算**

砌筑砂浆强度标准差 σ 选用表（JGJ 98—2011）/MPa							
施工水平	M5	M7.5	M10	M15	M20	M25	M30
优良	1.00	1.50	2.00	3.00	4.00	5.00	6.00
一般	1.25	1.88	2.50	3.75	5.00	6.25	7.50
较差	1.50	2.25	3.00	4.50	6.00	7.50	9.00

表 11.4   **砌筑砂浆配合比选用**

强度等级	每立方米砂浆水泥用量/kg	每立方米砂浆用砂量	每立方米砂浆用水量/kg
M2.5～M5	200～230		
M7.5～M10	220～280	砂的堆积密度值	270～330
M15	280～340		
M20	340～400		

11.5.3　配合比试配、调整与确定

试配时应采用工程中实际使用的材料。水泥砂浆、混合砂浆搅拌时间不小于 120s；掺加粉煤灰或外加剂的砂浆，搅拌时间不小于 180s。按计算配合比进行试拌，测定拌合物的沉入度和分层度，若不能满足要求，则应调整材料用量，直到符合要求为止，由此得到的即为基准配合比。

检验砂浆强度时至少应采取三个不同的配合比，其中一个为基准配合比，另外两个配合比的水泥用量比基准配合比分别增加和减少 10%，在保证沉入度、分层度合格的条件下，可将用水量或掺合料用量作相应调整。三组配合比分别为成型、养护、测定 28d 砂浆强度，由此确定符合试配强度要求的且水泥用量最低的配合比作为砂浆配合比。

砂浆配合比确定后，当原材料有变更时，其配合比必须重新通过试验确定。

11.5.4　性能指标

性能指标包括砂浆的配合比、砂浆的稠度、砂浆的保水性、砂浆的分层度和砂浆的强度等级。

（1）砂浆配合比，指根据砂浆强度等级及其他性能要求而确定砂浆的各组成材料之间的比例，以重量比或体积比表示。

（2）砂浆稠度，指在自重或施加外力下，新拌制砂浆的流动性能。以标准的圆锥体自由落入砂浆中的沉入深度表示。

（3）砂浆保水性，指在存放、运输和使用过程中，新拌制砂浆保持各层砂浆中水分均匀一致的能力，以砂浆分层度来衡量。

（4）砂浆分层度，指新拌制砂浆的稠度与同批砂浆静态存放达到规定时间后所测得下层砂浆稠度的差值。

（5）砂浆的强度等级，指用标准试件（70.7mm×70.7mm×70.7mm 的立方体）一组 6 块，用标准方法养护 28d，用标准方法测定其抗压强度的平均值（MPa）。

11.5.5　拌制使用

砌筑砂浆应采用砂浆搅拌机进行拌制。砂浆搅拌机可选用活门卸料式、倾翻卸料式或立式，其出料容量常用 200L。

搅拌时间从投料完成算起，应符合下列规定。

（1）水泥砂浆和水泥混合砂浆，不得小于 2min。

（2）水泥粉煤灰砂浆和掺用外加剂的砂浆，不得小于 3min。

（3）掺用有机塑化剂的砂浆，应为 3～5min。

拌制水泥砂浆，应先将砂与水泥干拌均匀，再加水拌和均匀。

拌制水泥混合砂浆，应先将砂与水泥干拌均匀，再加掺加料（石灰膏、黏土膏）和水拌和均匀。

掺用外加剂时，应先将外加剂按规定浓度溶于水中，在拌和水投入时投入外加剂溶液，外加剂不得直接投入拌制的砂浆中。

砂浆拌成后和使用时，均应盛入贮灰器中。如灰浆出现泌水现象，应在砌筑前再次拌和。

砂浆应随拌随用。水泥砂浆和水泥混合砂浆必须分别在拌成后 3h 和 4h 内使用完毕；当施工期间最高气温超过 30℃时，必须分别在拌成后 2h 和 3h 内使用完毕。对掺用缓凝剂的砂浆，其使用时间可根据具体情况延长。

11.5.6　验收

砌筑砂浆试块强度验收时，其强度合格标准必须符合以下规定：同一验收批砂浆试块抗压强度平均值必须大于或等于设计强度等级所对应的立方体抗压强度，同一验收批砂浆试块抗压强度的最小一组平均值必须大于或等于设计强度所对应的立方体抗压强度的 0.75 倍。

注意：①砌筑砂浆的验收批，同一类型、强度等级的砂浆试块应不少于 3 组，当同一验收批只有一组试块时，该组试块抗压强度的平均值必须大于或等于设计强度等级所对应的立方体抗压强度；②砂浆强度应以标准养护，龄期 28d 的试块抗压试验结构为准。

抽样数量：每一检验批且不超过 250m³ 砌体的各种类型及其强度等级的砌筑砂浆，每台搅拌机应至少抽检一次。

检验方法：在砂浆搅拌机出料口取样制作砂浆试块（同盘砂浆只应制作一组试块），最后检查试块强度实验报告单。

当施工中或验收时出现以下情况，可采用现场检验方法对砂浆和砌体强度进行原位检测或取样检测，并判定其强度：①砂浆试块缺乏代表性或试块数量不足；②对砂浆试块的实验结果有怀疑或有争议；③砂浆试块的试验结果，不能满足设计要求。

学习项目 **12** 施工机具认知

学习单元 12.1　砌筑工具

砌筑工是一项以手工操作为主的技术工种，砌筑用手工工具品种很多，用途广泛，对不同的砌筑工艺，应该选择相应的手工工具，这样才能够提高工效，保证砌筑质量。以下是几种常见的手工工具。

（1）砖刀：用于摊铺砂浆、砍削砖块、打灰条用，见图 12.1。

（2）大铲：用于铲灰、铺灰和刮浆的工具，也可以在操作中用它随时调和砂浆。大铲以桃形者居多，也有长三角形和长方形的。它是实施"三一"（一铲灰、一块砖、一揉挤）砌筑法的关键工具，如图 12.2 所示。

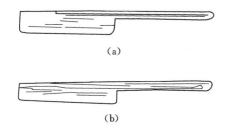

图 12.1　砖刀

(a) 片刀；(b) 条刀

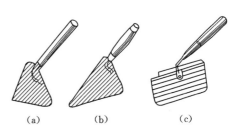

图 12.2　砌筑用大铲

(a) 桃形大铲；(b) 长三角形大铲；(c) 长方形大铲

（3）摊灰尺：用不易变形的木材制成。操作时放在墙上作为控制灰缝及铺砂浆用，见图 12.3。

（4）刨锛：用以打砍砖块的工具，也可以当作小锤与大铲配合使用。

（5）溜子（又叫灰匙、勾缝刀）：一般以 $\Phi 8$ 钢筋打扁制成并装上木柄，通常用于清水墙的勾缝。用 0.5～1mm 厚的薄钢板制成的较宽的溜子，则用于毛石墙的勾缝，见图 12.4。

（6）灰板（又叫托灰板）：在勾缝时，用它承托砂浆。

（7）抿子：抿子用 0.8～1mm 厚的钢板制成，并铆上执手，安装木柄成为工具，可用于石墙的抹缝、勾缝，如图 12.5 所示。

图 12.3　摊灰尺　　　图 12.4　溜子　　　图 12.5　抿子

（8）筛子：主要用于筛砂。筛孔直径有 4mm、6mm、8mm 等数种。主要有立筛、小方筛，如图 12.6 所示；勾缝需用细砂时，可利用铁窗纱钉在小木框上制成小筛子。

（9）砖夹：砖夹是施工单位自制的夹砖工具。可用 Φ16 钢筋锻造，一次可以夹起 4 块标准砖，用于装卸砖块。砖夹形状见图 12.7。

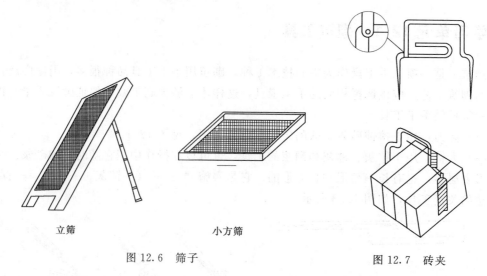

立筛　　　　　　小方筛

图 12.6　筛子　　　　　　　　　　　　图 12.7　砖夹

（10）砖笼：砖笼是采用塔吊施工时，吊运砖块的工具。施工时，在底板上先码好一定数量的砖，然后把砖笼套上并固定，再起吊到指定地点，如此周转使用。

（11）灰槽：用 1～2mm 厚的黑铁皮制成，供存放砂浆用。现在常用的还有塑料灰桶。

（12）其他：如橡皮水管、大水桶、灰铺、灰勺、钢丝刷及扫帚等。

学习单元 12.2　质量检测工具

（1）钢卷尺：主要用来量测轴线尺寸、位置及墙长、墙厚，还有门窗洞口的尺寸、留洞位置尺寸等。

（2）托线板：用于检查墙面垂直度和平整度。有木制的，也有铝制商品，标准长度为 2m。实际工程砌筑中，为了方便操作，托线板的长度为 1.2～1.5m（图 12.8）。

托线板的两边必须平直，且两边应相互平行，中间的墨斗线必须与两边平行，否则不能使用。

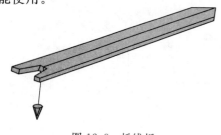

图 12.8　托线板

用托线板检查垂直度时，用一边紧贴墙面，托线板稍向前倾，使线锤线稍离开托线板，使线锤能自由摆动，在线锤稳定后，看线锤线是否与墨斗线重合来判断其垂直度，若重合则垂直，否则就不垂直。

（3）线锤：吊挂垂直度用，主要与托线板配合使用。

（4）塞尺：与托线板配合使用，以测定墙、柱的平整度的偏差（图12.9）。

塞尺上每一格表示厚度方向1mm，使用时，托线板一侧紧贴于墙或柱面上，墙或柱面与托线板间产生一定的缝隙，于是用塞尺轻轻塞进缝隙，塞进的格数就表示墙面或柱面平整度偏差的数值。

（5）百格网：用于检查砌体水平灰缝砂浆饱满度的工具（图12.10）。可用铁丝编制锡焊而成，也可在有机玻璃上画格而成。其规格为一块标准砖的大面尺寸，即240mm×115mm，将其长宽方向各分成10格，画成100个小格，故称百格网，检查时，掀起砖块，用百格网检查砖底面与砂浆的接触痕迹的面积，以百分数表示，水平灰缝的砂浆饱满度应不低于80%。

（6）准线：是砌墙时拉的细线，一般使用直径为0.5～1mm的小白线、麻线、尼龙线或弦线等，用于砌体砌筑时拉水平用，检测时可用来检查水平灰缝的平直度。

（7）水平尺：用来检查砌体对水平位置的偏差。以铁和铝合金制成，中间镶嵌玻璃水准管（图12.11）。

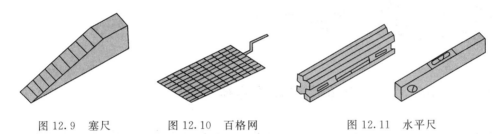

图12.9　塞尺　　　图12.10　百格网　　　图12.11　水平尺

（8）方尺：用于检查砌体转角的方正程度。用木材或金属制成边长为200mm的直角尺，有阴角和阳角两种（图12.12）。

（9）皮数杆：是砌筑砌体在高度方向的基准，分为基础用和地上两种，见图12.13。

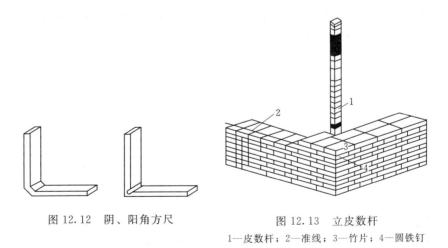

图12.12　阴、阳角方尺　　　　图12.13　立皮数杆
1—皮数杆；2—准线；3—竹片；4—圆铁钉

1）基础用皮数杆：基础用皮数杆比较简单，一般使用30mm×30mm的方木杆，由现场施工员绘制。一般在进行条形基础施工时，先在要立皮数杆的地方预埋一根小木桩，到砌筑基础墙时，将画好的皮数杆钉到小木桩上。皮数杆顶应高出防潮层的位置，皮数杆

上还要画出砖皮数、地圈梁、防潮层等的位置，并标出高度和厚度。皮数杆上的砖层还要按顺序编号。画到防潮层底的标高处，砖层必须是整皮数。如果条形基础垫层表面不平，可以在一开始砌砖时就用细石混凝土找平。

2）地上用皮数杆：±0.000 以上的皮数杆，也称大皮数杆。5cm×5cm 的小木杆，一般由施工技术人员经计算排画，标注出砖皮数、窗台、窗顶、预埋件、拉结筋、圈梁等的位置，经质量检验人员检测合格后方可使用。皮数杆的设置，要根据房屋大小和平面复杂程度而定，一般要求转角处和施工段分界处应设立皮数杆；当一道墙身较长时，皮数杆的间距要求不大于 20m。如果房屋构造比较复杂，皮数杆应该编号，并对号。

（10）砂浆搅拌机：是砌筑工程中的常用机械，用来制备砌筑和抹灰用的砂浆。常用规格是 0.2m³ 和 0.325m³，台班产量为 18～26m³。目前常用的砂浆搅拌机有倾翻出料式 HJ-200 型、HJ1-200B 型和活门式的 HJ-325 型。

学习项目 ⑬ 砌筑工艺

学习单元 13.1　普通砖砌体的组砌方法

砖在砌体内按一定的规律放置，称为组砌。组砌形式的确定应考虑：搭接牢靠、受力性能好；上下层砖应错缝；砍砖少、操作方便。砖砌体砌筑前，应预先确定好组砌形式。

13.1.1　砖与灰缝

（1）砌体中各砍砖的名称。砖在砌筑时，为了错缝，有的要砍成不同的尺寸，可以分为七分头、半砖、二寸条和二寸头（图 13.1）。

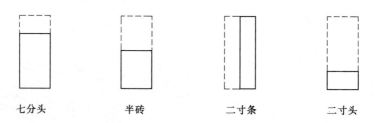

七分头　　　半砖　　　二寸条　　　二寸头

图 13.1　砍砖的名称

（2）砌体内砖依据砌筑方向的不同可分为顺砖与丁砖（图 13.2）。顺砖：砖的长度方向平行墙的轴线的砖。丁砖：砖的长度方向垂直墙的轴线的砖。

（3）砖在砌体内的位置可分为：卧砖、斗砖、立砖。

（4）灰缝（砖与砖之间的缝）可分水平缝（水平方向的缝）和竖直缝（垂直方向的缝）。

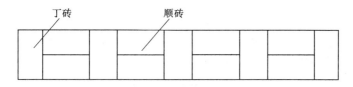

图 13.2 顺砖与丁砖

13.1.2 砖墙的组砌原则

1. 上下错缝、内外搭接

为保证砌体搭接牢靠和整体受力，要求上下皮砖至少错缝 1/4 砖长（即 60mm），一般上下顺、丁砖层错开 1/4 砖长，上下顺砖层错开 1/2 砖长。

2. 灰缝厚度

水平灰缝应通过皮数杆及准线控制，厚度为 10mm，竖缝根据砌砖经验来把握，一般也为 10mm，水平和竖直灰缝可在 8～12mm 范围内调整。

墙体高度的控制：按施工现场 16 线砖高为 1m 计，则一皮砖加一灰缝的高度为：1000mm/16＝62.5mm，每线砖的灰缝厚度为：62.5mm－53mm＝9.5mm。

3. 墙体之间应可靠连接

相互连接的墙体应同时砌筑，如果不能同时砌筑，应在先砌的墙上留槎，后砌的墙要镶入槎内。留槎形式有斜槎和直槎（图 13.3）。

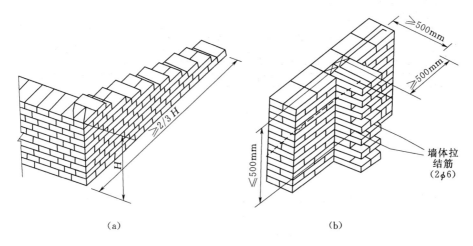

（a）　　　　　　　　　　　（b）

图 13.3 留槎形式
（a）斜槎；（b）直槎

13.1.3 排砖计算（普通砖）

（1）墙面排砖：墙长为 L，单位 mm，一个立缝宽按 10mm，见图 13.4。

丁行砖数 $n=(L+10)/25$，当 $L=1355mm$ 时，则

$$n=(1355+10)/125\approx11(匹)$$

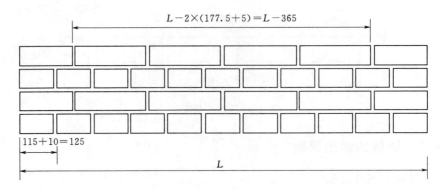

图 13.4　墙面排砖计算

条行整砖数 $N = (L-365)/250$，当 $L=1355$mm、两端错缝各用一个七分头，则

$$N = (1355-365)/250 = 4(匹)$$

（2）门窗洞口上下排砖：（洞宽 B）。

丁行砖数　　　　　　　　　　　$n = (B-10)/125$

条行整砖数　　　　　　　　　　$N = (B-135)/250$

（3）计算立缝宽度：应为 8～12mm，见图 13.5。

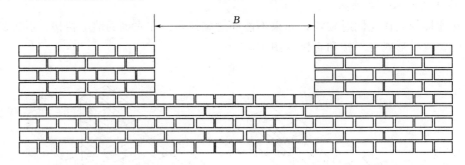

图 13.5　门窗洞口排砖计算

13.1.4　组砌方法

一般采用一顺一丁、梅花丁、三顺一丁、全顺、全丁排砖法。砖砌体的转角处和内外墙体交接处应同寸砌筑，当不能同时砌筑时，应按规定留槎，上下错缝，并做好接槎处

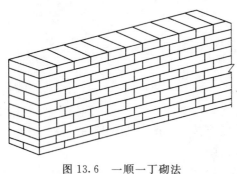

图 13.6　一顺一丁砌法

理。应采用"三一"砌筑法（即一铲灰、一块砖、一挤）。严禁采用水冲灌缝的方法。

（1）一顺一丁砌法，这种砌法效率较高，当砖的价格比较一致时使用，如图 13.6 所示。

（2）梅花丁砌法，这种砌法用于砖的规格不一致时，砌法美观，灰缝整齐，但砌筑效率较低，如图 13.7 所示。

（3）三顺一丁砌法，适用于砌一砖半以上的墙，砌筑效率较高，如图 13.8 所示。

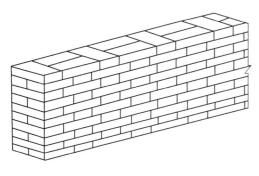

图 13.7 梅花丁砌法

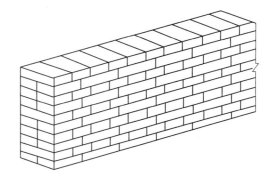

图 13.8 三顺一丁砌法

（4）两平一侧砌法，适用于砌筑 3/4 砖墙，如图 13.9 所示。

（5）全顺砌法，使用于砌筑 1/2 砖墙，如图 13.10 所示。

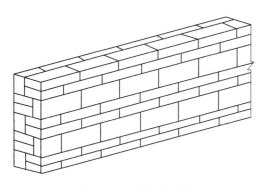

图 13.9 两平一侧砌法

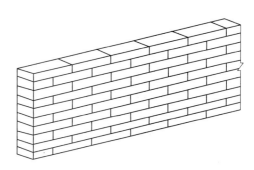

图 13.10 全顺砌法

13.1.5 柱、垛排砖原则

（1）砖柱的砌法：砖柱无论哪种砌法，均应使柱面上、下皮砖错缝搭接，柱心无通缝，见图 13.11 和图 13.12。

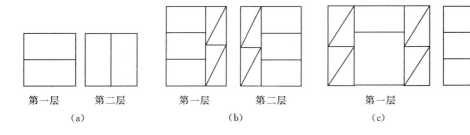

第一层	第二层	第一层	第二层	第一层	第二层	第一层	第二层
(a)		(b)		(c)		(d)	

图 13.11 砖柱的砌法

(a) 240mm×240mm；(b) 370mm×370mm；(c) 370mm×490mm；(d) 490mm×490mm

（2）附墙垛的砌法：附墙垛的砌法要根据墙厚及垛的大小来确定，无论哪种砌法都要求垛与墙体错缝搭接，搭接长度至少为半砖长，见图 13.13 和图 13.14。

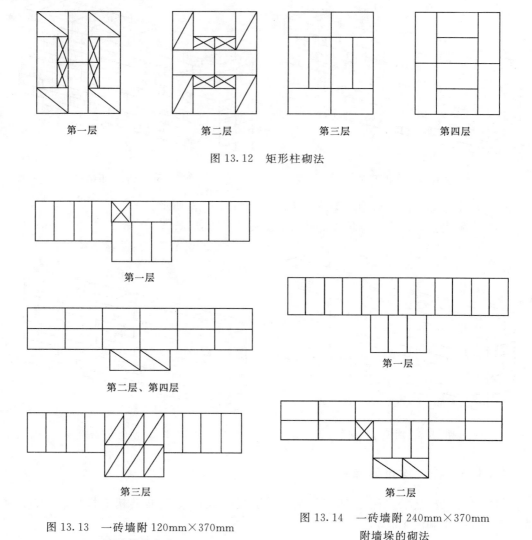

第一层　　　　第二层　　　　第三层　　　　第四层

图 13.12　矩形柱砌法

第一层

第二层、第四层

第一层

第三层

第二层

图 13.13　一砖墙附 120mm×370mm
附墙垛的砌法

图 13.14　一砖墙附 240mm×370mm
附墙垛的砌法

13.1.6　砖砌体的砌筑方法

砖砌体的砌筑方法主要有"三一"砌筑法、挤浆法和满口灰法。

（1）"三一"砌筑法：即一块砖、一铲灰、一揉压并随手将挤出的砂浆刮去的砌筑方法。优点：灰缝容易饱满，黏结力好，墙壁面整洁。

（2）挤浆法：在墙顶上铺一段砂浆，然后双手拿砖或单手拿砖，用砖挤入砂浆中一定的厚度之后把砖放平。优点：可以连续挤砌几块砖，减少烦琐的动作，平推平挤可使灰缝饱满，效率高，保证砌筑质量。

（3）满口灰法：右手拿砖刀在灰桶中舀适当灰砂，刮在左手所拿砖的相应面上，然后把砖放到墙上相应位置。

学习单元 13.2　普通砖砌体砌筑

13.2.1　砖墙体砌筑方式

1. 砖的布置

在砌筑前把砖放置在离所砌的墙面人能蹲下处（大约 600mm 工作面）。砖的顶面垂直于所砌的墙，条面垂直地面（图 13.15）。

2. 砌筑的基本要点

（1）立头角。砌墙应先砌头角，立头角的好坏是能否将墙身砌得平正、垂直的基本条件，砌头角要求用边角平直、方整的砖块，所砌砖必须放平。

砌头角时，从头角的上端向下端看，由下面头角处往上引直，使头角上下垂直、平齐，并用线锤、托线板随时校正。用托线板、线锤检查头角时应做到"三线一吊、五线一靠"。

（2）砌中间墙身。砌中间墙身时以准线为准，这是为了保证墙面的垂直、平整，准线应拉在两端吊直的头角上，准线必须拉紧。

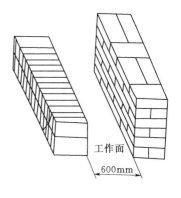

图 13.15　墙体砖布置

砌筑砖墙必须拉通线，挂线的方法：砌筑一砖厚及以下者，采用单面挂线；砌筑一砖半厚及以上者，必须双层挂线。如果长墙几个同时砌筑共用一根通线，中间应设几个支线点；小线要拉紧平直，每皮砖都要穿线看平，使水平缝均匀一致，平直通顺。两端直接拴钉子把线拉紧，然后用别线棍把线别住，防止线陷入灰缝中，别线棍厚约 1mm，放在离开大角 2～4cm 处（图 13.16）。

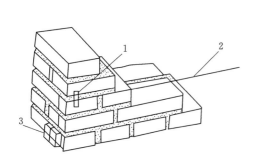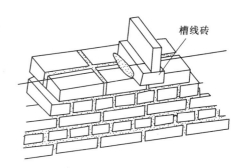

图 13.16　挂准线
1—别线棍；2—准线；3—砖块

（3）砌墙的要领。可通俗地称为"上平准线、下平砖口、左右相跟"。就是说砌砖时上口压平准线，下口砌齐砖口，同时砖的上棱边应与准线离开约 1mm，防止砖撞线后影响垂直度。左右前后的砖位置要准确，上下层砖要错缝，相隔一层的砖要对直，即不要游丁走缝，更不能上下层对缝。

13.2.2　砖基础的砌筑

（1）基础排砖摞底大放脚有等高式和间隔式。等高式大放脚是每砌两皮砖，两边各收进 1/4 砖长（60mm）；间隔式大放脚是每砌两皮砖及一皮砖，轮流两边各收进 1/4 砖长（60mm）。特别要注意，等高式和间隔式大放脚的共同特点是最下层都应为两皮砖砌筑。

（2）砖基础砌筑前，基础垫层表面应清扫干净、洒水湿润，然后盘墙角。每次盘角高度不应超过 5 层砖。

（3）基础大放脚砌到基础墙，要拉线检查轴线及边线，保证基础墙身位置正确。同时对照皮数杆的砖层及标高，如有高低差时，应在水平灰缝中逐渐调整，使墙的层数与皮数杆相一致。

（4）基础垫层标高不一致或有局部加深部位，应从低处砌起，并应由高向低搭接。当设计无要求时，搭接长度 L 不应小于基底的高差 h，即 L 大于等于 h，搭接长度范围内应扩大砌筑，如图 13.17 所示。同时应经常拉线检查，以保持砌体平直通顺，防止出现螺丝墙。

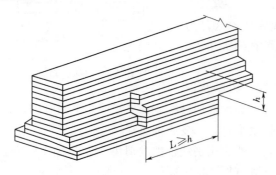

图 13.17　基础垫层标高不一致时的搭砌示意图

（5）暖气沟挑檐砖及上一层压砖，均应整砖丁砌，灰缝要严实，挑檐砖标高必须符合设计要求。

（6）各种预留洞、埋件、拉结筋按设计要求留置，避免剔凿影响砌体质量。

（7）变形缝的墙角应按直角要求砌筑，先砌的墙要把舌头灰刮尽；后砌的墙可采用缩口灰，掉入缝内的杂物随时清理。

（8）安装管沟和洞口过梁，其型号、标高必须正确，坐灰应饱满。如坐灰超过20mm 厚，应采用细石混凝土铺垫，两端搭墙长度应一致。

（9）抹防潮层：抹防潮层砂浆前，将墙顶活动砖重新砌好，清扫干净，浇水湿润，基础墙体应超出标高线（一般以外端室外控制水平线为基准），墙上顶两侧用木八字尺杆干卡牢，复核标高尺寸无误后倒入防水砂浆，当设计无要求时，宜用 1:2 水泥砂浆加适量防水剂铺设，随即用木抹子搓平压密（设计无规定时，一般厚度为 20mm，防水粉掺量为水泥质量的 3%～5%）。

13.2.3　普通砖柱与砖垛施工

（1）砌筑前应在柱的位置近旁立皮数杆。成排同断面的砖柱，可仅在两端的砖柱近旁立皮数杆。

（2）砖柱的各皮高低按皮数杆上皮数线砌筑。成排砖柱，可先砌两端的砖柱，然后逐皮拉通线，依通线砌筑中间部分的砖柱。

（3）柱面上下皮竖缝应相互错开 1/4 砖长以上。柱心无通缝。严禁采用包心砌法，即先砌四周后填心的砌法，如图 13.18 所示。

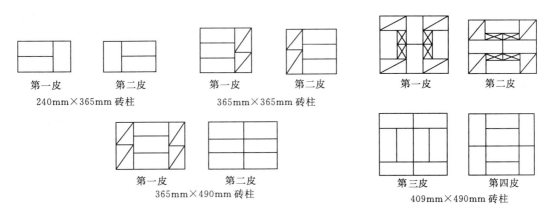

图 13.18　矩形柱砌法

（4）砖垛砌筑时，墙与垛应同时砌筑，不能先砌墙后砌垛或先砌垛后砌墙，其他砌筑要点与砖墙、砖柱相同。图 13.19 为砖墙附有不同尺寸砖垛的分皮砌法。

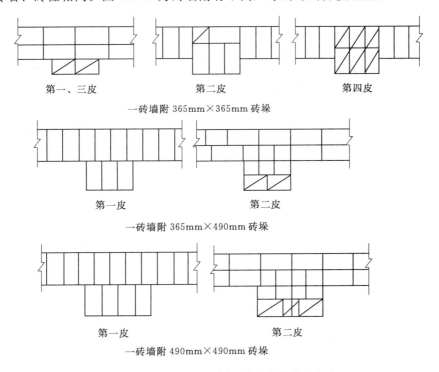

图 13.19　砖墙附有不同尺寸砖垛的分皮砌法

（5）砖垛应隔皮与砖墙搭砌，搭砌长度应不小于 1/4 砖长，砖垛外表上下皮垂直灰缝应相互错开 1/2 砖长。

13.2.4　砖拱、过梁、檐口施工

1. 砖平拱

砖平拱应用不低于 MU10 的砖与不低于 M5 的砂浆砌筑时，在拱脚两边的墙端砌成

斜面，斜面的斜度为1/5～1/4，拱脚下面应伸入墙内不小于20mm。在拱底处支设模板，模板部应有1%的起拱在模板上划出砖、灰缝位置及宽度，务必使砖的块数为单数。采用满铺法，从两边对称向中间砌，每块砖要对准模板上画线，正中一块应挤紧。竖向灰缝是上宽下窄法，成楔形，在拱底灰缝宽度应不小于5mm；在拱顶灰缝宽度应不大于15mm。

2. 砖弧拱

砌筑时，模板应按设计要求做成圆弧形，砌筑时应从两边对称向中间砌。灰缝成放射状，上宽下窄，拱底灰缝宽度不宜小于5mm，拱顶灰缝宽度不宜大于25mm，也可用加工的楔形砖来砌，此时灰缝宽度应上下一样，控制在8～10mm。

3. 钢筋砖过梁

（1）采用的砖的强度应不低于MU7.5，砌筑砂浆强度不低于M2.5，砌筑形式与墙体的一样，宜用一顺一丁或梅花丁钢筋配置按设计而定，埋钢筋的砂浆层厚度不宜小于30mm，钢筋两端弯成直角钩，伸入墙内长度不小于240mm，如图13.20所示。

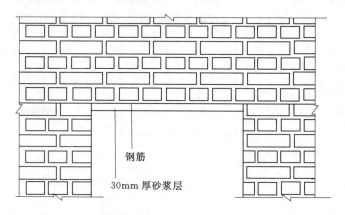

图13.20　钢筋砖过梁

（2）钢筋砖过梁砌筑时，先在洞口顶支设模板，模板中部应有1%的起拱。在模板上铺1:3水泥砂浆层，厚30mm，将钢筋逐根埋入砂浆层中，钢筋弯钩要向上，两头伸入墙内长度应一致。然后与墙体一起平砌砖层。钢筋上的第一皮砖应丁砌。钢筋弯钩应置于竖缝内。

4. 过梁底模板拆除

过梁底模板应待砂浆强度达到设计强度50%以上，方可拆除。

5. 砖挑檐

（1）可用普通砖、灰砂砖、粉煤灰砖及免烧砖等砌筑，多孔砖及空心砖不得砌挑檐。砖的规格宜采用240mm×115mm×53mm。砂浆强度等级应不低于M5。

（2）无论哪种形式，挑层的下面一皮砖应为丁砌，挑出宽度每次应不大于60mm。总的挑出宽度应小于墙。

（3）砖挑檐砌筑时，应选用边角整齐、规格一致的整砖。先砌挑檐两头，然后在挑檐外侧每一层底角处拉准线，依线逐层砌中间部分。每皮砖要先砌里侧后砌外侧，上皮砖要压住下皮挑出砖才能砌上皮挑出砖。水平灰缝宜使挑檐外侧稍厚，里侧稍薄，灰缝宽度控制为8～10mm。竖向灰缝砂浆应饱满，灰缝宽度控制在10mm左右。

6.清水砖墙面勾缝施工

（1）勾缝前清除墙面黏结的砂浆、泥浆和杂物，并洒水湿润。脚手眼内也应清理干净，洒水湿润，并用与原墙相同的砖补砌严密。

（2）墙面勾缝应采用加浆勾缝，宜用细砂拌制的1：1.5水泥砂浆。砖内墙也可采用原浆勾缝，但必须随砌随勾缝，并使灰缝光滑密实。

（3）砖墙勾缝宜采用凹缝或平缝，凹缝深度一般为4～5mm。

（4）墙面勾缝应横平竖直、深浅一致、搭接平整并压实抹光，不得出现丢缝、开裂和黏结不牢等现象。

（5）勾缝完毕，应清扫墙面。

13.2.5　砖砌体工程质量要求

砖砌体工程质量要求见表13.1。

表 13.1　　　　　　　　　　　　砖砌体工程质量要求

项目	内　　容
一般规定	（1）适用于烧结普通砖、烧结多孔砖、混凝土多孔砖、混凝土实心砖、蒸压灰砂砖、蒸压粉煤灰砖等砌体工程。 （2）用于清水墙、柱表面的砖，应边角整齐，色泽均匀。 （3）砌体砌筑时，混凝土多孔砖、混凝土实心砖、蒸压灰砂砖、蒸压粉煤灰砖等块体的产品龄期不应小于28d。 （4）有冻胀环境和条件的地区，地面以下或防潮层以下的砌体，不应采用多孔砖。 （5）不同品种的砖不得在同一楼层混砌。 （6）砌筑烧结普通砖、烧结多孔砖、蒸压灰砂砖、蒸压粉煤灰砖砌体时，砖应提前1～2d湿润，严禁采用干砖或处于吸水饱和状态的砖砌筑，块体湿润程度宜符合下列规定： 　1）烧结类块体的相对含水率为60%～70%； 　2）混凝土多孔砖及混凝土实心砖不需浇水湿润，但在气候干燥炎热的情况下，宜在砌筑前对其喷水湿润。其他非烧结类块体的相对含水率为40%～50%。 （7）采用铺浆法砌筑砌体，铺浆长度不得超过750mm；当施工期间气温超过30℃时，铺浆长度不得超过500mm。 （8）240mm厚承重墙的每层墙的最上一皮砖，砖砌体的阶台水平面上及挑出层的外皮砖应整砖丁砌。 （9）弧拱式及平拱式过梁的灰缝应砌成楔形缝，拱底灰缝宽度不宜小于5mm，拱顶灰缝宽度不应大于15mm。拱体的纵向及横向灰缝应填实砂浆，平拱式过梁拱脚下面应伸入墙内不小于20mm，砖砌平拱过梁底应有1%的起拱。 （10）砖过梁底部的模板及其支架拆除时，灰缝砂浆强度不应低于设计强度的75%。 （11）竖向灰缝不应出现瞎缝、透明缝和假缝。 （12）砖砌体施工临时间断处补砌时，必须将接槎处表面清理干净，洒水湿润，并填实砂浆保持灰缝平直。 （13）夹心复合墙的砌筑应符合下列规定： 　1）墙体砌筑时，应采取措施防止空腔内掉落砂浆和杂物； 　2）拉结件设置应符合设计要求，拉结件在叶墙上的搁置长度不应小于叶墙厚度的2/3，并不应小于60mm； 　3）保温材料品种及性能应符合设计要求。保温材料的浇注压力不应对砌体强度、变形及外观质量产生不良影响。

续表

项目	内　　容
主控项目	（1）砖和砂浆的强度等级必须符合设计要求。 抽检数量：每一生产厂家，烧结普通砖、混凝土实心砖每 15 万块，烧结多孔砖、混凝土多孔砖、蒸压灰砂砖及蒸压粉煤灰砖每 10 万块各为一验收批，不足上述数时按一批计，抽检数量为 1 组。砂浆试块的抽检数量按每一检验批且不超过 250m³ 砌体的各类、各强度等级的普通砌筑砂浆，每台搅拌机应至少抽检一次。验收批的预拌砂浆、蒸压加气混凝土砌块专用砂浆，抽检可为 3 组。 检验方法：检查砖和砂浆试块试验报告。 （2）砌体灰缝砂浆应密实饱满，砖墙水平灰缝的砂浆饱满度不得低于 80%；砖柱水平灰缝和竖向灰缝饱满度不得低于 90%。 抽检数量：每检验批抽查不应少于 5 处。 检验方法：用百格网检查砖底面与砂浆的黏结痕迹面积，每处检测 3 块砖，取其平均值。 （3）砖砌体的转角处和交接处应同时砌筑，严禁无可靠措施的内外墙分砌施工。在抗震设防烈度为 8 度及 8 度以上地区，对不能同时砌筑而又必须留置的临时间断处应砌成斜槎，普通砖砌体斜槎水平投影长度不应小于高度的 2/3，多孔砖砌体的斜槎长高比不应小于 1/20。 斜槎高度不得超过一步脚手架的高度。 抽检数量：每检验批抽查不应少于 5 处。 检验方法：观察检查。 （4）非抗震设防及抗震设防烈度为 6 度、7 度地区的临时间断处，当不能留斜槎时，除转角处外，可留直槎，但直槎必须做成凸槎，且应加设拉结钢筋，拉结钢筋应符合下列规定： 1）每 120mm 墙厚放置 1 根 φ6 拉结钢筋（120mm 厚墙应放置 2 φ6 拉结钢筋）； 2）间距沿墙高不应超过 500mm，且竖向间距偏差不应超过 100mm； 3）埋入长度从留槎处算起每边均不应小于 500mm，对抗震设防烈度 6 度、7 度的地区，不应小于 1000mm； 4）末端应有 90°弯钩。 抽检数量：每检验批抽查不应少于 5 处。 检验方法：观察和尺量检查。
一般项目	（1）砖砌体组砌方法应正确，上下错缝，清水墙、窗间墙无通缝；混水墙中不得有长度大于 300mm 的通缝，长度 200～300mm 的通缝每间不超过 3 处，且不得位于同一面墙体上。 柱不得采用包心砌法。 抽检数量检验方法：观察检查。砌体组砌方法抽检每处应为 3～5m。 （2）砖砌体的灰缝应横平竖直，厚薄均匀，水平灰缝厚度及竖向灰缝宽度宜为 70mm，但不应小于 8mm，也不应大于 12mm。 抽检数量：每检验批抽查不应少于 5 处。 检验方法：水平灰缝厚度用尺量 10 皮砖砌体高度折算，竖向灰缝宽度用尺量 2m 砌体长度折算。 （3）砖砌体：每检验批抽查不应少于 5 处。

13.2.6　施工成品保护

（1）基础墙砌完后，未经有关人员复查之前，对轴线桩、水平桩应注意保护，不得碰撞。

（2）抗震构造柱钢筋和拉结筋应保护，不得踩倒、弯折。

（3）基础墙回填土，两侧应同时进行，暖气沟墙不填土的一侧应加支撑，防止回填时挤歪挤裂，回填土应分层夯实，不允许向槽内灌水取代夯实。

（4）回填土运输时，先将墙顶保护好，不得在墙上推车，损坏墙顶和碰撞墙体。

（5）墙体拉结筋、抗震构造柱钢筋、大模板混凝土墙体钢筋及各种预埋件、暖卫、电气管线等，均应注意保护，不得任意拆改或损坏。

（6）砂浆稠度应适宜，砌墙时应防止砂浆溅脏墙面。

（7）在吊放平台脚手架或安装大模板时，指挥人员和起重机司机应认真指挥和操作，防止碰撞已砌好的砖墙。

（8）在高车架进料口周围，应用塑料薄膜或木板等遮盖，保持墙面洁净。

（9）尚未安装楼板或屋面板的墙和柱，当可能遇到大风时，应采取临时支撑等措施，以保证施工中墙体的稳定性。

13.2.7　施工质量问题

1. 砖砌体组砌混乱

（1）现象。混水墙面组砌方法混乱，出现直缝和"二层皮"。砖柱采用包心砌法，里外皮砖层互不相咬，形成周圈通天缝，降低了砌体强度和整体性；砖规格尺寸误差对清水墙面影响较大，如组砌形式不当，形成竖缝宽窄不均，影响美观。

（2）原因分析。因混水墙面要抹灰，操作人员容易忽视组砌形式，因此出现了多层砖的直缝和"二层皮"现象。

砌筑砖柱需要大量的七分砖来满足内外砖层错缝的要求，打制七分砖会增加工作量，影响砌筑效率，而且砖损耗很大。当操作人员思想不够重视，又缺乏严格检查的情况下，三七砖柱习惯于用包心砌法。

（3）防治措施。应使操作者了解砖墙组砌形式不单纯是为了墙面美观，同时也是为了满足传递荷载的需要。因此，清、混水墙墙体中砖缝搭接不得少于 1/4 砖长；内外皮砖层最多隔 5 层砖就应有 1 层丁砖拉结（五顺一丁）。为了节约，允许使用半砖头，但也应满足 1/4 砖长的搭接要求，半砖头应分散砌于混水墙中砖柱的组砌方法，应根据砖柱断面和实际使用情况统一考虑，但不得采用包心砌法。砖柱横、竖向灰缝的砂浆都必须饱满，每砌完 1 层砖，都要进行一次竖缝刮浆塞缝工作，以提高砌体强度。

墙体组砌形式的选用，应根据所砌部位的受力性质和砖的规格尺寸误差而定。一般清水墙面常选用一顺一丁和梅花丁组砌方法；在地震区，为增强齿缝受拉强度，可采用骑马缝组砌方法；砖砌蓄水池应采取三顺一丁组砌方法；双面清水墙，如工业厂房围护墙、围墙等，可采取三七缝组砌方法。由于一般砖长正偏差、宽度负偏差较多，采用梅花丁的组砌形式，可使所砌墙面的竖缝宽度均匀一致。在同一栋号工程中，应尽量使用同一砖厂的砖，以避免因砖的规格尺寸误差而经常变动组砌形式。

2. 砖缝砂浆不饱满，砂浆与砖黏结不牢

（1）现象。砖层水平灰缝砂浆饱满度低于 80%；竖缝内无砂浆（瞎缝），特别是空心砖墙，常出现较多的透明缝；砌筑清水墙采取大缩口缝深度大于 2cm 以上，影响砂浆饱满度。砖在砌筑前未浇水湿润，干砖上墙，致使砂浆与砖黏结不良。

（2）原因分析。M2.5 或小于 M2.5 的砂浆，如使用水泥砂浆，因水泥砂浆和易性差，砌筑时挤浆费劲，操作者用大铲或瓦刀铺刮砂浆后，使底灰产生空穴，砂浆不饱满。用干砖砌墙，使砂浆因早期脱水而降低强度而干砖表面的粉屑起隔离作用，减弱了砖与砂浆的黏结。用推尺铺灰法砌筑，有时因铺灰过长，砌筑速度跟不上，砂浆中的水分被底砖吸收，使砌上的砖与砂浆失去黏结。

砌清水墙时，为了省去刮缝工序，采取了大缩口的铺灰方法，使砌体砖缝缩口深度达2～3cm，既减少了砂浆饱满度，又增加了勾缝工作量。

（3）防治措施。改善砂浆和易性是确保灰缝砂浆饱满和提高黏结强度的关键。改进砌筑方法，不宜采取推尺铺灰法或摆砖砌筑，应推广"三一砌砖法"，即使用大铲，一块砖、一铲灰、一挤揉的砌筑法。严禁用干砖砌墙。砌筑前 1～2d 应将砖浇湿，使砌筑时砖的含水率达到 10％～15％。

冬期施工时，在正温度条件下也应将砖面适当湿润后再砌筑。负温下施工无法浇筑时，砂浆的稠度应适当增大。对于抗震设防烈度为 9 度的地震区，在严冬无法浇砖情况下，不宜进行砌筑。

3. 清水墙面游丁走缝

（1）现象。大面积的清水墙面常出现的丁砖竖缝歪斜、宽窄不匀，丁不压中（丁砖在下层条砖上不居中），清水墙窗台部位与窗间墙部位的上下竖缝发生错位、搬家等，直接影响到清水墙面的美观。

（2）原因分析。砖的长、宽尺寸误差较大，如砖的长为正偏差，宽为负偏差，砌一顺一丁时，竖缝宽度不易掌握，稍不注意就会产生游丁走缝。开始砌墙摆砖时，未考虑窗口位置对砖竖缝的影响，当砌至窗台处分窗口尺寸时，窗的边线不在竖缝位置，使窗间墙的竖缝搬家，上下错位。里脚手砌外清水墙，需经常探身穿看外墙面的竖缝垂直度，砌至一定高度后，穿看墙缝不太方便，容易产生误差，稍有疏忽就会出现游丁走缝。

（3）防治措施。砌筑清水墙，应选取边角整齐、色泽均匀的砖。砌清水墙前应进行统一摆底，并先对现场砖的尺寸进行实测，以便确定组砌方法和调整竖缝宽度。摆底时应将窗口位置引出，使砖的竖缝尽量与窗口边线相齐，如安装不开，可适当移动窗口位置（一般不大于 2cm）。当窗口宽度不符合砖的模数时，应将七分头砖留在窗口下部的中央，以保持窗间墙处上下竖缝不错位。游丁走缝主要是丁砖游动所引起，因此在砌筑时，必须强调丁压中，即丁砖的中线与下层条砖的中线重合。

在砌大面积清水墙（如山墙）时，在开始砌的几层砖中，沿墙角 1m 处，用线坠吊一次竖缝的垂直度，至少保持一步架高度有准确的垂直度。沿墙面每隔一定间距，在竖缝处弹墨线，墨线用经纬仪或线坠引测当砌至一定高度（一步架或一层墙）后，将墨线向上引伸，以作为控制游丁走缝的基准。

4. 螺栓墙

（1）现象。砌完一个层高的墙体时，同一砖层的标高差一皮砖的厚度，不能交圈。

（2）原因分析。砌筑时，没有按皮数杆控制砖的层数。每当砌至基础顶面和在预制混凝土楼板上接砌砖墙时，由于标高偏差大，皮数杆往往不能与砖层吻合，需要在砌筑中用灰缝厚度逐步调整。如果砌同一层砖时，误将负偏差标高当作正偏差，砌砖时反而压薄灰缝，在砌至层高赶上皮数杆时，与相邻位置的砖墙正好差一皮砖，形成螺栓墙。

（3）防治措施。砌墙前应先测定所砌部位基面标高误差，通过调整灰缝厚度，调整墙体标高调整同一墙面标高误差时，可采取提（或压）缝的办法，砌筑时应注意灰缝均匀，标高误差应分配在一步架的各层砖缝中，逐层调整挂线两端应相互呼应，注意同一条平线所砌砖的层数是否与皮数杆上的砖层数相等。当内墙有高差，砖层数不好对照时，应以窗台为界由上向下倒清砖层数。

当砌至一定高度时，可穿看与相邻墙体水平线的平行度，以便及时发现标高误差。在墙体一步架砌完前，应进行抄平弹半米线，用半米线向上引尺检查标高误差，墙体基面的标高误差应在一步架内调整完毕。

5. 清水墙面水平缝不直，墙面凹凸不平

（1）现象。同一条水平缝宽度不一致，个别砖层冒线砌筑；水平缝下垂；墙体中部（两步脚手架交接处）凹凸不平。

（2）原因分析。由于砖在制坯和晾干过程中，底条面因受压墩厚了一些，形成砖的两个条面大小不等，厚度差 2～3mm。砌砖时，如若大小条面随意跟线，必然使灰缝宽度不一致，个别砖大条面偏大较多，不易将灰缝砂浆压薄，因而出现冒线砌筑。所砌的墙体长度超过 20m，控线不紧，挂线产生下垂，跟线砌筑后，灰缝就会出现下垂现象。

搭脚手排木直接压墙，使接砌墙体出现"捞活"（砌脚手板以下部位）；挂立线时没有从下步脚手架墙面向上引伸，使墙体在两步架交接处，出现凹凸不平、平行灰缝不直等现象；由于第一步架墙体出现垂直偏差，接砌第二步架时进行了调整，因而在两步架交接处出现凹凸不平。

（3）防治措施。砌砖应采取小面跟线，因一般砖的小面棱角裁口整齐，表面洁净。用小面跟线不仅能使灰缝均匀，而且可提高砌筑效率。挂线长度超长（15～20mm）时，应加腰线砖探出墙面 3～4cm，将挂线搭在砖面上，由角端穿看挂线的平直度，用腰线砖的灰缝厚度调平。

墙体砌至脚手架排木搭设部位时，预留脚手眼，并继续砌至高出脚手板面一层砖，以消灭"捞活"、挂立线应由下面一步架墙面引伸，立线延至下部墙面至少 50cm。挂立线吊直后，拉紧平线，用线坠吊平线和立线，当线坠与平线、立线相重，即"三线归一"时，则可认为立线正确无误。

6. 清水墙面勾缝不符合要求

（1）现象。清水墙面勾缝深浅不一致，竖缝不实，十字缝搭接不平，墙缝内残浆未扫净，墙面被砂浆严重污染；脚手眼处堵塞不严、不平，留有永久痕迹（堵孔与原墙面色泽不一致）；勾缝砂浆开裂、脱落。

（2）原因分析。清水墙面勾缝前未经开缝，刮缝深度不够或用大缩口缝砌砖，使勾缝砂浆不平，深浅不一致竖缝挤浆不严，勾缝砂浆悬空未与缝内底灰接触，与平缝十字搭接不平，容易开裂、脱落。脚手眼堵塞不平，补缝砂浆不饱满，堵孔砖与原墙面的砖色色泽不一致，在脚手眼处留下永久痕迹勾缝前对墙面浇水湿润程度不够，使勾缝砂浆早期脱水而收缩开裂；墙缝内浮灰未清理干净，影响勾缝砂浆与灰缝内砂浆的黏结，日久后脱落。采取加浆勾缝时，因托灰板接触墙面使墙面被勾缝水泥砂浆弄脏，留下印痕。如墙面胶水过湿，扫缝时墙面也容易被砂浆污染。

（3）防治措施。勾缝前，必须对墙体砖缺棱掉角部位、瞎缝、刮缝深度不够的灰缝进行开凿。开缝深度在 1cm 左右，缝子上下切口应开凿整齐。砌墙时应保存一部分砖供堵塞脚手眼用。脚手眼堵塞前，先将洞内的残余砂浆剔除干净，并浇水湿润（冲去浮灰），然后铺以砂浆用砖挤严。横、灰缝均应填实砂浆，顶砖缝采取喂灰方法塞严砂浆，以减少脚手眼对墙体强度的影响。勾结前，应提前浇水冲刷墙面的浮灰（包括清除灰缝表层不实部分），待砖墙表皮略见干时，再开勾缝。缝用 1:1.5 水泥细砂砂浆，细砂应过筛，砂浆稠度以勾缝溜子挑起不落为宜。外清水墙勾凹缝，凹缝深度为 4～5mm，为使凹缝切口整齐，宜将勾缝溜子做成倒梯形面。操作时用溜子将勾缝砂浆压入缝内，并来回压实、切齐上下口。竖缝溜子断面构造相同的竖缝应与上下水平缝搭接平整，左右切口要齐。为防止托灰板对墙面的污染，应将板端刨成尖角，以减少与墙面的接触。勾完缝后，待勾缝砂浆略被砖面吸水起干，即可进行扫缝。扫缝应顺缝扫，先水平缝，后竖缝，扫缝时应不断地抖掉扫帚中的砂浆粉粒，以减少对墙面的污染。干燥天气，勾缝后应喷水养护。

7. 墙体留置阴槎，接槎不严

（1）现象。砌筑时随意留槎，且多留置阴槎，槎口部位用砖碴填砌，使墙体断面遭受严重削弱。阴槎部位接槎砂浆不严，灰缝不顺直。

（2）原因分析。操作人员对留槎问题缺乏认识，习惯于留直槎；由于施工操作不便，施工组织不当，造成留槎过多。后砌 12cm 厚隔墙留置的阳槎不正不直，接槎时由于咬槎深度较大，使接槎砖上部灰缝不易堵严。斜槎留置方法不统一，留置大斜槎工作量大，斜槎灰缝平直度难以控制，使接槎部位不顺线。施工洞口随意留设，运料小车将混凝土、砂浆撒落到洞口留槎部位，影响接槎质量——填砌施工洞的砖，色泽与原墙不一致，影响清水墙面的美观。

（3）防治措施。在安排施工组织计划时，对施工留槎应做统一考虑。外墙大角尽量做到同步砌筑不留接槎，或一步架留槎处，二步架改为同步砌筑，以加强墙角的整体性。纵横墙交接处，有条件时安排同步砌筑，如外脚手砌纵墙，横墙可以与此同步砌筑，工作面互不干扰，这样可尽量减少留槎部位，有利于保持房屋的整体性。斜槎宜采取 18 层斜槎砌法，为防止因操作不熟练，使接槎处水平缝不直，可以加立小皮数杆。清水墙留槎，如遇有门窗口，应将留槎部位砌至转角门窗口边，在门窗口框边立皮数杆，以控制标高。非抗震设防地区，当留斜槎确有困难时，应留引出墙面 12cm 的直槎，并按规定设拉结筋，使咬槎砖缝便于接砌，以保证接槎质量，增强墙体的整体性。应注意接槎的质量。首先应将接槎处清理干净，然后浇水湿润，接槎时，槎面要填实砂浆，并保持灰缝平直。

8. 施工质量记录

（1）砂、水泥、普通砖、多孔砖、外加剂、掺合料、干拌砂浆等原材料出厂合格证、检验报告以及复试报告。

（2）砂浆抗压强度试验报告。

（3）施工检查记录、隐蔽工程检查记录、预检工程检查记录。

（4）检验批质量验收记录、分项分部工程质量验收记录。

（5）冬期施工记录。

（6）设计变更及洽商记录。

（7）其他技术文件。

学习单元 13.3　多孔砖外墙砌筑

13.3.1　多孔砖砌体排砖方法

多孔砖有 KP1（P 型）多孔砖和模数（DM 型或 M 型）多孔砖两大类。KP1 多孔砖的长、宽尺寸与普通砖相同，仅每块砖高度增加到 90mm，所以在使用上更接近普通砖，普通砖砌体结构体系的模式和方法，在 KP1 多孔砖工程中都可沿用，这里不再介绍；模数多孔砖在推进建筑产品规范化、提高效益等方面有更多的优势，工程中可根据实际情况选用，模数多孔砖砌体工程有其特定的排砖方法。

1. 模数多孔砖砌体排砖方案

不同尺寸的砌体用不同型号的模数多孔砖砌筑。砌体长度和厚度以 50mm（1/2M）进级，即 90mm、740mm、190mm、240mm、340mm 等，见表 13.2 和表 13.3。高度以 100mm（1M）进级（均含灰缝 10mm）。个别边角不足整砖的部位用砍配砖 DMP 或锯切 DM4、DM3 填充。挑砖挑出长度不大于 50mm。

表 13.2　　　　　　　　　模数多孔砖砌体厚度进级及砌筑方案　　　　　　　单位：mm

模数	1M	1½M	2M	2½M	3M	3½M	4M
墙厚	90	140	190	240	290	340	390
1 方案	DM4	DM3	DM2	DM1	DM2＋DM4	DM1＋DM4	DM1＋DM3
2 方案	—	—	—	DM3＋DM4	—	DM2＋DM3	—

注　推荐 1 方案，190mm 厚内墙亦可用 DM1 砌筑。

表 13.3　　　　　　　　　　模数多孔砖砌体长度尺寸进级表　　　　　　　　单位：mm

模数	½M	1M	1½M	2M	2½M	3M	3½M	4M	4½M	5M
砌体	—	90	140	190	240	290	340	390	440	490
中—中或墙垛	50	100	150	200	250	300	350	400	450	500
砌口	60	110	160	210	260	310	360	410	460	510

2. 模数多孔砖排砖方法

模数多孔砖排砖重点在于 340 墙体和节点。

（1）墙体。本书排砖以 340 外墙、240 内墙、90 隔墙的工程为模式。其中，340 墙体用两种砖组合砌筑，其余各用一种砖砌筑。

（2）排砖原则。内外搭砌、上下错缝、长边向外、减少零头。上下两皮砖错缝一般为 100mm，个别不小于 50mm。内外两皮砖搭砌一般为 140mm、90mm，个别不小于 40mm 在构造柱、墙体交接转角部位，会出现少量边角空缺，需砍配砖 DMP 或锯切 DM4、DM3 填补。

（3）平面排砖。

1）从角排起，延伸推进。以构造柱及墙体交接部位为节点，两节点之间墙体为一个自然段，自然段按常规排法，节点按节点排法。

2）外墙砖顺砌。即长度边（190mm）向外，个别节点部位补缺可扭转 90°，但不得横卧使用（即孔方向必须垂直）。

3）为避免通缝，340 外墙楼层第一皮砖将 DM1 砖放在外侧。

（4）一般墙体每两皮一循环，构造柱部位有马牙槎进退，故四皮一循环。

（5）排砖调整。340 外墙遇以下情况，需做一定的排砖调整。

1）凸形外山墙段，一般需插入一组长 140mm 调整砖。

2）外墙中段对称轴处为内外墙交接部位，以 E 类节点调整。

3）凸形、凹形、中央楼梯间外墙段墙处插入不等长的调整砖。

（6）门窗洞口排砖要求。洞口两侧排砖均应取整砖或半砖，即长 190mm 或 90mm，不可出现 3/4 或 1/4 砖，即长为 140mm 或 40mm 砖。

（7）外门窗洞口排砖方法。340mm 或 240mm 外墙门窗洞口如设在房间开间的中心位置，需结合实际排砖情况，向左或向右偏移 25mm，以保证门窗洞口两侧为整砖或半砖，但调整后两侧段洞口边至轴线之差不得大于 50mm。

（8）窗下暖气槽排砖方法。340 墙体窗下暖气槽收进 150mm，厚 190mm，用 DM2 砌筑，槽口两侧对应窗洞口各收进 50mm。

（9）340 外墙减少零头方法。

1）在适当的部位，可用横排 DM1 砖以减少零头。

2）遇 40mm×40mm 的空缺可填混凝土或砂。

3）在构造柱马牙槎放槎合适位置，可用整砖压进 40mm×40mm 的一角以减少零头。

（10）排砖设计与施工步骤。

1）设计人员应熟悉和掌握模数多孔砖的排砖原理和方法，以指导施工图设计阶段，建筑专业设计人员宜绘制排砖平面图（1∶20 或 1∶30），并以此最后确定墙体及洞口的细部尺寸。

2）施工人员应熟悉和掌握模数多孔砖排砖的原则和方法，在接到施工图纸后，即应按照排砖规则进行排砖放样，以确定施工方案，统计不同砖型的数量编制采购计划。

3）在首层±0.000 墙体砌筑施工开始之前，应进行现场实地排砖。根据放线尺寸，逐块排满第一皮砖并确认妥善无误后，再正式开始砌筑。如发现有与设计不符之处，应与设计单位协商解决后方可施工。

13.3.2　组砌方法

砖墙根据其厚度不同，可采用全顺、两平一侧、全丁、一顺一丁、三顺一丁、梅花丁的砌筑形式。砖墙的转角处、交接处，根据错缝需要应该加砌配砖。

图 13.21 所示是一砖厚墙一顺一丁转角处分皮砌法，配砖为 3/4 砖（俗称七分头砖），位于墙外角。图 13.22 所示是一砖厚墙一顺一丁交接处分皮砌法，配砖为 3/4 砖，位于墙交接处外面，仅在丁砌层设置。

13.3.3　排砖撂底（干摆砖）

按选定的组砌方法，在墙基顶面放线位置试摆砖样（干摆，即不铺灰），尽量使门窗

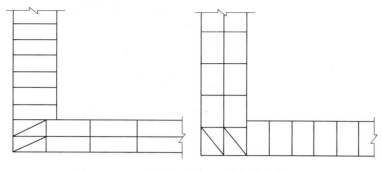

图 13.21　一砖厚墙一顺一丁转角处分皮砌法

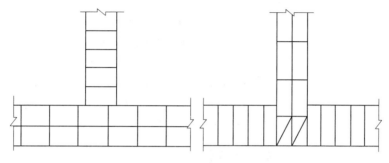

图 13.22　一砖厚墙一顺一丁交接处分皮砌法

垛符合砖的模数，偏差小时通过竖缝调整，以减少砍砖数量，并保证砖及砖缝排列整齐、均匀，以提高砌砖的效率。

13.3.4　选砖

砌清水墙应选择棱角整齐、无弯曲、裂纹、颜色均匀、规格基本一致的砖，敲击时声音响亮。焙烧过火变色、变形的砖可用在不影响外观的内墙上。

13.3.5　盘角

砌砖前应先盘角，每次盘角不应超过 5 皮，新盘的大角应及时进行吊、靠，如有偏差要及时修整。盘角时应仔细对照皮数杆的砖层和标高，控制好灰缝厚度，使水平缝均匀一致。大角盘好后再复核一次，平整度和垂直度完全符合要求后再挂线砌墙。

13.3.6　挂线

砌筑砖墙厚度超过一砖厚时，应双面挂线。超过 10m 的长墙，中间应设支线点，小线要拉紧，每皮砖都要穿线看平，使水平线均匀一致、平直通顺；砌一砖厚度混水墙宜采用外挂线，可照顾砖墙两向平整，为下道工序控制抹灰厚度奠定基础。

13.3.7　砌砖

砌砖采用一铲灰、一块砖、一挤揉的"三一"砌砖法，即满铺、满挤操作法。砌砖时要放平，多孔砖的孔洞应垂直于砌筑面砌筑。里手高，墙面就要张；里手低，墙面就要背。砌砖应跟线，"上跟线，下跟棱，左右相邻要看平"。

水平灰缝厚度和竖向灰缝宽度一般为 10mm，但不应小于 8mm，也不应大于 12mm。为保证清水墙面主缝垂直，不游丁走缝，当砌完一步架高时，宜每隔 2m 水平间距，在丁砖立楞位置弹两道垂直立线，以分面控制游丁走缝。

在操作过程中，要认真进行自检，如出现偏差，应随时纠正，严禁事后砸墙。砌筑砂浆应随砌随拌随使用。清水墙应随砌随划缝，划缝深度为 8～12mm，应深浅一致，墙面应清扫干净。混水墙应随砌随将舌头灰刮尽。

13.3.8 留槎

外墙转角处应同时砌筑。内墙交接处必须留斜槎，槎子长度不应小于墙体高度的2/3，槎子须平直、通顺。分段位置应在变形缝或门窗口角处，隔墙与墙或柱不同砌筑时，可留阳槎加预埋拉结筋。拉结钢筋的数量为每 120mm 墙厚放置 1 根 φ6 拉结钢筋（但 120mm 与 240mm 厚墙均需放置 2 根 6 拉结钢筋），间距沿墙高不应超过 500mm；埋入长度从留槎处算起每边均不小于 500mm，对抗震设防烈度 6 度、7 度的地区的砖混结构砌体，拉结钢筋长度从自槎处算起每边均不小于 1000mm；末端应有 90°弯钩。

13.3.9 隔墙顶应用立砖斜砌挤紧

内外墙砌筑时均不应砌筑至顶，要留置斜砌，待墙体沉降、砂浆收缩均匀时（一般规定 7d 以后），再补砌斜砌，要求砂浆饱满度达 80％以上。

13.3.10 施工洞口留设

洞口侧边离交接处墙不应小于 500mm，洞口净宽度不应超过 1m。施工洞口可留直槎，但直槎必须设成凸槎，并必须加设拉结钢筋，拉结钢筋的数量为每 240mm 墙厚设置 2 根 φ6 拉结钢筋，墙厚每增加 120mm 增加 1 根 φ6 拉结钢筋，每边均不应小于 1000mm；末端应有 90°弯钩。

13.3.11 预理混凝土砖、木砖

户门框、外窗框处采用预埋混凝土砖，室内门框采用木砖。混凝土砖采用 C15 混凝凝土现场制作而成，和砖尺寸大小要相同。木砖预埋时应小头在外，大头在内，数量按洞口高度确定。洞口高度在 1.2m 以内时，每边放 2 块；高 1.2～2m 时，每边放 3 块；高 2～3m 时，每边放 4 块。预埋砖的部位一般在洞口上边或下边 4 皮砖，中间均匀分布木砖，要提前做好防腐处理。钢门窗安装的预留孔、硬架支撑、暖卫管道，均应按设计要求预留，不得事后剔凿。

13.3.12 墙体拉结筋

（1）每一楼层砖墙施工前，必须把墙、柱上填充墙体预留拉结筋按要求焊接完毕，拉结筋每 500mm 高留一道，每道设 2 根 φ6 钢筋，长度不小于 1000mm，端部设 90°弯钩。

单面搭接焊的焊缝长度大于等于 10d。焊接不应有咬边、气孔等质量缺陷，并应进行焊接质量检查验收。

（2）在框架柱上采用后置式埋设拉结筋，应通过拉拔强度试验。

（3）墙体拉结筋的位置、规格、间距均应按设计要求留置，不应错放、漏放。

13.3.13　过梁、梁垫的安装

安装过梁、梁垫时，其标高、位置及型号必须准确，坐灰应饱满、如坐灰厚度超过 20mm，要用 CIO 细石混凝土铺垫。过梁安装时，两端支承点的长度应一致。

13.3.14　构造柱做法

凡设有构造柱的工程，在砌砖前应先根据设计图纸将构造柱位置进行弹线，并把构造柱插筋处理顺直。砌砖墙时与构造柱连接处砌成马牙槎、每一个马牙槎沿高度方向的尺寸不应超过 300mm。马牙槎应先退后进。拉结筋按设计要求放置，设计无要求时，一般沿墙高 500mm 设置 2 根 Φ6 水平拉结筋，每边伸入墙内不应小于 1m，如图 13.23 所示。

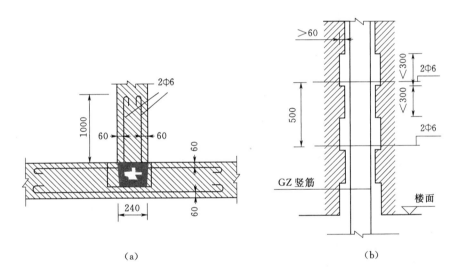

（a）　　　　　　　　　　　　　（b）

图 13.23　拉结钢筋布置及马牙槎
（a）平面图；（b）立面图

13.3.15　质量标准

1. 主控项目

（1）砖和砂浆的强度等级必须符合设计要求。

（2）砌体灰缝砂浆应密实饱满，砖墙水平灰缝的砂浆饱满度不得低于 80％；砖柱水平灰缝和竖向灰缝饱满度不得低于 90％。

（3）非抗震设防及抗震设防烈度为 6 度、7 度地区的临时间断处，当不能留斜槎时，

除转角处外，可留直槎，但直槎必须做成凸槎，且应加设拉结钢筋。

2. 一般项目

（1）砖砌体组砌方法应正确，内外搭砌，上下错缝。

（2）砖砌体的灰缝应横平竖直，厚薄均匀。

13.3.16　成品保护

（1）墙体拉结筋，抗震构造柱钢筋，大模板混凝土墙体钢筋及各种预埋件、暖卫、电气管线等，均应注意保护，不得任意拆改或损坏。

（2）砂浆稠度应适宜，砌墙时应防止砂浆溅脏墙面。

（3）在吊放平台脚手架或安装大模板时，指挥人员和起重机司机要认真指挥和操作，防止碰撞刚砌好的砖墙。

（4）在高车架进料口周围，应用塑料薄膜或木板等遮盖，保持墙面洁净。

（5）尚未安装楼板或层面板的墙和柱，遇到大风时，应采取临时支撑等措施，以保证其稳定性。

13.3.17　质量问题

（1）基础墙与墙错台：基础砖摺底要正确，收退大放角两边要相等，退到墙身之前要检查轴线和边线是否正确，如偏差较小，可在基础部位纠正，不得在防潮层以上退台或出沿。

（2）清水墙游丁走缝：排砖时必须把立缝排匀，砌完一步架高度，每隔 2m 间距在丁砖立楞处用托线板吊直弹线，三步架往上继续吊直弹粉线，由底往上所有七分头的长度应保持一致，上层分窗口位置必须同下窗口保持垂直。

（3）灰缝大小不匀：立皮杆要保证标高一致，盘角时灰缝要掌握均匀，砌砖时小线要拉紧，防止一层线松、一层线紧。

（4）窗口上部立缝变活：清水墙排砖时，为了使窗间墙、垛排成好活，把破活排在中间位置，在砌过梁上第一行砖时，不得随意变动破活位置。

（5）砖墙鼓胀：外砖内模墙体砌筑时，在窗间墙上，抗震柱两边分上、中、下，留出 6cm×12cm 通孔，抗震柱外墙面垫 5cm 厚木板，用花篮螺栓与大模板连接牢固。混凝土要分层浇灌，振捣棒不可直接触及外墙。楼层圈梁外 3 皮 12cm 砖墙也应认真加固。如在振捣时发现砖墙已鼓胀，应及时拆掉重砌。

（6）混水墙粗糙：舌头灰未刮尽，半头砖集中使用造成通缝；一砖厚墙背面偏差较大，砖墙错层造成螺栓墙。半头砖要分散使用在较大的墙体上，首层或楼层的第一皮砖要查对皮数杆的标高及层高，防止到顶砌成螺栓墙，一砖厚墙采用外手挂线。

（7）构造柱砌筑不符合要求：构造柱砖墙应砌成大马牙槎，设置好拉结筋，从柱脚开始应先退后进，当退 12cm 时上一皮进 6cm，再上一皮进 6cm，以保证上角的混凝土浇筑密实。构造柱内的落地灰、砖渣杂物应清理干净，防止夹渣。

学习单元 13.4　料石砌筑

13.4.1　料石砌筑工艺

1. 砌筑要求

(1) 料石砌体应采用铺浆法砌筑。砂浆必须饱满，叠砌面的黏灰面积（即砂浆饱满度）应大于80%。

(2) 料石砌体的转角处和交接处应同时砌筑，对不能同时砌筑而又必须留置的临时间断处，应砌成踏步槎。

2. 毛石砌筑

(1) 砌筑毛石基础的第一皮石块应坐浆，并将大面向下。毛石基础的扩大部分，如做成阶梯形，上级阶梯的石块应至少压砌下级阶梯的1/2，相邻阶梯的毛石应相互错缝搭砌。

(2) 毛料石砌体的第一皮及转角处、交接处和洞口处，应用较大的平毛石砌筑，砌体的最上一皮，宜选用较大的毛石砌筑。

(3) 毛料石砌体宜分皮卧砌，各皮石块间应利用自然形状经敲打修整，使之能与先砌石块基本吻合、搭砌紧密；应上下错缝，内外搭砌，不得采用外面侧立石块中间填心的砌筑方法；中间不得用铲口石（尖石倾斜向外的石块）、斧刃石和过桥石（仅在两端搭砌的石块）。

(4) 毛料石砌体的灰缝厚度宜为20～30mm，石块间不得有相互接触的现象，石块间较大的空隙应先填塞砂浆后用碎石块嵌实，不得采用先摆碎石块后塞砂浆或干填碎石块的方法。

(5) 毛料石砌体必须设置拉结石。拉结石应均匀分布，相互错开，毛石基础同皮内每隔2m左右设置一块；毛石墙一般每0.7m² 墙面至少应设置一块，且同皮内的中距不应大于2m。拉结石的长度，如基础宽度或墙厚等于或小于400mm，应与宽度或厚度相等；如基础宽度或墙厚大于400mm，可用两块拉结石内外搭接，搭接长度不应小于150mm，且其中一块长度不应小于基础宽度或墙厚的2/3。

(6) 在毛石和实心砖的组合墙中，2～3皮丁砖与毛料石砌体拉结砌合，毛料石砌体与砖砌体应同时砌筑，并每隔4～6皮砖两种砌体间的空隙应用砂浆填满。

(7) 毛石墙和砖墙相接的转角处和交接处应同时砌筑，转角处、交接处应自纵墙（或横墙）每隔4～6皮砖高度引出不小于120mm与横墙（或纵墙）相接。

(8) 砌筑毛石挡土墙应符合下列规定：

1) 每砌3～4皮为一个分层高度，每个分层高度应找平一次。

2) 两个分层高度分层处的错缝不得小于80mm。

(9) 料石挡土墙，当中间部分用毛石砌筑时，丁砌料石伸入毛石部分的长度不应小于200mm。

(10) 挡土墙的泄水孔无规定时，施工应符合下列规定：

1）泄水孔应均匀设置，在每米高度上间隔 2m 左右设置一个泄水孔。

2）水孔与土体间铺设长宽各为 300mm、厚 200mm 的卵石或碎石作为疏水层。

（11）挡土墙内侧回填土必须分层夯填，分层松土厚度应为 300mm。墙顶土面应有适当坡度使流水流向挡土墙外侧面。

3. 基础砌筑

（1）基础砌筑形式有丁顺叠砌和丁顺组砌。丁顺叠砌是一皮顺石与一皮丁石相隔砌筑，上下皮竖缝相互错开 1/2 石宽；丁顺组砌是同皮内 1～3 块顺石与一块丁石相隔砌筑，丁石中距不大于 2m，上皮丁石坐中于下皮顺石，上下皮竖缝相互错至少 1/2 石宽，如图 13.24 所示。

（2）阶梯形料石基础，上阶料石应至少压砌下阶料石的 1/3。

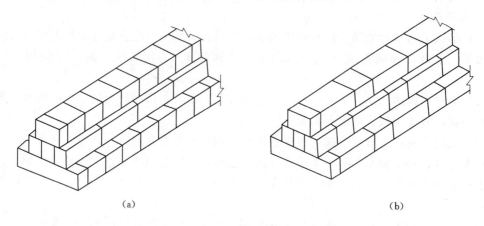

（a）　　　　　　　　　　　　　　　　　　　　　（b）

图 13.24　料石墙基础砌筑形式

（a）丁顺叠砌；（b）丁顺组砌

4. 墙体砌筑

（1）料石墙砌筑形式有二顺一丁、丁顺组砌和全顺叠砌。二顺一丁是两皮顺石与一皮丁石相间，宜用于墙厚等于两块料石宽度时；丁顺组砌是同皮内每 1～3 块顺石与一块丁石相隔砌筑，丁石中距不大于 2m，上皮丁石坐中于下皮顺石，上下皮竖缝相互错开至少 1/2 石宽，宜用于墙厚等于或大于两块料石宽度时；全顺叠砌是每皮均匀为顺砌石，上下皮错缝相互错开 1/2 石长，宜用于墙厚度等于石宽时。料石墙砌筑如图 13.25 所示。

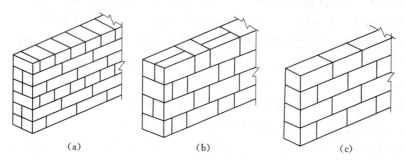

（a）　　　　　　　　　（b）　　　　　　　　　（c）

图 13.25　料石墙砌筑形式

（a）二顺一丁；（b）丁顺组砌；（c）全顺叠砌

（2）砌料石墙面应双面挂线（除全顺砌筑形式外），第一皮可按所放墙边砌筑，以上各皮均按准线砌筑，可先砌转角处和交接处，后砌中间部分。

（3）幼料石可与毛石或砖砌成组合墙。料石与毛石的组合墙，料石在外，毛石在里；料石与砖的组合墙，料石在里，砖在外，也可料石在外，砖在里。

（4）砌筑时，砂浆铺设厚度应略高于规定灰缝厚度，其高出厚度：细料石宜为 3～5mm；粗料石、毛料石宜为 6～8mm。

（5）在料石和毛石或砖的组合墙中，料石和毛石或砖应同时砌起，并每隔 2～3 皮料石用丁砌石与毛石或砖拉结砌合，丁砌料石的长度宜与组合墙厚度相同。

（6）料石墙的转角处及交接处应同时砌筑，如不能同时砌筑，应留置斜槎。

（7）料石清水墙中不得留脚手眼。

5. 料石柱砌筑

（1）石柱有整石柱和组砌柱两种。整石柱每一皮料石是整块的，只有水平灰缝无竖向灰缝；组砌柱每皮由几块料石组砌，上下皮竖缝相互错开，如图 13.26 所示。

（2）料石柱砌筑前，应在柱座面上弹出柱身边线，在柱座侧面弹出柱身中心。

（3）砌整石柱时，应将石块的叠砌面清理干净，先在柱座面上抹一层水泥砂浆，厚约 10mm，再将石块对准中心线砌上，以后各皮石块砌筑应先铺好砂浆，对准中心线，将石块砌上。石块如有竖向偏移，可用铜片或铝片在灰缝边缘内垫平。

（4）砌组砌柱时，应按规定的组砌形式逐皮砌筑，上下皮竖缝相互错开，无通天缝，不得使用垫片。

（5）砌筑料石柱，应随时用线坠检查整个柱身的垂直度，如有偏斜应拆除重砌，不得用敲击方法去纠正。

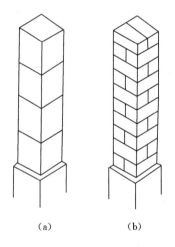

图 13.26　料石柱
(a) 整石柱；(b) 组砌柱

6. 石墙面勾缝

（1）清理墙面、抠缝。勾缝前用竹扫帚将墙面清扫干净，洒水润湿。如果砌墙时没有抠好缝，就要在勾缝前抠缝，并确定抠缝深度，一般是勾平缝的墙缝要抠深 5～10mrn；勾凹缝的墙缝要抠深 20mm；勾三角凸缝和半圆凸缝的要抠深 5～10mm；勾平凸缝的，一般只要稍比墙面凹进一点就可以。

（2）确定勾缝形式。勾缝形式一般由设计决定，凸缝可增加砌体的美观，但比较费力；凹缝常使用于公共建筑的装饰墙面；平缝使用最多，但外观不漂亮，挡土墙、护坡等最适宜。各种勾缝形式如图 13.27 所示。

（3）砂浆拌制。

1）均勾缝一般使用 1∶1 水泥砂浆，稠度 4～5cm 砂子可采用粒径为 0.3～1 的细砂，一般可用 3mm 孔径的筛子过筛。因砂浆用量不多，一般采取人工拌制。

2）砂浆初凝后，如移动已砌筑的石块，应将原砂浆清理干净，重新铺浆砌筑。

（4）勾缝。勾缝应自上而下进行，先勾水平缝后勾竖缝。如果原组砌的石墙缝纹路不

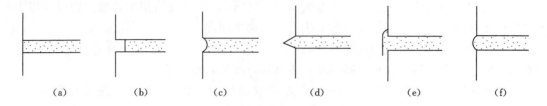

图 13.27　石墙的勾缝形式

（a）平缝；（b）平凹缝；（c）半圆形凹缝；（d）三角形凸缝；（e）平凸缝；（f）半圆形凸缝

好看，也可增补一些砌筑灰缝，但要补得好看可另在石面上做出一条假缝，不过这只适用于勾凸缝的情况。

1）勾平缝：用勾缝工具把砂浆嵌入灰缝中，要嵌塞密实，缝面与石面相平，并把缝面压光。

2）勾凸缝：先用小抿子把勾缝砂浆填入灰缝中，将灰缝补平，待初凝后抹上第二层砂浆。第二层砂浆可顺着灰缝抹 0.5～1cm 厚，并盖住石棱 5～8mm，待收水后，将多余部分切掉，但缝宽仍应盖住石棱 3～4mm，并要将表面压光压平，切口溜光。

3）勾凹缝：灰缝应抠进 20mm 深，用特制的溜子把砂浆嵌入灰缝内，要求比石面深10mm 左右，将灰缝面压平溜光。

13.4.2　料石基础砌筑工程施工工艺

1. 材料要求

（1）石材：料石应质地坚实，强度不低于 MU20，岩种应符合设计要求，无风化、裂缝；料石中部厚度不小于 200mm；料石厚度一般不小于 200mm，料石应六面方整，四角齐全、边棱整齐。料石的加工细度应符合设计要求，污垢、水锈使用前应用水冲洗干净。

（2）水泥：宜采用强度等级 32.5 级普通硅酸盐水泥或矿渣硅酸盐水泥，产品应有出厂合格证及复试报告。

（3）砂：宜用中砂，并通过 5mm 筛孔。配制 M5（含 M5）以上砂浆，砂的含泥量不应超过 5%；M5 以下砂浆，砂的含泥量不应超过 10%，不得含有草根等杂物。

（4）掺合料：有石灰膏、磨细生石灰粉、电石膏和粉煤灰等，石灰膏的熟化时间不应少于 7d，严禁使用冻结或脱水硬化的石灰膏。

（5）水：应用自来水或不含有害物质的洁净水。

2. 主要机具设备

（1）机具：砂浆搅拌机、筛砂机和淋灰机等。

（2）工具：大铲、瓦刀、手锤、大锤、手凿、灰槽、勾缝条和手推胶轮车等。

（3）检测工具：水准仪、经纬仪、钢卷尺、皮数杆、线坠、水平尺、磅秤、砂浆试模等。

3. 作业条件

（1）地基已验收完毕。

（2）根据图纸要求，做好测量放线工作，设置水准基点桩和立好皮数杆。有坡度要求的砌体，立好坡度门架。

（3）基础清扫后，按施工图在地基上弹好轴线、边线、洞口和其他尺寸位置线，并复核标高。

（4）料石应按需要数量堆放于砌筑部位附近；料石应按规格和数量在砌筑前组织人员集中加工，按不同规格分类堆放、堆码，以备使用。

（5）选择好施工机械，包括垂直运输、水平运输、墙体砌筑和料石安装等小型机械，尽量减轻人工搬运的笨重体力劳动，以提高工效。

（6）砌筑砂浆应根据设计要求和现场实际材料情况，由试验室通过试验确定配合比。

（7）确保基槽边坡稳定，无坍塌危险。

（8）项目部建立健全了各项管理制度，管理人员持证上岗；对作业班组进行了质量、安全、技术交底；班组作业人员中、高级工不少于70%，并应具有同类工程的施工经验。

4. 工艺流程

工艺流程为：基础抄平、放线→材料见证取样、配置砂浆→基底找平、石块砌筑。

5. 施工要点

（1）砌料石基础应双面拉准线。第一皮按所放的基础边线砌筑，以上各皮按皮数杆准线砌筑。

（2）料石砌筑时可先砌转角处和交接处，后砌中间部分。

（3）砂浆配合比应由试验室确定，采用质量比，砂浆宜用机械搅拌，砌筑的砂浆必须机械搅拌均匀，随拌随用。水泥砂浆和混合砂浆分别应在3h和4h内使用完毕。细石混凝土应在2h内用完。

（4）水泥砂浆和水泥混合砂浆的搅拌时间不得少于2min，掺外加剂的砂浆不得少于3min，掺有机塑化剂的砂浆应为3～5min。同时还应具有较好的和易性和保水性，一般稠度以5～7cm为宜。外加剂和有机塑化剂的配料精度应控制在±2%以内，其他配料精度应控制在±5%以内。

（5）在每一楼层或250m³的砌体中，对每种强度等级的砂浆或混凝土，应至少制作一组试块（每组六块）。如砂浆和混凝土的强度等级或配合比变更时，也应制作试块以便检查。

（6）料石基础的第一皮应丁砌，在基底坐浆。阶梯形基础，上阶料石基础应至少压砌下阶料石的1/3宽度。

（7）灰缝厚度不宜大于20mm，砌筑时，砂浆铺设厚度应略高于规定灰缝厚度，一般高出厚度为6～8mm，砂浆应饱满。

（8）阶梯形毛石基础，上阶的石块应至少压砌下阶石块的1/2，相邻阶梯毛石应相互错缝搭接。

（9）有高低台的料石基础，应从低处砌起，并由高台向低台搭接，搭接长度不小于基础高度。

（10）料石基础转角处和交接处应同时砌起，如不能同时砌起又必须留槎时，应留成斜槎，斜槎长度应不小于斜槎高度。斜槎面上毛石不应找平，继续砌筑时应将斜槎面清理干净。

（11）料石基础每天可砌筑高度为 1.2m。

6. 质量标准

（1）主控项目。

1）料石及砂浆强度等级必须符合设计要求。

2）料石基础砌体砂浆饱满度不应小于 80%。

3）料石基础砌体的轴线位置及垂直度允许偏差应符合表 13.4 的规定。

表 13.4　　　　　　　　料石基础砌体的轴线位置及垂直度允许偏差

项　次	项　目	允许偏差/mm	检查方法
1	轴线位置偏移	15	用经纬仪和尺检查

（2）一般项目。

1）料石基础砌体的组砌形式应内外搭砌、上下错缝，拉结石、丁砌石交错设置；毛石墙拉结石每 0.7m² 墙面不应少于 1 块。

2）料石基础砌体的一般尺寸允许偏差应符合表 13.5 的规定。

表 13.5　　　　　　　　料石基础砌体的一般尺寸允许偏差

项　次	项　目	允许偏差/mm	检验方法
1	基础顶面标高	±15	用水准仪和尺检查
2	砌体厚度	±15	用尺检查

13.4.3　料石砌体工程施工工艺

1. 适用范围

本施工工艺适用于料石墙砌体施工。

2. 材料要求

（1）石材：料石应符合设计要求。石料应质地坚实，强度不低于 MU20，岩种应符合设计要求，无风化、裂缝；料石厚度一般不小于 200mm，料石的加工细度应符合设计要求，污垢、水锈使用前应用水冲洗干净。

（2）水泥：宜采用强度等级 32.5 级普通硅酸盐水泥或矿渣硅酸盐水泥，产品应有出厂合格证及复试报告。

（3）砂：宜用中砂，并通过 5mm 筛孔。配制 M5（含 M5）以上砂浆，砂的含泥量不应超过 5%；M5 以下砂浆，砂的含泥量不应超过 10%，不得含有草根等杂物。

（4）掺合料：有石灰膏、磨细生石灰粉、电石膏和粉煤灰等，石灰膏的熟化时间不应少于 7d，严禁使用冻结或脱水硬化的石灰膏。

（5）水：应用自来水或不含有害物质的洁净水。

3. 主要机具设备

（1）机具：砂浆搅拌机、筛砂机和淋灰机等。

（2）工具：大铲、瓦刀、手锤、大锤、手凿、灰槽、勾缝条和手推胶轮车等。

（3）检测工具：水准仪、经纬仪、钢卷尺、皮数杆、线坠、水平尺、磅秤、砂浆试模等。

4. 作业条件

（1）基础已通过验收，土方回填完毕。

（2）根据图纸要求，做好测量放线工作，设置水准基点桩和立好皮数杆。有坡度要求的砌体，立好坡度门架。

（3）基础清扫后，按施工图在基础上弹好轴线、边线、门窗洞口和其他尺寸位置线，并复核标高。

（4）料石应按需要数量堆放于砌筑部位附近；料石应按规格和数量在砌筑前组织人员集中加工，按不同规格分类堆放、堆码，以备使用。

（5）选择好施工机械，包括垂直运输和水平运输机械，尽量减轻人工搬运的笨重体力劳动，以提高工效。

（6）砌筑砂浆应根据设计要求和现场实际材料情况，由试验室通过试验确定配合比。

（7）常温施工时，砌石前一天应将料石浇水湿润。

（8）操作用脚手架、斜道以及水平、垂直防护设施已准备齐全。

（9）项目部建立健全了各项管理制度，管理人员持证上岗；对作业班组进行了质量、安全、技术交底；班组作业人员中、高级工不少于70%，并应具有同类工程的施工经验。

5. 施工操作工艺

施工操作工艺为：基础验收→墙体放线→拌制砂浆→立皮数杆→试排摆底→墙体盘角→砌筑→勾缝。

6. 施工要点

（1）料石墙砌筑有以下形式：

1）全顺砌筑，每皮均为顺砌石，上下皮竖缝相互错开 1/2 石长。适合于墙厚等于石宽时。

2）丁顺叠砌，一皮顺砌石与一皮丁砌石相隔砌成，上下皮顺石与丁石间竖缝相互错开 1/2 石宽。适合于墙厚等于石长时。

3）丁顺组砌，同皮内每 1～3 块顺石与一块丁石相间砌成，上皮丁石座中于下皮顺石，上下皮竖缝相互错开至少 1/2 石宽，丁石中距不超过 2m。适用于墙厚等于或大于两块料石宽度时。

（2）砌料石墙应双面拉准线。第一皮按所放的墙边线砌筑，以上各皮按准线砌筑。

（3）料石砌筑时可先砌转角处和交接处，后砌中间部分。

（4）料石墙的第一皮及每个楼层的最上一皮应丁砌。

（5）灰缝厚度：细料石墙不宜大于 5mm；半细料石墙不宜大于 10mm；粗料石和毛料石墙不宜大于 20mm。

（6）砌筑时，砂浆铺设厚度应略高于规定灰缝厚度，其高出厚度：细料石、半细料石宜为 3～5mm；粗料石、毛料石一般高出厚度 6～8mm，砂浆应饱满。

（7）砂浆配合比应由试验室确定，采用质量比，砌筑的砂浆必须机械搅拌均匀，随拌随用。水泥砂浆和混合砂浆分别应在 3h 和 4h 内使用完毕。细石混凝土应在 2h 内用完。

（8）水泥砂浆和水泥混合砂浆的搅拌时间不得少于 2min，掺外加剂的砂浆不得少于 3min，掺有机塑化剂的砂浆应为 3～5min。同时还应具有较好的和易性和保水性，一般稠度以 5～7cm 为宜。外加剂和有机塑化剂的配料精度应控制在 ±2％ 以内，其他配料精度应控制在 ±5％ 以内。

（9）在每一楼层或 250m³ 的砌体中，对每种强度等级的砂浆或混凝土，应至少制作一组试块（每组六块）。如砂浆和混凝土的强度等级或配合比变更时，也应制作试块以便检查。

（10）在料石和砖的组合墙中，料石和砖应同时砌起，并每隔 2～3 皮料石用丁砌石与毛石或砖拉结砌合，丁砌料石的长度宜与组合墙厚度相同。

（11）料石基础转角处和交接处应同时砌起，如不能同时砌起又必须留槎时，应留成斜槎，斜槎长度应不小于斜槎高度。斜槎面上毛石不应找平，继续砌筑时应将斜槎面清理干净。

（12）料石墙每天可砌筑高度为 1.2m。

（13）料石清水墙中不得留脚手眼。

（14）砌筑时，石块上下皮应互相错缝，内外交错搭砌，避免出现重缝、干缝、空缝和孔洞，同时应注意合理摆放石块，以免砌体承重后发生错位、劈裂、外鼓等现象。

（15）如砌筑时料石的形状和大小不一，难以每皮砌平，亦可采取不分皮砌法，每隔一定高度大体砌平。

（16）为增强墙身的横向力，料石墙每 0.7m² 的墙面至少应设置一块拉结石，并应均匀分布，相互错开，在同皮内的中距不应大于 2m。拉结石长度，如墙厚等于或小于 40cm，应等于墙厚；墙厚大于 40cm，可用两块拉结石内外搭接，搭接长度不应小于 15cm，且其中一块长度不应小于墙厚的 2/3。

（17）在转角及两墙交接处应用较大和较规整的垛石相互搭砌，并同时砌筑，必要时设置钢筋拉结条。如不能同时砌筑，应留阶梯形斜槎，其高度不应超过 1.2m，不得留锯齿形直槎。

（18）正常气温下，停歇 4h 后可继续垒砌料石墙。每砌 3～4 层应大致找平一次，中途停工时，石块缝隙内应填满砂浆，但该层上表面须待继续砌筑时再铺砂浆。砌至楼层高度时，应使用平整的大石块压顶并用水泥砂浆全面找平。

（19）料石墙的砌筑形式有全顺、丁顺叠砌、丁顺组砌等方式，第一皮及每个楼层的最上一皮丁砌。组砌前应按石料及灰缝平均厚度计算层数，立皮数杆。砌筑时，上下皮应错缝搭接；砌体转角交接处，石块应相互搭接。料石宜用"铺浆法"砌筑，铺浆厚度 20mm，石块搭砌有困难时，则应每隔 1.0～1.5m 高度设置钢筋网或钢筋拉结条。

（20）料石墙勾缝应保持砌合的自然缝，一般采用平缝或凸缝。勾缝前应先剔缝，将灰浆刮深 20～30mm，墙面用水湿润，再用 1:（1.5～2.0）水泥砂浆勾缝。缝条应均匀一致，深度相同，十字、丁字形搭接处应平整通顺。

7. 质量标准

（1）主控项目。

1）料石及砂浆强度等级必须符合设计要求。

2）料石墙砌体砂浆饱满度不应小于 80%。

3）料石墙砌体的轴线位置及垂直度允许偏差应符合表 13.6 的规定。

表 13.6　　　　　　　　　料石墙砌体的轴线位置及垂直度允许偏差

项次	项　目		允许偏差/mm	检 查 方 法
1	轴线位置偏移		15	用经纬仪和尺检查
2	垂直度	每层	20	用经纬仪、吊线和尺检查
		全高	30	用经纬仪、吊线和尺检查

（2）一般项目。

1）料石墙砌体的组砌形式应内外搭砌、上下错缝，拉结石、丁砌石交错设置，毛石墙拉结石每 0.7m² 墙面不应少于 1 块。

2）料石墙砌体的一般尺寸允许偏差应符合表 13.7 的规定。

表 3.7　　　　　　　　　料石墙砌体的一般尺寸允许偏差

项次	项　目		允许偏差/mm	检 查 方 法
1	墙体顶和楼面标高		±15	用水平仪和尺检查
2	表面平整度	清水墙	20	用 2m 靠尺和楔形塞尺检查
		混水墙	20	
3	砌体厚度		+20、−10	用尺检查
4	清水墙水平灰缝平直度		20	拉 10m 线检查

学习单元 13.5　砌筑基本功

13.5.1　取砖

当选中某块砖时，取砖方法由手指拿大面改为手指拿条面，见图 13.28。

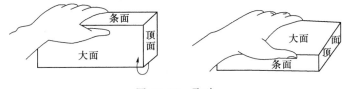

图 13.28　取砖

13.5.2　选取砖面

（1）旋砖：将砖平托在左手掌上，使掌心向上，砖的大面贴手心，这时用该手的食指或中指稍勾砖的边棱，依靠四指向大拇指方向的运动，配合抖腕动作，使砖旋转180°，见图13.29。

（2）翻转砖：将砖拿起，掌心向上，用拇指推其砖的条面，然后四指用力向上，使得砖面反转，见图13.30。

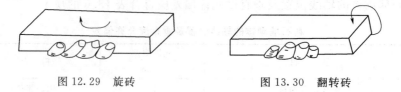

图 12.29　旋砖　　　　　　　　图 13.30　翻转砖

13.5.3　取灰

将砖刀插入灰桶内侧（靠近操作者的一边）→转腕将砖刀口边接触灰桶内壁→顺着内壁将砖刀刮起取出所需砂浆（一刀灰的量要满足一皮砖的量），见图13.31。

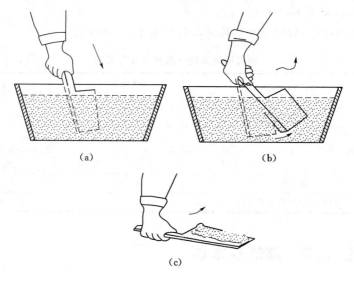

图 13.31　取灰
（a）砖刀插入灰桶；（b）转腕；（c）砖刀刮起灰浆

13.5.4　铺灰

（1）灰条规格。长度：约比一块砖稍长1～2cm。宽度：为8～9cm。厚度：约为15～20mm。位置：灰口要缩进外墙2cm。

（2）铺灰动作。

1）溜灰：铲取砂浆并提升到砌筑位置（掌心向上）→抽铲落灰→砂浆成扁平状。

2）泼灰：铲取砂浆并提升到砌筑位置（掌心向上）→砖刀柄在前→平行向前推进泼出砂浆→砂浆成扁平状。

3）扣灰：①铲取砂浆并提升到砌筑位置→砖刀面转成斜状（掌心向下）→利用手臂

推力将灰甩出→扣在砖面上的灰条外部略厚；②铲取砂浆并提升到砌筑位置→砖刀面转成斜状（掌心向下）→利用手臂拉力和向后转动手腕将灰甩出→扣在砖面上的灰条外部略厚。

13.5.5 摆砖（揉挤）

灰铺好后，左手拿砖离已砌好的砖约 3～4cm 处，砖微斜稍碰灰面，然后向前平挤，把灰浆挤起作为竖缝处的砂浆，然后把砖揉一揉，顺手用砖刀把挤出墙面的灰刮起来，甩到竖缝里，揉砖时，眼要上看线、下看墙面，见图 13.32。

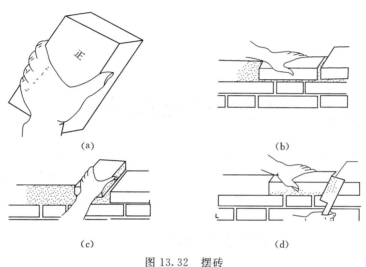

图 13.32　摆砖
（a）拿砖动作；（b）砌走砖；（c）砌丁砖；（d）刮灰

13.5.6 砍砖

砍砖时应一手持砖使条面向上，用手掌托住，在相应长度位置用砖刀轻轻划一下，然后用力砍一二刀即可完成，见图 13.33。

图 13.33　砍砖

第 4 篇

钢筋工

学习项目 14 钢筋工基础知识

钢筋是一种弹性材料，抗拉、抗压能力很强，它是钢筋混凝土工程中的主要材料，钢筋工程是建筑施工中保证工程质量的基础环节。在生产施工中，从事钢筋加工的作业人员，要按照标准加工钢筋，确保工程质量，必须熟知钢筋加工的基本知识。

学习单元 14.1 钢筋的基本知识

14.1.1 钢筋的分类

钢筋由于品种、规格、型号的不同及其在构件中所起的作用不同，在施工中常常有不同的叫法。混凝土结构用的普通钢筋分为热轧钢筋和冷加工钢筋两大类。最常用的热轧钢筋有热轧光圆钢筋（HPB）、热轧带肋钢筋（HRB）和余热处理钢筋（RRB）三种。

1. 按钢筋在构件中的作用分类

（1）受力筋：是指构件中根据计算确定的主要钢筋，包括有：受拉筋、弯起筋、受压筋等。

（2）构造钢筋：是指构件中根据构造要求设置的钢筋，包括有：分布筋、箍筋、架立筋、横筋、腰筋等。

2. 按钢筋的外形分类

（1）光圆钢筋：钢筋表面光滑无纹路，牌号为 HPB300（其中 H、P、B 分别为热轧、平面、钢筋三个词的英文首位字母），用符号Φ表示（例如"Φ8"表示直径为 8mm 的 HPB300 级钢筋），其强度较低，与混凝土的黏结强度也较低，主要用于分布筋、箍筋、墙板钢筋等。直径 6～10mm 时一般做成盘圆，直径 12mm 以上为直条，如图 14.1 所示。

（2）带肋钢筋：又叫螺纹钢筋。钢筋表面刻有不同的纹路，增强了钢筋与混凝土之间的锚固能力。牌号有 HRB335、HRB400、HRB500（其中 H、R、B 分别为热轧、带肋、钢筋三个词的英文首位字母）3 种，分别用符号Φ、Φ、Φ表示（例如"Φ16"表示直径为 16mm 的 HRB335 级钢筋）。其强度较高，与混凝土的黏结更好，形成较大的握裹力，主要用于钢筋混凝土构件中的受力钢筋。在钢筋混凝土结构中宜采用Ⅲ级和Ⅱ级钢筋，也可采用Ⅰ级和Ⅳ级钢筋。带肋钢筋的出厂长度有 9m、12m 两种规格，如图 14.2 所示。

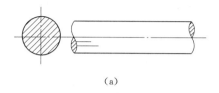

（a）

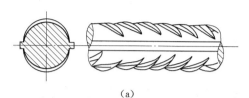

（a）

（b）

（b）

图 14.1　光圆钢筋

（a）光圆钢筋断面图；（b）热轧光圆钢筋

图 14.2　带肋钢筋

（a）热轧带肋钢筋断面图；（b）热轧带肋钢筋

（3）钢丝：分冷拔低碳钢丝和碳素高强钢丝两种，冷拔低碳钢丝是利用 HPB300 级钢筋中直径为 6～8mm 的盘卷冷拔而成。碳素高强钢丝又称高强钢丝，钢丝表面经过刻痕，又称刻痕钢丝，钢丝直径均在 5mm 以下。

（4）钢绞线：一般由 3 股或 7 股 2.5～5mm 直径高强钢丝编绞而成，常用于预应力钢筋混凝土构件中。

3. 按钢筋的强度分类

在钢筋混凝土结构中常用的是热轧钢筋，热轧钢筋按强度可分为四级，HPB300（Ⅰ级钢），其屈服强度标准值为 300MPa；HRB335（Ⅱ级钢），其屈服强度标准值为 335MPa；HRB400（Ⅲ级钢），其屈服强度标准值为 400MPa；RRB400（Ⅳ级钢），其屈服强度标准值为 400MPa。现浇楼板的钢筋和梁柱的箍筋多采用 HPB300 级钢筋；梁柱的受力钢筋多采用 HRB335、HRB400、RRB400 级钢筋。常用热轧钢筋强度设计值见表 14.1。

表 14.1　　　　　　　　　常用热轧钢筋强度设计值　　　　　　　　单位：N/mm²

牌　号	抗拉强度设计值 f_y	抗压强度设计值 f'_y
HPB300	270	270
HRB335	300	300
HRB400　RRB400	360	360
HRB500	435	410

14.1.2　钢筋的验收

1. 检查项目和方法

（1）主控项目。

1）钢筋进场时，应抽取试件做力学性能和质量偏差检验，检验结果必须符合有关标准的规定。

检查数量：按进场的批次和产品的抽样检验方案确定。

检验方法：检查产品合格证、出厂检验报告和进场复验报告，如图14.3所示。

图14.3　钢筋的出厂标牌

2）对有抗震设防要求的结构，其纵向受力钢筋的性能应满足设计要求；当设计无具体要求时，对按一、二、三级抗震等级设计的框架和斜撑构件（含梯段）中的纵向受力钢筋应采用 HRB335E、HRB400E、HRB500E 钢筋，其强度和最大力下总伸长率的实测值应符合下列规定。

a. 钢筋的抗拉强度实测值与屈服强度实测值的比值不应小于1.25。

b. 钢筋的屈服强度实测值与强度标准值的比值不应大于1.30。

c. 钢筋的最大力下总伸长率不应小于9％。

检查数量：按进场的批次和产品的抽样检验方案确定。

检验方法：检查进场复验报告。

3）当发现钢筋脆断、焊接性能不良或力学性能显著不正常等现象时，应对该批钢筋进行化学成分检验或其他专项检验。

检验方法：检查化学成分等专项检验报告。

（2）一般项目。钢筋应平直、无损伤，表面不得有裂纹、油污、颗粒状或片状老锈。钢筋表面凸块不允许超过螺纹的高度；钢筋的外形尺寸应符合有关规定。

检查数量：进场时和使用前全数检查。

检验方法：观察。

2. 热轧钢筋检验

热轧钢筋的检验分为特征值检验和交货检验。

（1）特征值检验。

特征值检验适用于下列情况。

1）供方对产品质量控制的检验。

2）需方提出要求，经供需双方协议一致的检验。

3）第三方产品认证及仲裁检验。

特征值检验规则应按《钢筋混凝土用钢》（GB 1499）的规定进行。

（2）交货检验。

交货检验适用于钢筋验收批的检验。

1）组批规则。钢筋应按批进行检查和验收，每批由同一牌号、同一炉罐号、同一规格的钢筋组成。每批质量通常不大于 60t。超过 60t 部分，每增加 40t（或不足 40t 的余数），增加一个拉伸试验试样和一个弯曲试验试样。

允许由同一牌号、同一冶炼方法、同一浇筑方法的不同炉罐号组成混合批，但各炉罐号含碳量之差不大于 0.02%，含锰量之差不大于 0.15%。混合批的质量不大于 60t。

2）检验项目和取样数量。热轧检验项目和取样数量应符合表 14.2 的规定。

表 14.2　　　　　　　　　　　　　　热轧钢筋检验项目及取样数量

序号	检验项目	取样数量	取样方法	试验方法
1	化学成分（熔炼分析）	1	GB/T 20065	GB/T 223、GB/T 4336
2	拉伸	2	任选两根钢筋切取	GB/T 228、GB 1499
3	弯曲	2	任选两根钢筋切取	GB/T 232、GB 1499
4	反向弯曲	1		YB/T 5126、GB 1499
5	疲劳试验	供需双方协议		
6	尺寸	逐支		GB 1499
7	表面	逐支		目视
8	质量偏差			GB 1499
9	晶粒度	2	任选两根钢筋切取	GB/T 6394

注　1. 对化学分析和拉伸试验结果有争议时，仲裁试验分别按《钢铁及合金化学分析方法》（GB/T 223）、《金属材料拉伸试验　第 1 部分：室温试验方法》（GB/T 228.1—2010）进行。

　　2. 第 4、5、9 项检验项目仅适用于热轧带肋钢筋。

3）检验方法。

a. 表面质量检验。钢筋应无有害表面缺陷。只要经过钢丝刷刷过的试样，其质量、尺寸、横截面积和拉伸性能不低于相关要求，锈皮、表面不平整或氧化铁皮不作为拒收的理由。当带有以上规定的缺陷以外的表面缺陷的试样不符合拉伸性能或弯曲性能要求时，则认为这些缺陷是有害的。

b. 拉伸、弯曲、反向弯曲试验。

a）拉伸、弯曲、反向弯曲试验试样不允许进行车削加工。

b）计算钢筋强度用截面面积应符合公称横截面面积与理论质量的规定。

c）最大总伸长率 A_{gt} 的检验，除采用《金属材料拉伸试验　第 1 部分：室温试验方法》（GB/T 228.1—2010）的有关试验方法外，也可采用《钢筋混凝土用钢　第 1 部分：热轧光圆钢筋》（GB 1499.1—2008）附录 A 的方法。

d）反向弯曲试验时，经正向弯曲的试样，应在 100℃ 温度下保温不少于 30min，经自然冷却后再反向弯曲。当供方能保证钢筋经人工时效后的反向弯曲性能时，正向弯曲后的试样亦可在室温下直接进行反向弯曲。

c. 尺寸测量。

a）钢筋直径的测量精确到 0.1m。

b）带肋钢筋纵肋、横肋高度的测量采用测量同一截面两侧横肋中心高度平均值的方法，即测取钢筋最大外径，减去该处内径，所得数值的一半为该处肋高，应精确到 0.1mm。

c）带肋钢筋横肋间距采用测量平均肋距的方法进行测量。即测取钢筋一面上第 1 个与第 11 个横肋的中心距离，该数值除以 10 即为横肋间距，应精确到 0.1mm。

d. 质量偏差的测量。

a）测量钢筋质量偏差时，试样应从不同钢筋上截取，数量不少于 5 支，每支试样长度不小于 500mm。长度应逐支测量，应精确到 1mm。测量试样总质量时，应精确到不大于总质量的 1%。

b）钢筋实际质量与理论质量的偏差（%）按式（14.1）计算：

$$质量偏差 = \frac{试样实际质量 - (试样总长度 \times 理论质量)}{试样总长度 \times 理论质量} \times 100 \qquad (14.1)$$

14.1.3　钢筋的储存、堆放

（1）钢筋进入施工现场时要认真验收，不但要注意数量的验收，而且对钢筋规格、等级、牌号也要认真进行验收。并严格按批分等级、牌号、直径、长度挂牌堆放，并注明数量，不得混淆，如图 14.4 所示。

图 14.4　钢筋挂牌分类堆放

（2）钢筋应尽量堆入仓库或料棚内。条件不具备时，应选择地势较高、土质坚实、较为平坦的露天场地堆放。在仓库或场地周围挖排水沟，以利泄水。堆放时钢筋下面要加垫木，离地不宜少于 20mm，以防钢筋锈蚀和污染。

（3）钢筋成品要分工程名称，按号码顺序堆放。同一项工程与同一构件的钢筋要堆放在一起，按号挂牌排列，牌上注明构件名称、部位、钢筋形式、尺寸、钢号、直径、根数，不能将几项工程的钢筋混放在一起。

（4）钢筋堆放严禁和酸、盐、油这类物品放在一起，同时应远离有害气体的车间或工厂，以免污染和腐蚀钢筋。

（5）钢筋进入现场要与钢筋的加工能力和施工进度相适应，尽量缩短存放期，避免存放期过长，使钢筋发生锈蚀。

14.1.4　钢筋在构件中的配置

在建筑施工中，用钢筋混凝土制成的常用构件有梁、板、墙、柱等，这些构件由于在建筑中发挥的作用不同，所以在其内部配置的钢筋也不尽相同。

1. 梁内钢筋的配置

梁在钢筋混凝土构件中属于受弯构件，在其内部配置的钢筋主要有：纵向受力钢筋、弯起钢筋、箍筋和架立筋等。

（1）纵向受力钢筋：布置在梁的受拉区，主要作用是承受由弯矩在梁内产生的拉力。

（2）弯起钢筋：弯起段用来承受弯矩和剪力产生的主拉应力，弯起后的水平段可承受支座处的负弯矩，跨中水平段用来承受弯矩产生的拉力。弯起钢筋的弯起角度有 45°和 60°两种。

（3）箍筋：主要用来承受由剪力和弯矩在梁内产生的主拉应力，固定纵向受力钢筋，与其他钢筋一起形成钢筋骨架。钢箍的形式分开口式和封闭式两种，一般常用的是封闭式。

（4）架立筋：设置在梁的受压区外缘两侧，用来固定箍筋和形成钢筋骨架。

2. 板内钢筋的配置

板在钢筋混凝土构件中属于受弯构件。板内配置有受力钢筋和分布钢筋两种。

（1）受力钢筋：沿板的跨度方向在受拉区配置。单向板沿短向布置，四边支承板，沿长短边方向均应布置受力筋。

（2）分布钢筋：布置在受力筋的内侧，与受力筋垂直。分布筋的作用是将板面上的荷载均匀地传给受力钢筋，同时在浇筑混凝土时固定受力筋的位置，且能抵抗温度应力和收缩应力。

3. 柱内钢筋的配置

柱在钢筋混凝土构件中起受压、受弯作用。柱根据外形不同有普通箍筋柱和螺旋箍筋柱两种。柱内配置的钢筋有纵向钢筋和箍筋。纵向钢筋主要起承受压力的作用，箍筋起限制横向变形，有助于抗压强度提高，对纵向钢筋定位并与纵筋形成钢筋骨架的作用。柱内箍筋应采用封闭式。

4. 墙内钢筋的配置

钢筋混凝土墙内根据需要可配置单层或双层钢筋网片，墙体钢筋网片主要由竖筋和横筋组成。竖筋的作用主要是承受水平荷载对墙体产生的拉应力，横筋主要用来固定竖筋的位置并承受一定的剪力作用。在设置双层钢筋网片的墙体中，为了保证两钢筋网片的正确位置，通常应在两片钢筋网片之间设置撑铁。

学习单元 14.2　钢筋工识图

钢筋工要完成钢筋加工和安装任务，首要的任务是看懂图纸。

土建工程施工图，一般可分为建筑施工图和结构施工图两大类。结构施工图包括结构平面图和构件详图两部分。其中钢筋混凝土结构施工图部分对钢筋工来说，是必须学会看懂的，否则就无法进行钢筋加工和安装。

14.2.1　识图步骤和方法

在一套图纸中，一般首页是总说明，每张图纸中一般又有附注或局部说明。在总说明中一般包括设计依据、设计原则、技术经济指标，结构特征、构件选型、采用材料施工要求、注意事项等内容。图中附注对图中某些表达不清楚的地方或特定部位的要求加以补充和说明，它是图纸中不可缺少的部分。

在看图前，首先应看首页总说明。看了总说明，就会对整个工程有一个初步的较为完整的概念。在看图过程中，应注意每张图中的附注。

施工图反映了建筑物的外貌和内部结构形式和具体做法。它是施工的依据。在看图时，不能把建筑施工图和结构施工图割裂开，要联系起来看，相互参照着看。在看建筑施工图时，要联想到结构形式；在看结构施工图时，要知道构件布置在建筑图中什么位置。同时看图要有侧重，对钢筋工来说，就必须把结构平面布置图和构件详图看懂，才能正确地进行钢筋加工和安装。

14.2.2　识读结构平面图

结构平面布置图主要是表示建筑物结构的平面布置情况。一般民用建筑的结构平面图包括基础图、楼层和屋面结构布置图等。基础平面图中反映了基础的放线宽度、墙柱轴线位置、地梁和上下水留洞位置。考虑图面的布置，也可以将基础详图画在一张图纸上。楼层及屋面结构平面图主要表示梁、板、过梁、圈梁、楼梯、阳台、雨篷、天沟等的编号数量、安装位置以及各种构件详图的图号或采用标准图的图集号。

（1）图幅，就是图纸的大小。常用的有 A_0 号，A_1 号、A_2 号、A_3 号、A_4 号标准图纸。

（2）图标，在图纸的右下角。图标栏内有设计单位、工程名称、图纸内容、设计人员签名，图号比例、日期等内容。

（3）比例，施工图一般都是按缩小比例画的，也就是说，将建筑物按实际尺寸，缩小一定的倍数画到图纸上，这种缩小的倍数就叫做比例。如 1：100，说明图纸上的大小是建筑物实际大小的 1/100。建筑图中的平、立，剖面图一般用 1：100 的比例，大样图（详图）一般用 1：20 或 1：30 的比例。尽管图是按比例画的，但不要在图上用比例尺直接量尺寸，应以图上标注的尺寸为准，以免发生误差。

（4）轴线，建筑物墙体、柱子的平面定位线。一般用点画线表示，在其一端用一个圆圈内加一个数或一个大写拼音字母代表。从左至右用阿拉伯数字依次注写，表示开间、柱距。从下至上用大写拼音字母注写，表示建筑物的进深和跨度。构件中心线一般用点划粗实线表示，基本上与轴线重合，但轴线也不一定是构件的中心线。看图时，要仔细看清构件的位置，不要与轴线混为一谈，以免在钢筋配料和安装时发生错误。

（5）标高，表示建筑物各部位在垂直方向的相对位置。一般以底层室内地面为零点标高，叫做正负零，符号为 ±0.000。高于正负零为"＋"。低于正负零为"－"。标高符号三角形的尖端所指的就是标高的位置。标高的单位为米，一般在数字后面不写，如图 14.5 所示。

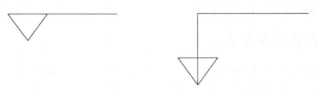

图 14.5　标高标志

（6）节点大样索引标志，通常用圆圈表示，圆圈内画一条水平直径线，圆圈内横线上面的数字表示节点大样的编号，下面的数字表示节点大样所在图纸号或图集中页码。如采用标准图集，则在圆圈外引出线上面标注图集编号，如图 14.6 所示。

（7）详图标志，在画出的详图处画一个粗圆圈，里面写上数字，那数字就表示详图的编号，并且说明被索引的图样就在本张图纸上（该详图画的哪一处局部的放大，在本张图纸上就能找到），见图 14.7（a）。如果见到的详图标志如图 14.7（b）所示，那么，上半圆中的数字表示详图的编号，下半圆中的数字表示被索引图样所在图纸的图号。

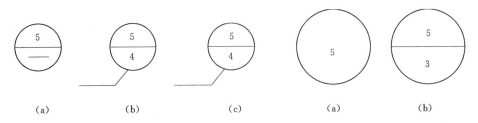

图 14.6　节点大样索引标志　　　　　图 14.7　详图标志

（8）构件代号，见表 14.3。

表 14.3　　　　　　　　　　　常 用 构 件 代 号

构件名称	代号	构件名称	代号
板	B	楼梯梁、挑梁	TL
屋面板	WB	双坡梁	SL
空心板	KB	框架梁	KL
盖板	GB	檩条，楼梯	LT
槽形板	CB	屋架	WJ
密肋板	MB	托架，梯形屋架	TH
阳台板	YTB	天窗架	TCJ
吊车安全走道板	DB	刚架，拱形屋架	GJ
墙板	QB	框架	KJ
天沟板	TGB	支架	ZJ
折板	ZB	柱	Z
楼梯板、踏板	TB	框架柱	KZ
檐口板	YB	构造柱	GZ
梁	L	拱	G
圈梁	QL	基础	J
过梁	GL	设备基础	SJ
连系梁	LL	桩	ZH
基础梁	JL	梁垫	LD
屋面梁	WL	井盖	JG
吊车梁、单坡梁	DL	井圈	JQ
吊车梁	DCL	雨篷	YP

14.2.3　识读构件详图

钢筋混凝土构件详图是钢筋配料加工的依据。现浇结构详图就画在结构施工图上，预制构件一般都有标准图集，可以根据结构平面图中标注的编号和图集号采用。

1. 钢筋符号

在钢筋混凝土构件中，往往配有不同的钢号，不同的钢号用不同的符号代表，见表 14.4。

表 14.4 　　　　　　　　　　　　钢　筋　符　号

钢筋种类		符　号
热轧钢筋	Ⅰ级钢筋	Φ
	Ⅱ级钢筋	Φ
	Ⅲ级钢筋	Φ
	Ⅳ级钢筋	Φ

2. 钢筋一般表示方法

事实上，从钢筋混凝土构件的外面是看不见内部钢筋的具体配置情况的，但为了能表达构件内部的配筋情况，只好假想混凝土为透明体，把内部钢筋绘制出来，这种图称为构件的配筋图。同时，为了突出表示钢筋的配置情况，在构件结构图中，把钢筋画成粗实线，构件的外形轮廓线画成细实线，在构件断面图中钢筋的截面则画成粗圆点。钢筋的表示方法见表 14.5～表 14.7。钢筋的画法见表 14.8。

表 14.5 　　　　　　　　　　　　一　般　钢　筋

序号	名　称	图　例	说　明
1	钢筋横断面	●	
2	无弯钩的钢筋端部		下图表示长、短钢筋投影重叠时，短钢筋的端部用45°斜画线表示
3	带半圆形弯钩的钢筋端部		
4	带直钩的钢筋端部		
5	带丝扣的钢筋端部		
6	无弯钩的钢筋搭接		
7	带半圆弯钩的钢筋搭接		
8	带直钩的钢筋搭接		
9	花篮螺丝钢筋接头	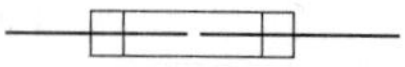	
10	机械连接的钢筋接头	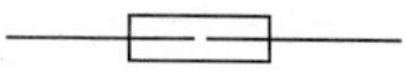	用文字说明机械连接的方式（如冷挤压或直螺纹等）

表 14.6 预 应 力 钢 筋

序号	名　　称	图　例
1	预应力钢筋和钢绞线	
2	后张法预应力钢筋断面 无黏结预应力钢筋断面	
3	预应力钢筋断面	
4	张拉端锚具	
5	固定端锚具	
6	锚具的端视图	
7	可动连接件	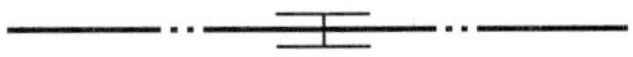
8	固定连接件	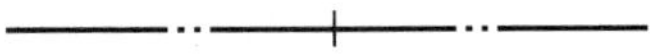

表 14.7 钢 筋 网 片

序号	名　　称	图　例
1	一片钢筋网平面图	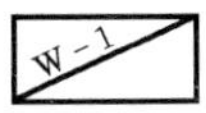
2	一行相同的钢筋网平面图	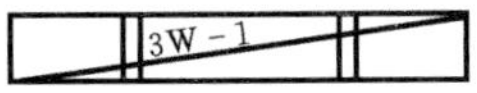

注　用文字注明焊接网或绑扎网片。

表 14.8 钢 筋 的 画 法

序号	说　　明	图　例
1	在结构楼板中配置双层钢筋时，底层钢筋的弯钩应向上或向左，顶层钢筋的弯钩则向下或向右	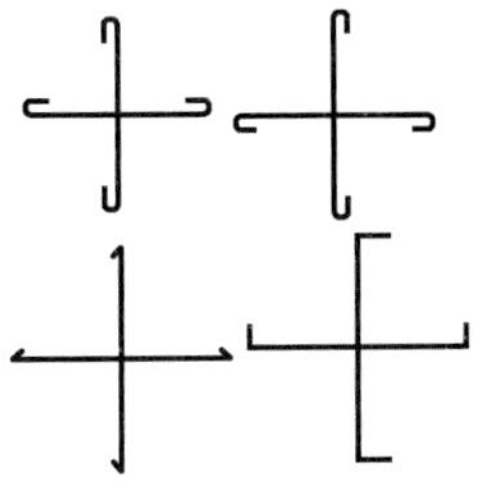
2	钢筋混凝土墙体配双层钢筋时，在配筋立面图中，远面钢筋的弯钩应向上或向左，而近面钢筋的弯钩向下或向右（JM为近面，YM为远面）	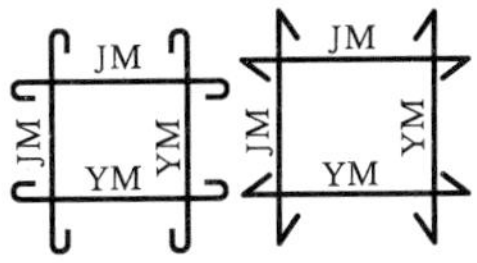
3	在断面图中不能表达清楚的钢筋布置，应在断面图外增加钢筋大样图（如：钢筋混凝土墙、楼梯等）	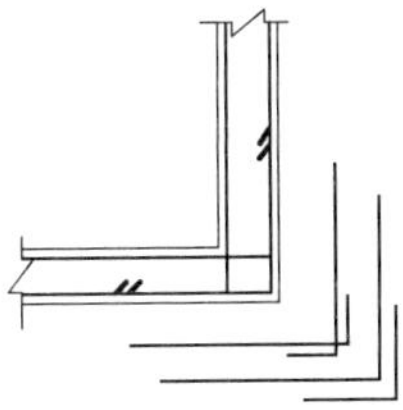

续表

序号	说　明	图　例
4	图中所表示的箍筋、环筋等若干布置复杂时，可加画钢筋大样及说明	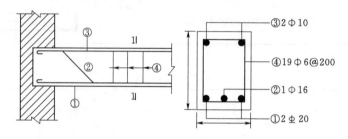
5	每组相同的钢筋、箍筋或环筋，可用一根粗实线表示，同时用1条两端带斜短画线的横穿细线，表示其钢筋及起止范围	

钢筋在立面、断面图中的配置，应按图4.8所示方法表示。一般而言，钢筋尺寸的标注有下面两种形式：

（1）梁内受力筋和架立筋应标注钢筋的根数和直径，如图14.8中①号钢筋标注为2Φ20，如图14.9所示。

（2）梁内箍筋和板内钢筋应标注钢筋的直径和相邻钢筋的中心距，如图14.8中④号钢筋标注为Φ6@200，如图14.10所示。

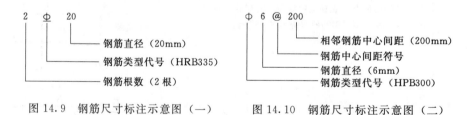

图14.8　钢筋在立面、断面图中的表示方法

图14.9　钢筋尺寸标注示意图（一）　　图14.10　钢筋尺寸标注示意图（二）

3. 模板图

这是为钢筋混凝土构件配制模板用的。模板图和配筋图一般画在一张图上。在看图时，应把两种图对照看。

在模板图上，主要表示有构件的几何尺寸和预埋件、锚固钢筋的数量、位置等。预制装配式结构，由于预埋件较多，一般都画有模板图。而一般民用建筑结构大样却很少画模板图，即使有少量的预埋件，只要在配筋图上加上标注，或在附注中加以说明。

4. 配筋图

为了将构件中的钢筋分布情况表示清楚，需要画构件的纵横剖面图。凡配筋有变化的地方就要画一个横剖面图。构件轮廓线用细实线，钢筋用粗实线表示，以便突出钢筋。为了避免构件内的钢筋发生混淆，将不同规格（长度、形状、直径、钢号等）的钢筋编上号码，并注明钢筋直径根数，这种图叫做构件的配筋图。钢筋工就是按这种图配料加工钢筋的。

梁平法施工图的标注方式分为平面注写方式和截面注写方式两种。

（1）平面注写方式。平面注写方式是在梁平面布置图上，分别在不同编号的梁中各选一根梁，在其上注写截面尺寸和配筋具体数值的方式来表达梁平法施工图，如图 14.11 所示。

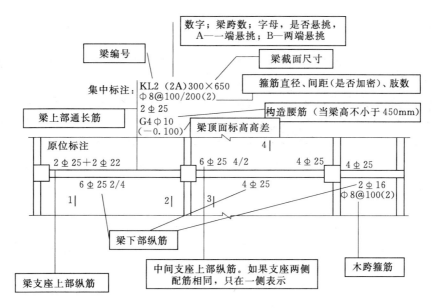

图 14.11　平面注写方式

平面注写包括集中标注和原位标注，集中标注表达梁的通用数值，原位标注表达梁的特殊数值。当集中标注中的某项数值不适用于梁的某部位时，则将该项具体数值原位标注。施工时，原位标注取值优先。

集中标注表达的梁通用数值包括梁编号、梁截面尺寸、梁箍筋、梁上部通长筋（或架立筋）、梁侧面构造筋（或受扭钢筋）和梁顶面标高差 6 项，前 5 项为必注值，后 1 项为选注值。

1）编号和梁截面尺寸。梁编号以图 14.11 中第一行为例，其注写了梁的编号及截面尺寸，"KL2（2A）300×650"表示第 2 号框架梁，2 跨，一端悬挑，截面尺寸为宽 300mm，高 650mm。要了解梁的各种类型代号及梁的特征，特别需要掌握关于是否带有悬挑的标注规则，见表 14.9。

2）梁箍筋。梁箍筋标注时包括钢筋牌号、直径、加密区与非加密区间距及肢数。箍筋加密区与非加密区的不同间距及肢数用斜线"/"分隔；当梁箍筋为同一间距及肢数时，则不需用斜线；当加密区与非加密区的箍筋肢数相同时，则将肢数标注一次；箍筋肢数写在括号内；当加密区和非加密区箍筋肢数不相同时，需要分别在括号里面标注。如"Φ8

表 14.9			梁的各种类型代号及特征
梁类型	代号	序号	跨数及是否带有悬挑
楼层框架梁	KL	××	(××)、(××A)或(××B)
屋面框架梁	WKL	××	(××)、(××A)或(××B)
框支梁	KZL	××	(××)、(××A)或(××B)
非框架梁	L	××	(××)、(××A)或(××B)
悬挑梁	XL	××	
井字梁	JZL	××	(××)、(××A)或(××B)

注　(××A) 为一端有悬挑，(××B) 为两端有悬挑，悬挑不计入跨数。

@100(4)/200(2)"表示箍筋为直径 8mm 的 HPB300 级钢筋，加密区间距为 100mm，四肢箍；非加密区间距为 200mm，两肢箍。

3）梁上部通长筋或架立筋配置。通长筋指直径不一定相同但必须采用搭接、焊接或机械连接接长且两端不一定在端支座锚固的钢筋。架立筋是指梁内起架立作用的钢筋，用来固定箍筋和形成钢筋骨架。当同排纵筋中既有通长筋又有架立筋时，用"＋"将通长筋和架立筋相联。标注时将角部纵筋写在加号的前面，架立筋写在加号后面的括号内，以示不同直径及与通长筋的区别。当全部采用架立筋时，则将其写入括号内。如"2 ϕ 22＋(4 ϕ 12)"，表示"2 ϕ 22"为通长筋，"4 ϕ 12"为架立筋。

4）梁侧面纵向构造钢筋或受扭钢筋配置。当梁腹板高度不小于 450mm 时，需配置纵向构造钢筋，此项标注值以大写字母"G"打头，标注值是梁 2 个侧的总配筋值，且对称配置。

当梁侧面需配置受扭纵向钢筋时，此项标注值以大写字母"N"打头，接续标注配置在梁 2 个侧面的总配筋值，且对称配置。

如"G4 ϕ 10"，表示梁的 2 个侧面共配置 4 ϕ 10 的纵向构造钢筋，每侧各配置 2 ϕ 10。"N6 ϕ 22"，表示梁的 2 个侧面共配置 6 ϕ 22 的受扭纵向钢筋，每侧各配置 3 ϕ 22。

5）梁顶面标高高差。梁顶面标高高差，是指梁顶面相对于结构层楼面标高的高差值。有高差时，将其写入括号内。当某梁的顶面高于所在结构层的楼面标高时，其标高差为正值，反之为负值。

如某结构层的楼面标高为 30.850m，当某梁的梁顶面标高高差注写为"（－0.050）"时，即表明该梁顶面标高相对于 30.850m 低 0.05m。

（2）截面注写方式。截面注写方式，是在分标准层绘制的梁平面布置图上，分别在不同编号的梁中各选择一根梁用剖面号引出配筋图，并在其上注写截面尺寸和配筋具体数值的方式来表达梁平法施工图。

在截面配筋详图上注写截面尺寸、上部筋、下部筋、侧面构造筋或受扭筋以及箍筋的具体数值时，其表达形式与平面注写方式相同。

1）柱钢筋识读。

柱平法施工图是在柱平面布置图上采用列表注写方式或截面注写方式表达。

列表注写方式，是指在柱平面布置图上，分别在同一编号的柱中选择一个截面标注几何参数代号；在柱表中注写柱号、柱段起止标高、几何尺寸与配筋的具体数值，并配以各种柱截面形状及其箍筋类型图的方式，来表达柱平法施工图，见表 14.10。

表 14.10　　　　　　　　列表注写方式

柱号	标高/m	$b×h$（圆柱直径 D）	b_1	b_2	h_1	h_2	全部纵筋	角筋	b 边一侧中部筋	h 边一侧中部筋	箍筋类型号	箍筋
	−0.030～19.470	750×700	375	375	150	550	24 Φ 25				1(5×4)	Φ10@100/200
	19.470～37.470	650×600	325	325	150	450		4 Φ 22	5 Φ 22	4 Φ 20	1(4×4)	Φ10@100/200
	37.470～59.070	550×500	275	275	150	350		4 Φ 22	5 Φ 22	4 Φ 20	1(4×4)	Φ8@100/200

截面注写方式，是在柱平面布置图的柱截面上，分别在同一编号的柱中选择一个截面，以直接注写截面尺寸和配筋具体数值的方式来表达柱平法施工图，如图 14.12 所示。

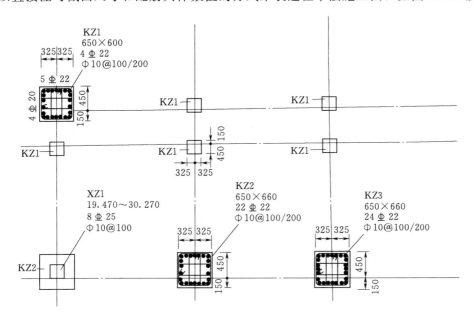

图 14.12　截面注写方式

a. 柱编号。由类型代号和序号组成，见表 14.11，当柱的总高、分段截面尺寸和配筋均对应相同，仅截面与轴线的关系不同时，仍可将其编为同一柱号；注写各段柱的起止标高，自柱根部往上以变截面位置或截面未变但配筋改变处为界分段注写。

b. 柱纵筋。当柱纵筋直径相同，各边根数也相同时（包括矩形柱、圆柱和芯柱），将纵筋注写在"全部纵筋"一栏中；除此之外，柱纵筋分角筋、截面 b 边中部筋和 h 边中部筋三项分别注写（对于采用对称配筋的矩形截面柱，可仅注写一侧中部筋，对称边省略不注）。

表 14.11   柱　代　号

柱类型	代号	序号	柱类型	代号	序号
框架柱	KZ	××	梁上柱	LZ	××
框支柱	KZZ	××	剪力墙上柱	QZ	××
芯柱	XZ	××			

c. 柱箍筋。注写柱箍筋，包括钢筋牌号、直径与间距。当为抗震设计时，用斜线"/"区分柱端箍筋加密区与柱身非加密区长度范围内箍筋的不同间距。

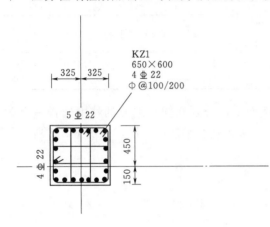

图 14.13　KZ1

d. 柱识图举例。以图 14.13 中 KZ1 举例，其注写的内容表示为 KZ1，柱的截面尺寸为 650mm×600mm，角部纵筋为 4 根直径 22mm 的 HRB400 级钢筋，b 边中部配 5 根直径 22mmHRB400 级钢筋的纵筋，h 边中部配 4 根直径 20mmHRB400 级钢筋的纵筋，箍筋为直径 10mm 的 HPB300 级钢筋，间距为 200mm，加密区间距 100mm。

2）板钢筋识读。

有梁楼盖板平法施工图，指在楼面板和屋面板布置图上，采用平面注写的表达方式。板平面注写主要包括板块集中标注和板支座原位标注。

学习单元 14.3　钢筋加工工具

常见的钢筋加工工具有钢筋切断工具、弯曲成型工具、套筒连接工具等。

14.3.1　钢筋切断工具

钢筋切断现场常用的工具包括断线钳、手压切断器、钢筋切断机等，如图 14.14 所示。

断线钳　　　　　　　　　　　　　　　手压切断器

图 14.14　常见钢筋切断工具

（1）断线钳主要用于切断钢丝。

（2）手压切断器，由固定刀口、活动刀口、边夹板、把柄、底座等组成。可用于切断直径为 16mm 以下的 HPB300 级钢筋。

14.3.2　弯曲成型工具

弯曲成型工具有工作台、手摇扳手、卡盘、钢筋扳子等。

（1）工作台，钢筋弯曲应在工作台上进行。工作台的宽度通常为 800m；长度视钢筋种类而定，弯细钢筋时一般为 4000mm，弯粗钢筋时可为 8000mm；台高一般为 900～1000mm。

（2）手摇扳手，由钢板底盘、扳柱、扳手组成，用来弯制直径在 12mm 以下的钢筋，操作前应将底盘固定在工作台上，其底盘表面应与工作台面平直。

（3）卡盘，用来弯制粗钢筋，它由钢板底盘和扳柱组成。扳柱焊在底盘上，底盘应固定在工作台上。4 个扳柱的卡盘，扳柱水平净距约为 100mm，垂直方向净距约为 34mm，可弯曲直径为 32mm 的钢筋。2 个扳柱的卡盘，扳柱的两斜边净距为 100mm 左右，底边净距约为 80mm。这种卡盘不需配钢套，扳柱的直径视所弯钢筋的粗细而定。一般直径为 20～25mm 的钢筋，可用厚 12mm 的钢板制作卡盘底板。

（4）钢筋扳子，弯制钢筋的工具，它主要与卡盘配合使用，分为横口扳子和顺口扳子 2 种，横口扳子又有平头和弯头之分，弯头横口扳子仅在绑扎钢筋时纠正钢筋位置使用。

14.3.3　套筒连接工具

套筒连接工具有连接套筒、扳手、螺纹规等。

（1）连接套筒有标准型、扩口型、变径型、正反丝型，标准型是带右旋内螺纹的连接套筒；扩口型是在标准型连接套筒的一端增加 45°～60°扩口段，是专为钢筋连接时难对准的情况下设计的，使得钢筋连接更迅速，可缩短工期；变径型带右旋内螺纹的连接套筒，用于连接不同直径的钢筋；正反丝型带左、右旋内螺纹的等直径连接套筒，用于钢筋不能转动而要求对接的场合，如图 14.15 所示。

图 14.15　直螺纹连接套筒

（2）扳手，分工作扳手和扭力扳手两种。

1）工作扳手，是专用于钢筋连接套筒与钢筋连接丝扣连接的工具。采用优质钢材制造，可拧紧直径16～40mm的钢筋，使用方便，拧紧快捷，是直螺纹连接套筒与钢筋连接丝和连接的必备工具。

2）扭力扳手，如图14.16所示，是专用于检测钢筋连接套筒与钢筋连接丝和连接拧紧力矩值的工具。使用时，扳手钳头要端平，加力要均匀，不得用力过猛或施加冲击力，当听到扭力扳手发出"咔嚓"的声响时，要立刻停止扳动扳手，以免造成扳手测力部分的损坏，要注意防止水、泥、沙等杂物进入扳手手柄内，扭力扳手严禁当锤子使用。

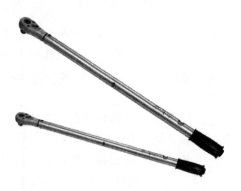

图14.16 扭力扳手

（3）螺纹规又称螺纹通止规、螺纹量规，如图14.17所示，通常用来检验判定螺纹的尺寸是否正确。

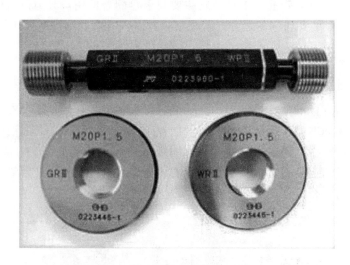

图14.17 螺纹规

14.3.4 钢筋加工机械

钢筋加工机械种类繁多，工地现场常见的有成型类及焊接类的钢筋加工机械。

钢筋成型机械包括钢筋调直切断机、钢筋切断机、钢筋弯曲机等，如图14.18所示。它们的作用是把原料钢筋按照各种混凝土结构所需钢筋骨架的要求进行加工成型。

（1）钢筋调直切断机，用于调直和切断直径14mm以下的钢筋，并进行除锈。由调直筒、牵行机构、切断机构、钢筋定长架、机架和驱动装置等组成。其工作原理：电动机通过皮带传动增速，使调直筒高速旋转，穿过调直筒的钢筋被调直，并由调直模清除钢筋表面的锈皮；电动机通过另一对减速皮带和齿轮减速箱传动，一方面驱动两个传送压辊，

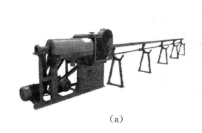
(a)

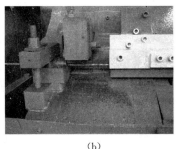
(b)

(c)

图 14.18　常见钢筋成型机械
(a) 钢筋调直切断机；(b) 钢筋切断机；(c) 钢筋弯曲机

牵引钢筋向前运动，另一方面带动曲柄轮，使锤头上下运动；当钢筋调直到预定长度，锤头锤击上刀架，将钢筋切断，切断的钢筋落入受料架时，由于弹簧作用，刀台又回到原位，完成一次循环。

（2）钢筋切断机。一般有全自动钢筋切断机和半自动钢筋切断机之分。全自动钢筋切断机也叫电动切断机，是通过电能转化为动能控制切口来达到剪切钢筋效果的。而半自动钢筋切断机是人工控制切口，从而进行剪切钢筋的操作。而比较常用的是液压钢筋切断机，液压钢筋切断机又分为充电式和便携式两大类。

（3）钢筋弯曲机，钢筋加工机械之一。工作机构是一个在垂直轴上旋转的水平工作圆盘，把钢筋置于加工位置，支承销轴固定在机床上，中心销轴和压弯销轴装在工作圆盘上，圆盘回转时便将钢筋弯曲。为了弯曲各种直径的钢筋，在工作盘上有几个孔，用以插压弯销轴，也可相应地更换不同直径的中心销轴。

14.3.5　钢筋焊接机械

钢筋焊接机械主要有钢筋对焊机、钢筋点焊机、钢筋电渣压力焊机等，用于钢筋成型中的焊接，如图 14.19 所示。对焊是钢筋接触对焊的简称，具有成本低、质量好、工效高的优点，对焊工艺又分为连续闪光焊、预热闪光焊、闪光—预热—闪光焊三种。

钢筋点焊机，用来点焊钢筋网片或钢筋骨架的专用设备，用以代替人工用钢丝绑扎，既节约金属材料又提高工作效率。点焊机的种类很多，按电源类别可分为工频、电容储能、次级整流、直流冲击波 4 种；按电极类型可分为单头、双头、三头 3 种；按结构形式可分为固定式、悬挂式、手提式 3 种；按压力传动方式可分为杠杆式、气压式和液压式 3 种。还有一些变形产品，如钢筋网片成型机、数控式程序控制点焊机等。

电渣压力焊（简称竖焊）是利用电流通过渣池产生的电阻热将钢筋端部熔化，再施加压力使钢筋焊合。该工艺操作简单、工效高、成本低、比电弧焊接头节电 80% 以上，比绑扎连接和帮条焊节约钢筋 30%。多用于施工现场直径 $\phi14\sim40mm$ 的竖向或斜向（倾斜度 4∶1）钢筋的焊接接长。

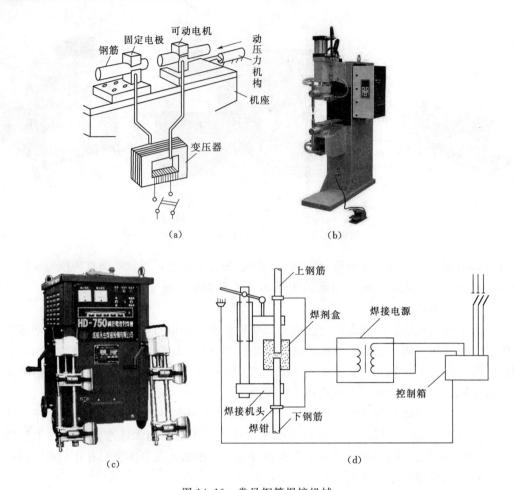

图 14.19　常见钢筋焊接机械

（a）钢筋对焊机；（b）钢筋点焊机；（c）电渣压力焊机；（d）钢筋电渣压力焊机设备示意图

学习项目 15　钢筋配料

钢筋配料是钢筋加工前的一项非常重要的工作。如果配料出现差错或下料长度不准确，将会造成严重质量事故或材料浪费。

钢筋配料是按照构件配筋图计算出来的。首先根据钢筋弯曲伸长和保护层的厚度分别算出各种类型钢筋的下料长度，然后分别按构件编制配料单作为下料加工的依据。配料单的格式见表 15.1。

钢筋配料单的编制。

（1）编制钢筋配料单之前必须熟悉图纸，把结构施工图中钢筋的品种、规格列成钢筋明细表，并读出钢筋设计尺寸。

（2）计算钢筋的下料长度。

表 15.1 钢 筋 配 料 单

构件名称	钢筋编号	钢筋简图	直径/(mm/根数)	钢筋级别	下料长度/mm（计算式及数据示意如下）	质量/(kg/m)	合计/kg
	②		18/1		$(7000-380\times2)\times\frac{1}{3}=2080$	2	5.16
	③		18/1		$(7000-380\times2)\times\frac{1}{3}+380=2460$	2	4.92
			18/1		$(7000-380\times2)+2\times40d(22)=8000$	2.98	23.84
	④		18/1		$7000-380\times2=6240$	0.888	5.541
	⑤		18/1		$(250+550)\times2-8\times25+2\times11.9\times8=1590$	0.395	0.628
E—F/11轴	①		18/1		$(2800-2\times12)+2\times40\times18=4216$	2	8.432

　　（3）根据钢筋下料长度填写和编写钢筋配料单，汇总编制钢筋配料单。在配料单中，要反映出工程名称，钢筋编号，钢筋简图和尺寸，钢筋直径、数量、下料长度、质量等。

　　（4）填写钢筋料牌，根据钢筋配料单，将每一编号的钢筋制作一块料牌，作为钢筋加工的依据，如图 15.1 所示。

　　钢筋配料单应经过严格核对，准确无误后，方可向车间（班组）正式下达加工任务，以免造成返工浪费。对已列入加工计划的配料单，还必须制作配料小牌，作为各工序加工的依据。加工完后，将配料小牌用细铁丝系于钢筋上，以防绑扎安装时拿错。配料牌可用木板或纤维板制作，大小为 80mm 宽、120mm 长、10mm 厚即可，如图 15.1 所示。

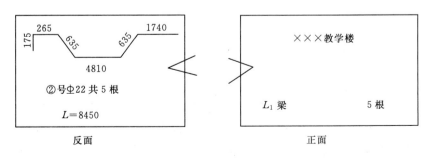

图 15.1　钢筋配料牌

学习单元 15.1　钢筋下料长度计算

钢筋混凝土构件中的钢筋，由于受力作用，一般需在两端弯钩或中间弯折。经过弯曲或弯折后，会使钢筋伸长。因此，在配料时，不能直接按图中标注的尺寸来确定钢筋的下料长度。必须考虑钢筋的伸长、弯钩的长度、保护层的厚度来确定其下料长度。各种钢筋下料长度计算如下：

直钢筋下料长度＝构件长度—保护层厚度＋弯钩增加长度

弯起钢筋下料长度＝直段长度＋斜段长度—弯曲调整值＋弯钩增加长度

箍筋下料长度＝箍筋外皮周长（或箍筋内皮周长）＋箍筋调整值

15.1.1　混凝土保护层

为了使钢筋不受外界条件的影响，在主筋外缘必须有一定厚度的混凝土层保护着，这一混凝土层叫做钢筋的保护层或混凝土保护层。保护层的厚度是根据构件的用途、周围环境和钢筋在构件中的作用等因素来决定的。如果设计图纸中没有注明保护层的厚度时，应遵守表 15.2 和表 15.3 中的规定。在计算钢筋的下料长度时，应扣除两端保护层的厚度。

表 15.2　　　　　　　　　　　混凝土结构的环境类别

环境类别		条　件
一		室内正常环境
二	a	室内潮湿环境，非严寒和非寒冷地区的露天环境，与无侵蚀性的水或土壤直接接触的环境
	b	严寒和寒冷地区的露天环境，与无侵蚀性的水或土壤直接接触的环境
三		使用除冰盐的环境，严寒和寒冷地区冬季水位变动的环境，滨海室外环境
四		海水环境
五		受人为或自然的侵蚀性物质影响的环境

表 15.3　　　　　　　纵向受力钢筋的混凝土保护层最小厚度　　　　　　　单位：mm

环境类别		板、墙、壳			梁			柱		
		≤C20	C20～C45	≥50	≤C20	C20～C45	≥50	≤C20	C20～C45	≥50
一		20	15	15	30	25	25	30	30	30
二	a	—	20	20	—	30	30	—	30	30
	b	—	25	20	—	35	30	—	35	30
三		—	30	25	—	40	35	—	40	35

混凝土保护层非常重要。保护层太厚会使钢筋混凝土构件的受力性能降低，保护层太薄会使钢筋外露锈蚀。因此，在钢筋下料长度计算和加工安装时，应严格按规定控制保护层的厚度。

15.1.2　弯钩形式及增加长度

钢筋的弯钩形式有 3 种：半圆弯钩、直弯钩和斜弯钩（图 15.2）。半圆弯钩是最常用的一种弯钩，直弯钩只用在柱钢筋下部、箍筋和附加钢筋中，斜弯钩只用在直径较小的钢筋中。

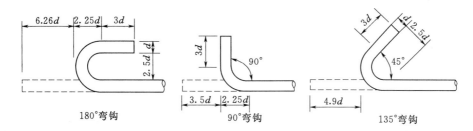

图 15.2　钢筋弯钩计算简图

各种弯钩增加长度 l_z 按下式计算：

半圆弯钩 $$l_z = 1.071D + 0.571d + l_p \tag{15.1}$$

直弯钩 $$l_z = 0.285D - 0.215d + l_p \tag{15.2}$$

斜弯钩 $$l_z = 0.678D + 0.178d + l_p \tag{15.3}$$

式中　D——圆弧弯曲直径，mm，HPB300 级钢筋取 $2.5d$，HRB335 级钢筋取 $4d$，HRB400 级、RRB400 级钢筋取 $5d$；

d——钢筋直径，mm；

l_p——弯钩的平直部分长度，mm。

在实际操作中，由于钢筋实际弯曲直径与理论弯曲直径往往有所不同，且受扳手和扳距大小不同等因素的影响。弯钩的平直部分是按操作需要来确定的，操作长度并不依钢筋直径的变化而成倍数变化。各种不同直径的钢筋，其弯钩增加长度不能按统一的倍数来计算。故在实际配料计算时，弯钩实际增加长度可依据其具体条件采用一种经验数据，见表 15.4。

表 15.4　　　　各种规格钢筋弯钩增加长度参考表

钢筋直径 d	半圆弯钩/mm		半圆弯钩/mm（不带平直部分）		直弯钩/mm		斜弯钩/mm	
	1 个钩长	2 个钩长	1 个钩长	2 个钩长	1 个钩长	2 个钩长	1 个钩长	2 个钩长
6	40	75	20	40	35	70	75	150
8	50	100	25	50	45	90	95	190
9	60	115	30	60	50	100	110	220
10	65	125	35	70	55	110	120	240
12	75	150	40	80	65	130	145	290
14	90	175	45	90	75	150	170	170
16	100	200	50	100				

钢筋直径 d	半圆弯钩/mm		半圆弯钩/mm（不带平直部分）		直弯钩/mm		斜弯钩/mm	
	1 个钩长	2 个钩长	1 个钩长	2 个钩长	1 个钩长	2 个钩长	1 个钩长	2 个钩长
18	115	225	60	120				
20	125	250	65	130				
22	140	275	70	140				
25	160	315	80	160				
28	175	350	85	170				
32	200	400	105	210				
36	225	450	115	230				

注　1. 半圆弯钩计算长度为 $6.25d$；半圆弯钩不带平直部分为 $3.25d$；直弯钩计算长度为 $5.5d$；斜弯钩计算长度为 $12d$。

2. 半圆弯钩取 $l_p=3d$；直弯钩 $l_p=5d$；斜弯钩 $l_p=10d$；直弯钩在楼板中使用时，其长度取决于楼板。

3. 本表为 HPB300 级钢筋，弯曲直径为 $2.5d$，取尾数为 5 或 0 的弯钩增加长度。

15.1.3　钢筋弯曲调整值计算

钢筋弯曲时，内皮缩短，外皮延长，中心线尺寸不变，故下料长度即中心线尺寸。一般钢筋成形后量度尺寸都是沿直线量外包尺寸；同时，弯曲处又呈圆弧状，因此弯曲钢筋的量度尺寸大于下料尺寸，量度尺寸与下料尺寸之间的差值称为"弯曲调整值"，在下料时，下料长度应等于量度尺寸减去弯曲调整值。

不同级别钢筋弯折 $90°$ 和 $135°$ 时［图 15.3（a）、（c）］的弯曲调整值参见表 15.5。一次弯折钢筋［图 15.3（b）］和弯起钢筋［图 15.3（d）］的弯曲直径 D 不应小于钢筋直径 d 的 5 倍，其弯折角度为 $30°$、$45°$、$60°$ 的弯曲调整值参见表 15.6。

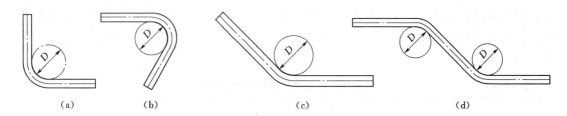

（a）　　　　（b）　　　　　　　　（c）　　　　　　　　（d）

图 15.3　钢筋弯曲调整值计算简图

（a）钢筋弯折 $90°$；（b）钢筋一次弯折 $30°$、$45°$、$60°$；

（c）钢筋弯折 $135°$；（d）钢筋弯折 $30°$、$45°$、$60°$

表 15.5　　　　　　　　　　　钢筋弯折 $90°$ 和 $135°$ 时的弯曲调整值

弯折角度	钢筋级别	弯曲调整值	
		计算式	取值
900	HPB300 级		1.75d
	HRB335 级	$\Delta=0.215D+1.215d$	2.08d
	HRB400 级		2.29d

续表

弯折角度	钢筋级别	弯曲调整值	
		计算式	取值
1350	HPB300 级	$\Delta=0.822D-0.178d$	0.38d
	HRB335 级		0.11d
	HRB400 级		−0.07d

注 1. 弯曲直径：HPB300 级钢筋 $D=2.5d$；HRB335 级钢筋 $D=4d$；HRB400、RRB400 级钢筋 $D=5d$。

　　2. 弯曲调整值计算简图如图 15.3 所示。

表 15.6　　　　　　　　钢筋一次弯折和弯起 30°、45°、60°的弯曲调整值

弯折角度	一次弯折的弯曲调整值		弯起钢筋的弯曲调整值	
	计算式	按 $D=5d$	计算式	按 $D=5d$
30°	$\Delta=0.006D+0.274d$	0.3d	$\Delta=0.012D+0.28d$	0.34d
45°	$\Delta=0.022D+0.436d$	0.55d	$\Delta=0.043D+0.457d$	0.67d
60°	$\Delta=0.054D+0.631d$	0.9d	$\Delta=0.108D+0.685d$	1.23d

注　钢筋弯曲示意图如图 15.3（b）、（d）所示。

15.1.4　弯起钢筋斜长计算

　　梁类构件由于受力作用，有时需要配置弯起钢筋。弯起钢筋的长度计算除了考虑弯钩外，还要考虑弯折处的伸长和斜长的计算问题。

　　为了防止弯折处的混凝土被钢筋压碎和便于应力均匀传递，钢筋在弯折处不能急弯，必须有一定的弧度。弯折处的弯曲直径不应小于钢筋直径的 5 倍。弯起角度分为 30°、45°、60°三种，有的钢筋在梁支座处还需弯折 90°。弯 30°时，伸长 0.35d；弯 45°时，伸长 0.5d；弯 60°时，伸长 0.75d；弯 90°时，伸长 d。钢筋弯折伸长值与钢筋直径和角度有关。

　　为配料方便，将不同钢筋直径和不同弯起角度的斜长计算出来列入表 15.7。切不可从图中直量，以免发生误差。

表 15.7　　　　　　　　　　　弯起角度计算斜长系数

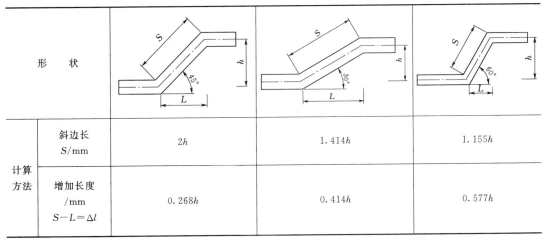

形　状				
计算方法	斜边长 S/mm	2h	1.414h	1.155h
	增加长度 /mm $S-L=\Delta l$	0.268h	0.414h	0.577h

15.1.5　箍筋调整值

箍筋调整值为弯钩增加长度和弯曲调整值两项之差或和，根据箍筋量外包尺寸或内皮尺寸而定，如图 15.4 所示。箍筋调整值，见表 15.8。

箍筋一般用 HPB300 级钢筋或冷拔低碳钢丝制作时，其末端应做弯钩。弯钩的弯曲直径应大于受力钢筋的直径，且应不小于箍筋直径的 2.5 倍。弯钩的平直部分，一般不宜小于箍筋直径的 5 倍。对有抗震要求的结构，弯钩平直部分不应小于箍筋直径的 10 倍。

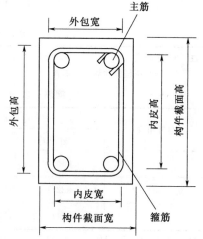

图 15.4　箍筋量度方法

15.1.6　钢筋重量和截面面积

在钢筋配料中除了计算钢筋的长度外，还应算出各种钢筋的重量，按钢筋的型号、规格和重量向材料部门提货。由于规格不齐，有时还要进行钢筋横截面面积换算。在计算钢筋重量和面积时可查表 15.9。

表 15.8　　　　　　　　　　　　　　箍 筋 调 整 值

箍筋量度方法	箍筋直径/mm			
	4～5	6	8	10～12
量外包尺寸	40	50	60	70
量内皮尺寸	80	100	120	150～170

表 15.9　　　　　　　　　　　　　钢筋横截面面积及重量

公称直径 /mm	不同根数钢筋的计算截面面积/mm²									单根钢筋 理论重量 /(kg/m)
	1	2	3	4	5	6	7	8	9	
6	28.3	57	85	113	142	170	198	226	255	0.222
6.5	33.2	66	100	133	166	199	232	265	299	0.260
8	50.3	101	151	201	252	302	352	402	453	0.395
8.2	52.8	106	158	211	264	317	370	423	475	0.432
10	78.5	157	236	314	393	471	550	628	707	0.617
12	113.1	226	339	452	565	678	791	904	1017	0.888
14	153.9	308	461	615	769	923	1077	1231	1385	1.21
16	201.1	402	603	804	1005	1206	1407	1608	1809	1.58
18	254.5	509	763	1017	1272	1527	1781	2036	2290	2.00
20	314.2	628	942	1256	1570	1884	2199	2513	2827	2.47
22	380.1	760	1140	1520	1900	2281	2661	3041	3421	2.98

公称直径 /mm	不同根数钢筋的计算截面面积/mm²									单根钢筋 理论重量 /(kg/m)
	1	2	3	4	5	6	7	8	9	
25	490.9	982	1473	1964	2454	2945	3436	3927	4418	3.85
28	615.8	1232	1847	2463	3079	3695	4310	4926	5542	4.83
32	804.2	1609	2413	3217	4021	4826	5630	6434	7238	6.31
36	1017.9	2036	3054	4072	5089	6107	7125	8143	9161	7.99
40	1256.6	2513	370	5027	6283	7540	8796	10053	11310	9.87
50	1964	3928	5892	7856	9820	11784	13748	15712	176876	15.42

15.1.7　钢筋间距计算

梁、柱等构件中纵向钢筋直接标注数量，需要计算间距的，其钢筋间距计算公式为

$$s=(b-2a)/(n-1) \tag{15.4}$$

式中　s——钢筋布置间距，mm；

b——构件截面宽度，mm；

a——混凝土保护层厚度，mm；

n——钢筋根数。

15.1.8　钢筋根数计算

对于板的配筋，梁、柱等构件的箍筋，一般标注钢筋间距，其钢筋根数计算公式为

$$n=(1-2a)/s+1 \tag{15.5}$$

式中　n——钢筋根数；

s——钢筋布置间距，mm；

a——混凝土保护层值。

注意：为保证钢筋间距，计算结果应取大值、整数，如 5.4 取 6。

学习单元 15.2　钢筋代换

15.2.1　钢筋代换原则

（1）充分了解设计意图、构件特征、使用条件和代换钢筋性能，严格遵守现行设计、施工规范及有关技术规定。

（2）对抗裂性能要求高的构件，不宜用 HPB300 级光圆钢筋代换 HRB335 级、HRB400 级变形钢筋，以免裂缝开展过宽。

（3）钢筋代换时不宜改变构件的有效计算高度 h_0（单排筋改双排筋）。

（4）代换应符合配筋构造规定（如最小配筋率、钢筋间距、根数、最小钢筋直径及锚

固长度)。

(5) 梁内纵向受力钢筋与弯起钢筋应分别进行代换,以保证正截面与斜截面强度。

(6) 当构件受抗裂、裂缝宽度或挠度控制时,钢筋代换时应重新进行验算;梁的纵向受力钢筋与弯起钢筋应分别进行代换。钢筋代换后,其用量不宜大于原设计用量的 5%,也不宜低于原设计用量的 2%。

(7) 当有抗震要求的框架钢筋需代换时,应符合上条规定,不宜以强度等级较高的钢筋代替原设计中的钢筋;对重要受力结构,不宜用 HPB300 级钢筋代换带肋钢筋。

(8) 凡属重要构件或预应力构件,代换应征得设计院同意。

15.2.2　钢筋代换方法

施工中,如供应的钢筋品种和规格与设计图纸要求不符,可以进行代换。代换时,必须充分了解设计意图和代换钢材的性能,严格遵守《混凝土结构设计规范》(GB 50010—2010) 的各项规定。当钢筋的品种、级别或规格需作变更时,应办理设计变更文件。

1. 钢筋等强度代换计算

建立钢筋代换公式的依据为:代换后的钢筋强度≥代换前的钢筋强度,按式(15.6)~式(15.8)计算。

$$A_{s2} f_{y2} n_2 \geqslant A_{s1} f_{y1} n_1 \tag{15.6}$$

$$n_2 \geqslant A_{s1} f_{y1} n_1 / A_{s2} f_{y2} \tag{15.7}$$

$$n_2 \geqslant \frac{n_1 d_1^2 f_{y1}}{d_2^2 f_{y2}} \tag{15.8}$$

式中　n_2——代换钢筋根数;

n_1——原设计钢筋根数;

d_1——原设计钢筋直径,mm;

d_2——代换钢筋直径,mm;

f_{y1}——原设计钢筋抗拉强度设计值;

f_{y2}——代换钢筋抗拉强度设计值。

式 (15.8) 有两种特例:

(1) 直径相同、强度设计值不同的钢筋代换时

$$n_2 \geqslant n_1 \frac{f_{y1}}{f_{y2}} \tag{15.9}$$

(2) 设计强度相同、直径不同的钢筋代换时

$$n_2 \geqslant n_1 \frac{d_1^2}{d_2^2} \tag{15.10}$$

2. 钢筋等面积代换计算

当构件按最小配筋控制时,可按钢筋面积相等的方法进行代换,即

$$A_{s1} = A_{s2} \tag{15.11}$$

或

$$n_1 d_1^2 = n_2 d_2^2 \tag{15.12}$$

式中　A_{s1}、n_1、d_1——原设计钢筋的计算截面面积（mm^2）、根数、直径（mm）；

　　　　A_{s2}、n_2、d_2——拟代换钢筋的计算截面面积（mm^2）、根数、直径（mm）。

3. 钢筋代换后构件抗裂度、挠度验算

当结构构件按裂缝宽度或挠度控制时（如水池、水塔、贮液罐、承受水压作用的地下室墙、烟囱、贮仓、重型吊车梁及屋架、托架的受拉构件等的钢筋代换），如用同品种粗钢筋等强度代换细钢筋，或用光圆钢筋代替带肋钢筋，应按《混凝土结构设计规范》（GB 50010—2010）重新验算裂缝宽度，如代换后钢筋的总截面面积减小，应同时验算裂缝宽度和挠度。

学习项目 16　钢筋加工工艺

钢筋加工是钢筋混凝土工程中的重要组成部分。它是钢筋加工工艺与操作课程中的重点，是钢筋工必须熟练地掌握的基本操作技能。

钢筋加工过程包括：钢筋调直→除锈→下料→剪切接长→弯曲。

学习单元 16.1　钢筋加工场地

钢筋加工一般集中在车间，采用流水作业法进行，然后运至工地进行安装和绑扎。对集中的专业化的钢筋加工场地，应该认真设计并建有一条从原材料仓库到成品、半成品堆放，各工序间流水作业的加工生产线，才可避免各工序间的相互干扰，并可以适应钢筋加工工艺的改变。同时还要考虑到今后发展的需要，留有足够的工作面和材料、成品、半成品的堆放场地。

钢筋加工场地的平面布置，既要布局合理紧凑，减少各加工工序之间的不必要的往返距离；又要尽可能靠近交通要道，便于原材料和成品、半成品的运输。此外，由于钢筋加工机械耗电量大，尽量靠近配电室，可以节省供电线路和减少线路电能损耗。钢筋加工车间如图 16.1 所示，钢筋加工车间内部布置如图 16.2 所示。

图 16.1　钢筋加工车间

图 16.2　钢筋加工车间内部布置

学习单元 16.2　钢筋加工

16.2.1　准备工作

（1）图纸审查：检查钢筋施工图纸各编号是不是齐全，详读施工图总说明及设计变更通知单，记住每一个构件中各钢筋网或钢筋骨架之间的相互关系，通晓钢筋施工与本工程有关的模板、结构安装等。

（2）编制钢筋材料表：钢筋加工是一根一根进行的，因此施工图上必须列出每根钢筋的预定安装部位以及规格、根数等资料，还要加以编号和画出样式，以便于加工成型和检查验收。

16.2.2　加工工序流程

1. 钢筋调直

钢筋调直或称钢筋整直，就是将有弯的钢筋弄直，因为不经过调直的钢筋无法安装在预定的位置，不能保证它满足允许偏差的要求，并且也将给安装钢筋和浇灌混凝土造成困难。

建筑用热轧钢筋分盘卷和直条两类。直径在 12mm 以下的钢筋一般制成盘卷，以便于运输。盘卷钢筋在下料前，一般要经过放盘、冷拉工序，以达到调直的目的，见图 16.3。直径在 12mm 以上的钢筋，一般轧制成 6～12m 长的直条。由于在运输过程中几经装卸，会使直条钢筋造成局部弯折，为此在使用前应调直钢筋在混凝土构件中，除规定的弯曲外，其直线段不允许有弯曲现象。弯曲不直的钢筋影响构件的受力性能，在混凝土中不能与混凝土共同工作而导致混凝土出现裂缝，以致产生不应有的破坏；而且下料时长度不准确，从而影响到钢筋成型、绑扎安装等一系列工序的准确性。因此，钢筋调直是钢筋加工中不可缺少的工序。

图 16.3　盘圆冷拉调直时的开卷

钢筋的调直方法取决于设备条件，分人工调直和机械调直两种。

（1）直径在 12mm 以上的粗钢筋，一般采用人工调直。其操作程序：先将钢筋弯折处放到扳柱铁板的扳柱间，用平头横口扳子将弯折处基本扳直。然后，放到工作台上，用大锤将钢筋小弯处锤平。操作时需要 2 人配合好，一人手握钢筋，站在工作台一端，将钢筋反复转动和来回移动；另一人掌握大锤，站在工作台的侧面，见弯就锤。拿锤的人应根据钢筋粗细和弯度大小来掌握落锤轻重。握钢筋者确定钢筋在工作台上可以滚动，则认为调直合格。

（2）直径在 12mm 以下的盘卷钢筋为细钢筋，细钢筋主要采用机械调直。但在工程量小或无冷拉设备的情况下，也可采用人工调直。人工调直又分小锤敲直和绞磨拉直两种，不管哪一种都需要先放盘。前者是按需要长度截成小段在工作台上用小锤平直；后者是按一定长度截断，分别将两端夹在地锚和绞磨的夹具上，然后人工推动绞磨将钢筋拉直。这种方法简单可行，但只宜拉直 HPB235 级钢筋中的盘圆，因为劳动强度较大，目前已不常使用。

（3）冷拔低碳钢丝一般采用机械调直。但在设备困难的情况下，也可采用蛇形管人工调直。蛇形管是用长 1m 左右的厚壁钢管弯成蛇形，钢管内径稍大于钢丝直径，管两端连接喇叭状进出口，固定在支架上。需要调直的钢丝穿过固定的蛇形管，用人力牵引，即可将钢丝基本拉直。钢丝若有局部小弯，再用小锤敲直。

2. 原料除锈与堆放

钢筋是由铁、碳和其他合金元素组合成的。其中铁是主要成分，铁分子与空气中的氧分子容易产生化学反应而形成氧化铁。在保管过程中，由于保管不善，会使氧化过程进一步加剧，使钢筋表面形成一层氧化铁层，这就是铁锈。铁锈形成初期，钢筋表面呈黄褐色斑点，称为色锈或水锈。这种水锈对钢筋与混凝土之间的黏结影响不大，一般可以不处理。但对冷拔钢丝端头和焊接点附近必须清除干净，以保证焊点的导电性能和焊接质量。

当钢筋表面形成一层氧化铁皮，用锤击就可剥落时，就必须予以清除干净。否则，这种铁锈层就会影响钢筋与混凝土的结合，使之不能共同发挥作用。而且埋置在混凝土中的带锈皮的钢筋随着时间的增长，锈蚀现象会继续发展，锈皮相应增厚，体积膨胀，使混凝土保护层开裂，钢筋与外界空气相通。从而加速了钢筋的锈蚀，导致混凝土保护层剥落，钢筋截面面积减小，受力性能降低，甚至使构件破坏。由此可见，钢筋的防锈、除锈工作是非常重要的。

钢筋锈蚀现象随原材料保管条件优劣和存放时间长短而不同，长期处于潮湿环境或堆放于露天场地的，会导致更严重的锈蚀。锈蚀程度可由锈迹分布状况、色泽变化以及钢筋表面平滑或粗糙程度等，凭肉眼外观确定，根据锈蚀轻重可分为浮锈、陈锈迹和老锈三种。浮锈蚀钢筋表面附着较均匀的细粉末，在混凝土中不影响钢筋与混凝土的黏结，因此除了在焊接操作时在焊点附近需擦干净之外，一般可不做处理；陈锈蚀锈迹是较粗的粉末，加工时必须清楚。在预应力混凝土构件中，对钢筋的除锈要求很严格。对预应力钢丝表面不得有油污、锈皮现象，凡带有氧化铁皮或蜂窝状锈迹的钢丝一律不准使用。

钢筋除锈方法，一般有手工除锈与机械除锈两种。手工除锈常用麻袋布或钢刷子刷，对较粗的钢筋可用砂盘除锈法，即制作钢槽或木槽，槽盘内放置干燥的粗砂和细石子，将有锈的钢筋传进砂盘中来回抽拉。除一般的手工除锈方法外还有喷砂除锈、酸洗除锈和电动除锈机除锈等方法。机械除锈时对直径较细的盘条钢筋通过冷拉和调直过程自动去锈；粗钢筋采用圆盘钢丝除锈机除锈。而对于锈蚀严重的钢筋，采用电动除锈机除锈为好。冷拔钢丝则需要进行酸洗除锈。

电动除锈机除锈是目前常用的机械除锈方法。它不但除锈效果好，而且效率高。电动除锈机有固定式和移动式两种。固定式除锈机构造简单，主要是用小功率电动机作动力，带动圆盘钢丝刷。这种钢丝刷可用废钢丝绳头拆开编成，直径一般为 20～25cm，厚度为 5～15cm。为了便于操作，可在固定架一端设滚动支架，用以支承钢筋。固定式除锈机操作方便，除锈效率较高。移动式电动除锈机又称除锈小车，其特点是轻巧灵活。

使用电动除锈机操作的注意事项如下。

（1）操作前应检查设备各部位螺丝是否松动，电气部分绝缘是否良好。

（2）操作时应将钢筋放平握紧，钢筋和钢丝刷接触的松紧程度要适当。

（3）钢丝刷转动方向应与操作人员所站方向相对，否则容易将钢筋打出，发生事故。

（4）操作人员要将袖口扎紧，戴好口罩、手套、系好围裙、鞋盖等个人防护用品，以防锈粉侵入皮肤和呼吸道。

（5）检查电动除锈机的传动皮带和圆盘钢丝刷等转动部分是否装上防护罩。

（6）用电动除锈机除锈的钢筋，其直径一般宜在 12mm 以上，且基本平直后方可除锈。

（7）在除锈过程中，操作人员要随时转动钢筋。调头时，应将钢筋抬起，以防弹起伤人。

16.2.3 钢筋切断

钢筋切断工序，一般在钢筋调直后进行。这样，下料准确，节省钢筋。但是，在设备缺乏和钢筋加工量不大的情况下，粗钢筋也可以先人工断料，再人工平直；细钢筋先人工放盘，尽量做到顺直，以能够丈量为原则，断料后再人工敲直。

钢筋断料是钢筋加工中的关键工序。在较大的单位工程中，钢筋用量大，品种规格多。如果在断料时粗心大意，就会造成差错或切断长度发生误差。这不但浪费材料，而且浪费劳力，同时延误了工期。所以，在钢筋切断工序中，不仅下料长度要准确，而且要核对配料牌上的钢筋品种、规格是否相符，以免造成浪费。

1. 钢筋断料前的准备工作

（1）复核配料单和配料牌上所写的钢筋品种、规格、长度、根数是否相符。

（2）根据钢筋原材料长度，将同规格的钢筋按不同长度进行长短搭配，先断长料，后断短料，做到长材长用，短材短用，长短搭配，以减少材料的浪费。

（3）在号料时，应避免用短尺量长料，防止在丈量中产生累计误差。在切断机和工作台固定的情况下，可在工作台上增加固定刻度尺，设置临时活动挡板，以使同一长度的钢筋断料长度保持一致。这样，不但操作方便，而且断料尺寸准确。

2. 手工断料

在设备缺乏和钢筋加工量不大的情况下，手工断料还是经常采用的。手工断料按使用工具的不同可以分为以下两种。

（1）克子（踏口）断料法。克子由上下克子组成。下克插在铁砧卡口内。断料时，将钢筋放在下克的圆槽内，上克紧靠下克，并压住钢筋，用大锤（12～16磅）猛击上克，即可将钢筋切断。

（2）手动切断器断料法。手动切断器由底座、固定刀口、活动刀口和手柄四部分组成。固定刀口固定在切断器的底座上，活动刀口通过轴、连杆和手柄相连，以杠杆原理来切断钢筋。手动切断器只能切断直径16mm以下的钢筋。

另外，还有手动液压切断器。如SYJ-16型切断器，重量较轻，可携带到工地操作；钢筋剪可断4～8mm直径的钢筋；断丝钳是切断钢丝的常用工具。

3. 机械断料

在钢筋集中加工场内，一般都配备有钢筋断料设备。细钢筋和冷拔钢丝，是在调直机上调直后切断；而粗钢筋是在切断机上切断，如图16.4所示。

16.2.4 钢筋弯曲成型

钢筋弯曲成什么形状、要求各部分的尺寸

图 16.4　钢筋切断机断料

是多少,这是最基本的操作要求,这份资料需由配料人员提供。制备配料凭证共两件,一是配料单,包括钢筋规格、式样、根数以及下料长度等内容,主要按施工图上的钢筋材料表抄写,但是应特别注意:下料长度一栏必须由配料人员算好填写,并不是照抄材料表上的长度;另一种配料凭证式料牌,用木板或纤维板制成,将每一编号钢筋的有关资料:工程名称、图号、钢筋编号、根数、规格、式样以及下料长度等写注于料牌的两面,以便随着工业流程一道工序一道工序地传送,最后系在加工好的钢筋上作为标志。钢筋的弯曲成型分为手工弯曲成型和机械弯曲成型,手工弯曲成型所用的工具都为工地自制,对于直径为6~12mm 的细钢筋,通常采用顺口板子和小底座,将小底座固定在工作案子上即可;弯曲直径在12mm 以上的粗钢筋,则用横口板子和带有板柱的底盘,底盘也固定在案子上。机械弯曲成型可弯曲钢筋最大公称直径为 40mm。

1. 钢筋弯钩的要求

钢筋的弯制和末端的弯钩应符合设计要求,钢筋弯钩形式有三种,分别为半圆弯钩、直弯钩及斜弯钩。钢筋弯曲后,弯曲处内皮收缩、外皮延伸、轴线长度不变,弯曲处形成圆弧,弯起后尺寸不大于下料尺寸,应考虑弯曲调整值。钢筋弯心直径为 $2.5d$,平直部分为 $3d$。钢筋弯钩增加长度的理论计算值:对转半圆弯钩为 $6.25d$,对直弯钩为 $3.5d$,对斜弯钩为 $4.9d$。当设计无要求时,应符合下列规定:

(1) 所有受拉热轧光圆钢筋的末端应做成 $180°$ 的半圆形弯钩,弯钩的弯曲直径不得小于 $2.5d$,钩端应留有不小于 $3d$ 的直线段,如图 16.5 所示。

(2) 受拉热轧钢筋,钢筋末端应采用直角形弯钩,钩端的直线段长度不小于 $3d$,直钩的弯曲直径不小于 $5d$,如图 16.6 所示。

图 16.5　半圆形弯钩　　　　　　　　　　图 16.6　直角形弯钩

(3) 弯起钢筋应完成平滑曲线,其曲率半径不小于钢筋直径的 10 倍(光圆钢筋)或12 倍(带肋钢筋),如图 16.7 所示。

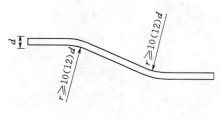

图 16.7　弯起钢筋

(4) 用光圆钢筋制成的箍筋,末端应有弯钩(半圆形、直角形或斜弯钩形)。弯钩的弯曲内直径大于受力钢筋直径,且不小于箍筋直径的 2.5倍;弯钩平直段长度,不小于箍筋直径的 5 倍,有抗震要求的不小于箍筋直径的 10 倍。

(5) 钢筋在常温下加工,不宜加热(梁体横隔板锚固钢筋若采用Ⅱ级钢筋,应采用热弯工艺)。弯制钢筋宜从中部开始,逐步弯向两端,弯钩应一次弯成。

（6）钢筋加工允许偏差。受力钢筋：±10mm，弯起钢筋弯起位置：±20mm。

（7）钢筋下料长度计算：

直钢筋下料长度＝构件长度－保护层厚度＋弯钩增加长度

弯起钢筋下料长度＝直段长度＋斜段长度－弯曲调整值

箍筋下料长度＝箍筋周长＋弯钩增加长度±弯曲调整值

弯钩增加长度：Ⅰ级钢筋，180°弯钩增加长度为 $6.25d$；直钩增加长度为 $5.5d$，斜弯钩增加长度 $12d$。

弯曲调整值见表 16.1。

表 16.1　　　　　　　　　　　弯曲调整值

弯折角度/(°)	弯起钢筋的弯曲调整值	一次弯折的弯曲调整值
30	$0.34d$	$0.3d$
45	$0.67d$	$0.55d$
60	$1.23d$	$0.9d$
90	Ⅰ级	$1.75d$
	Ⅱ级	$2.08d$
	Ⅲ级	$2.29d$
135	Ⅰ级	$0.38d$
	Ⅱ级	$0.11d$
	Ⅲ级	$-0.07d$

2. 成品管理

（1）成品质量。弯曲成型好的钢筋质量必须通过加工操作人员自检，进入成品仓库的钢筋要由专职质量检查人员复检合格。钢筋加工的允许偏差应符合表 16.2 规定。

表 16.2　　　　　　　　　　　钢筋加工的允许偏差

项　　目	允许偏差/mm
受力钢筋顺长度方向全长的净尺寸弯起钢筋的弯折位置	±10、±20

（2）管理要点。弯曲好的钢筋必须轻拿轻放，避免摔地产生变形，经过规格、外形尺寸检查过的成品应按编号拴上料牌，并应特别注意缩尺钢筋的料牌勿遗漏；清点某一编号钢筋成品确切无误后，将该号钢筋按全部根数运离成型地点；非急用于工程上的钢筋成品应堆放在仓库内，仓库顶应不漏雨，地面保持干燥，并有木方或混凝土板等作为垫件。

学习单元 16.3　钢筋的连接与安装

16.3.1　钢筋焊接

电弧焊：钢筋电弧焊是以焊条作为一极，钢筋为另一极，利用焊接电流通过产生的电弧热进行焊接的一种熔焊方法。接头形式如下。

1. 帮条焊

帮条焊适用于 Ⅰ 级、Ⅱ 级、Ⅲ 级钢筋，分双面焊和单面焊两种。若采用双面焊，接头中应力传递对称、平衡、受力性能良好，若采用单面焊，则受力情况较差。因此，应尽可能采用双面焊。而只有在受施工条件限制不能进行双面焊时，才采用单面焊。

当帮条级别与主筋相同时，帮条的直径可比主筋直径小一个规格；当帮条直径与主筋相同时，帮条级别可比主筋低一个级别。

2. 搭接焊

搭接焊适使用于 Ⅰ 级、Ⅱ 级、Ⅲ 级钢筋，搭接焊接头的钢筋需事先将端部进行弯折，使两端钢筋焊接后仍维持其轴线位于一条直线上，不致发生偏心受力现象。搭接焊宜采用双面焊，不能进行双面焊时，也可采用单面焊。搭接焊的帮条长度 l 与帮条焊的帮条长度一样，可按表 16.3 取用；焊缝尺寸亦与帮条焊一样，即按 $s \geqslant 0.3d$、$b \geqslant 0.7d$。

表 16.3　　　　　　　　　　　　钢 筋 帮 条 长 度

钢筋级别	焊缝形式	帮条长度 l
Ⅰ 级	单面焊	$\geqslant 8d$
	双面焊	$\geqslant 4d$
Ⅱ 级、Ⅲ 级	单面焊	$\geqslant 10d$
	双面焊	$\geqslant 5d$

3. 熔槽帮条焊

熔槽帮条焊适用于直径不小于 20mm 的钢筋的现场安装焊接。焊接时应加角钢作垫板模，角钢边长宜为 40~60mm，长度宜为 80~100mm。

4. 坡口焊

坡口焊适用于装配式框架结构安装中的柱间节点或梁与柱的节点焊接。钢垫板厚度宜为 4~6mm，长度宜为 40~60mm，垫板宽度应为钢筋直径加 10mm，V 形坡口角度宜为 55°~65°；坡口立焊时，垫板宽度宜等于钢筋直径，坡口角度宜为 40°~55°。

5. 窄间隙焊

钢筋窄间隙电弧焊是将两钢筋安放成水平对接形式，并置于铜模内，中间留有少量间隙，用焊条从钢筋根部引弧，连续向上部焊接，这样完成的一种电弧焊方法。

6. 接头允许偏差

电弧焊接钢筋接头的缺陷和尺寸偏差允许值见表 16.4。

表 16.4 电弧焊接钢筋接头的缺陷和尺寸偏差允许值

序号	名　称	单位	允许偏差值
1	帮条对焊接头中心的纵向偏移	mm	$0.5d$
2	接头处钢筋轴线的弯折	(°)	4
3	接头处钢筋轴线的偏移	mm	$0.1d$
		mm	3
4	焊缝高度	mm	$0.1d$，0
5	焊缝宽度	mm	$0.1d$，0
6	焊缝长度	mm	$-0.5d$
7	咬肉深度	mm	$0.05d$
		mm	0.5
8	在长 $2d$ 的焊缝表面上，焊缝气孔及夹渣的数量和大小	个	2
		mm²	6

16.3.2　钢筋与钢板焊接

1．T 型接头

T 型接头适用于预埋件，分角焊和穿孔塞焊两种。装配和焊接应符合以下要求。

（1）钢板厚度 δ 不宜小于钢筋直径的 0.6 倍，且不应小于 6mm。

（2）钢筋应采用 I 级、Ⅱ级；受力锚固钢筋的直径不宜小于 8mm，构造锚固钢筋的直径不宜小于 6mm。在一般情况下，锚固钢筋直径在 18mm 以内的，可采用角焊；直径大于 18mm 的，宜采用穿孔塞焊。

（3）当采用 I 级钢筋时，角焊缝焊脚 κ 不得小于钢筋直径的 0.5 倍；采用Ⅱ级钢筋时，焊脚 κ 不得小于钢筋直径的 0.6 倍。

（4）施焊中不得使钢筋咬边和烧伤。

2．搭接接头

搭接长度 l 取值：对于 I 级钢筋，不得小于 $4d$；对于Ⅱ级，不得小于 $5d$。焊缝宽度 b 不得小于 $0.5d$，焊缝厚度 s 不得小于 $0.35d$。

焊条选用：焊条型号根据熔敷金属的力学性能、药皮类型、焊接位置和焊接电流种类划分。

钢筋施工应用的焊条按熔敷金属的抗拉强度分，有 E43 系列、E50 系列和 E55 系列三种，它们分别表示抗拉强度高于或等于 43kgf/mm²、50kgf/mm²（即 490N/mm²）和 55kgf/mm²（即 540N/mm²）。一般情况下，它们分别用于焊接 I 级、Ⅱ级和Ⅲ级钢筋。

3．常用焊机

（1）交流弧焊机（弧焊变压器）。

（2）直流弧焊机：直流弧焊机按其工作原理和构造的不同，有直流弧焊发电机、硅弧焊整流器、晶体管弧焊整流器等多种类型。

16.3.3　工艺操作要点

1. 基本要求

（1）有关尺寸应符合以上各接头图形规定。

（2）焊接地线应与钢筋接触良好，防止因起弧而烧伤钢筋。

（3）应根据钢筋级别、直径、接头形式和焊接位置，选择适宜的焊条、焊接工艺和焊接参数。

（4）带有钢板或帮条的接头，引弧应在钢板或帮条上进行；无钢板或无帮条的接头，引弧应在形成焊缝部分，防止烧伤主筋。

（5）焊接过程中要及时清渣，焊缝表面应保持光滑平整；焊缝余高应平缓过渡。弧坑应填满。

2. 帮条焊或搭接焊注意事项

（1）进行帮条焊时，两主筋端头之间应留 2～5mm 的间隙。

（2）进行帮条焊时，帮条与主筋之间应用四点定位焊固定；进行搭接焊时，二主筋应用两点固定；定位焊缝应离帮条端部或主筋端部不小于 20mm。

（3）焊接时，应在帮条焊或搭接焊形成焊缝中引弧；在端头收弧前应填满弧坑，并应使主筋缝与定位焊缝的始端和终端熔合。

3. 熔槽帮条焊注意事项

（1）钢筋端头应加工平整；两钢筋端面的间隙应为 10～16mm。

（2）从接缝处垫板引弧后应连续施焊，并应使钢筋端部熔合，防止未焊透、气孔或夹渣。

（3）焊接过程中应停焊清渣一次；焊平后，再进行焊缝余高的焊接，其高度不得大于 3mm。

（4）钢筋与角钢垫板之间应加焊侧面焊缝 1～3 层，焊缝应饱满，表面应平整。

4. 坡口焊注意事项

（1）坡口面应平顺，切口边缘不得有裂纹、钝边和缺棱。

（2）钢筋根部间隙：坡口平焊时宜为 4～6mm；立焊时宜为 3～5mm；其最大间隙均不宜超过 10mm。

（3）工艺要求。

1）焊缝根部、坡口端面以及钢筋与钢垫板之间均应熔合良好；焊接过程中应经常清渣；钢筋与钢垫板之间应加焊 2～3 层侧面焊缝。

2）宜采用几个接头轮流进行施焊。

3）焊缝的宽度应大于 V 形坡口的边缘 2～3mm，焊缝余高不得大于 3mm，并宜平缓过渡至钢筋表面。

4）当发现接头中有弧坑、气孔及咬边等缺陷时，应立即补焊；对Ⅲ级钢筋，接头冷却后补焊时，应采用氧乙炔预热。

5. 窄间隙焊注意事项

（1）钢筋端面应平整。

（2）端面间隙和焊接参数可按表 16.5 选用。

表 16.5 窄间隙焊端面间隙和焊接参数

钢筋直径/mm	端面间隙/mm	焊条直径/mm	焊接电源/A	钢筋直径/mm	端面间隙/mm	焊条直径/mm	焊接电源/A
16	9～11	3.2	100～110	28	12～14	4.0	150～160
18	9～11	3.2	100～110	32	12～14	5.0	150～160
20	10～12	3.2	100～110	36	13～15	5.0	220～230
22	10～12	3.2	100～110	40	13～15	5.0	220～230
25	12～14	4.0	150～160				

（3）从焊条根部引弧应连续进行焊接，左、右来回运弧，在钢筋端面处电弧应少许停留，并使之熔合。

（4）当焊至端面间隙的 4/5 高度后，焊缝应逐渐扩宽；当熔池过大时，应改连续焊为断续焊，避免过热。

（5）焊缝余高不得大于 3mm，且应平缓过渡至钢筋表面。

6. 装配式框架的钢筋焊接

在装配式框架结构的安装中，钢筋焊接应符合下列要求。

（1）对柱间节点，采用坡口焊时，如果主筋根数不多于 14 根，钢筋从混凝土表面伸出长度不应小于 250mm；如果主筋根数不多于 14 根，则钢筋的伸出长度不应小于 350mm。采用搭接焊时，其伸出长度宜增大。

（2）两钢筋轴线偏移时，宜采用冷弯矫正，但不得用锤敲打；当冷弯矫正有困难时，可采用氧乙炔焰加热后矫正，钢筋加热部位的温度不应高于 850℃。

（3）焊接中应选择合理的焊接顺序（以避免或减小结构变形，不致使混凝土开裂）。对于柱间节点，可由两名焊工对称焊接。

16.3.4 钢筋安装

1. 保证保护层符合要求的措施

（1）混凝土保护层利用水泥砂浆块加垫而成。一般情况下，保护层厚度在 20mm 以下时，垫块平面尺寸为 30mm 见方，厚度在 20mm 以上时，约为 50mm 见方；垫块厚度即保护层厚度。砂浆应有足够的强度，使能抗得了钢筋骨架重压，不致破损。

（2）混凝土保护层砂浆垫块应根据钢筋粗细和间距垫得适量可靠。对于竖立钢筋，可采用埋有铁丝的垫块，绑在钢筋骨架外侧；同时，为使保护层厚度准确，需用铁丝将钢筋骨架拉向模板，将垫块挤牢。

（3）当保护层处于浇捣混凝土的位置上方时，可用铁丝将网片绑吊在模板楞上，浇捣完毕或混凝土稍硬后抽去承托钢筋。

2. 钢筋网片绑扣

钢筋的交叉点应采用铁丝扎牢。对于板和墙的钢筋网，除靠近外围两行钢筋的相交点应全部扎牢外，中间部分交叉点可间隔交替扎牢，但必须保证受力钢筋不产生位移；在靠近外围两行钢筋的相交点最好按十字花扣绑扎；在按一面顺扣绑扎的区段内，绑扣的方向应根据具体情况交错地变化，以免网片朝一个方向歪扭。对于面积较大的网片，可适当地用钢筋作斜向拉结加固。双向受力的钢筋须将所有相交点全部扎牢。

3. 弯钩朝向

绑扎矩形柱的钢筋时，角部钢筋的弯钩平面与模板面成 45°角；矩形柱和多边形柱的中间钢筋的弯钩平面应与模板面垂直；当采用插入式振捣器浇筑截面很小的柱时，弯钩平面与模板面的夹角不得小于 15°。

对于薄板，应事先核算好弯钩立起后会不会超出板厚，如超出，则将钩放斜，甚至放倒。绑扎基础底面钢筋网或各类相似网片时，要防止钢筋弯钩倒伏，必须采用措施预先使它朝上；如果钢筋端部带有弯折起直段，绑扎前应将直段立起来，并且细钢筋将各钢筋直段加以联系，避免直段倒斜。

4. 构件交叉点钢筋处理

在构件交叉点，钢筋纵横交错，大部分在同一位置上发生碰撞，无法安装。遇到这种情况，必须在施工前的审图过程中就予以解决。处理方法一般使一个方向的钢筋设置在规定的位置，而另一个方向的钢筋则去避开它。

5. 钢筋工安全操作规程

（1）钢材、半成品等规格、品种应分别堆放整齐，制作场地要平整，工作台要稳固，照明灯具必须加网罩。

（2）拉直钢筋，卡头要卡牢，地锚要结实牢固，拉筋 2m 区域内禁止行人。按调直钢筋的直径，选用适当的调直块及传动速度，经调试合格，方可送料，送料前应将不直的料头切去。

（3）展开圆盘钢筋要一头卡牢，防止回弹，切断时要先用脚踩紧。

（4）人工断料，工具必须牢固。拿錾子和打锤要站成斜角，注意扔锤区域内的人和物体。切断小于 30cm 的短钢筋，应用钳子夹牢，禁止用手把扶，并在外侧设置防护笼罩。

（5）多人合运钢筋，起、落、转、停动作要一致，人工上下传送不得在同一垂直线上。钢筋堆放要分散、稳当，防止塌落。

（6）在高空、深坑绑扎钢筋和安装骨架，须搭设脚手架上和马道。绑扎立柱、墙体钢筋，不准站在钢筋骨架上和攀登骨架上下。柱在 4m 以内，重量不大，可在地面或楼面上绑扎，整体柱在 4m 以上，应搭设工作台。柱梁骨架应用临时支撑拉牢，以防倒塌。

（7）绑扎基础钢筋时，应按施工设计规定摆放钢筋支架或马凳架起上部钢筋，不得任意减少支架或马凳。

（8）绑扎高层建筑的圈梁、挑檐、外墙、柱边钢筋，应搭设外挂架或安全网。绑扎时挂好安全带。

（9）起吊钢筋骨架，下方禁止站人，必须待架降落到离地面 1m 以内方准靠近，就位支撑好方可摘钩。

（10）冷拉卷扬机前应设置防护挡板，没有挡板时，应使卷扬机与冷拉方向成 90°，并且应用封闭式导向滑轮。操作时要站在防护挡板后，冷拉场地不准站人和通行。

（11）冷拉钢筋要上好夹具，离开后再发开车信号。

（12）冷拉和张拉钢筋要严格按照规定应力和伸长率进行，不得随便变更。不论拉伸或放松钢筋都应缓慢均匀，发现油泵、千斤顶、销卡异常，立即停止张拉。

（13）张拉钢筋，两端应设置防护挡板。钢筋张拉后要加以防护，禁止压重物或在上面行走。浇灌混凝土时，要防止震动器冲击预应力钢筋。

（14）张拉千斤顶支脚必须与构件对准，放置平正，测量拉伸长度，加楔和拧紧螺栓前先停止拉伸，并站在两侧操作，防止钢筋断裂，回弹伤人。

（15）同一构件有预应力和非预应力钢筋时，预应力钢筋应分两次张拉，第一次拉至控制应力的 $70\%\sim80\%$，待非预应力钢筋绑好后再张拉到规定应力值。

（16）机械运转正常方准断料。断料时，手与刀口距离不得少于 15cm，活动刀片前进时禁止送料。

（17）切断钢筋刀口不得超过机械负载能力，切低合金钢等特种钢筋，要用高硬度刀件。

（18）切长钢筋应有专人扶住，操作规程时动作要一致，不得任意拖拉。切短钢筋须用套管或钳子夹料，不得用手直接送料。

（19）切断机旁应设放料台，机械运转中严禁用手直接清除刀口附近的断头和杂物。钢筋摆放范围，非操作人员不得停留。

（20）钢筋机械上不准堆放物件，以防机械震动落入机体。

（21）钢筋调直，钢筋装入压滚，手与滚筒应保持一定距离。机器运转中不得调整滚筒。

（22）钢筋调直到末端时，人员必须躲开，以防甩开伤人。

（23）短于 2m 或直径大于 9mm 的钢筋调直，应低速加工。

（24）钢筋调直，钢筋要紧内贴挡板，注意放入插头的位置和回转方向，不得错开。

（25）弯曲长钢筋时，应有专人扶住，并站在钢筋弯曲方向的外面，互相配合，不得拖拉。

（26）调头弯曲，防止碰撞人和物，更换芯轴、加油和清理，须停机后进行。

（27）钢筋焊接，焊机应设在干燥的地方，平衡牢固，要有可靠的接地装置，导线绝缘良好，并在开关箱内装有防漏电保护的空气开关。

（28）焊接操作时应戴防护眼镜和手套，并站在橡胶板或木板上。工作棚要用防火材料搭设，棚内严禁堆放易燃易爆物品，并备有灭火器材。

（29）对焊机接触器的接触点、电机，要定期检查修理，冷却水管保持畅通，不得漏水和超过规定温度。

（30）钢筋严禁碰、触、钩、压电源电线、电缆。

（31）钢筋机械作业后必须拉闸切断电源，锁好开关箱。

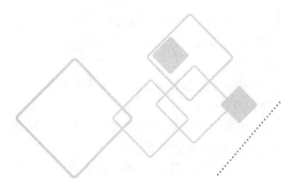

第5篇

混凝土工

学习项目 ⑰ 混凝土概述

学习单元 17.1 混凝土的组成及分类

17.1.1 混凝土的组成

混凝土是工程建设的主要材料之一。广义的混凝土是指由胶凝材料、细骨料（砂）、粗骨料（石）和水按适当比例配制的混合物，经硬化而成的人造石材。目前，建筑工程中使用最为广泛的是普通混凝土，普通混凝土是由水泥、水、砂、石以及根据需要掺入各类外加剂与矿物混合材料组成的。在普通混凝土中，砂、石起骨架作用，称为骨料。它们在混凝土中起填充作用，抵抗混凝土在凝结硬化过程中的收缩。水泥与水形成水泥浆，包裹在骨料表面并填充骨料间的空隙。硬化之前，水泥浆起润滑作用，使拌合物具有一定的和易性，便于施工；水泥浆硬化后，则将骨料胶结成一个坚实的整体，而且具有一定的强度。

17.1.2 混凝土分类

1. 按表观密度大小分类

（1）重混凝土。重混凝土是指干表观密度大于 $2800kg/m^3$ 的混凝土。其常用密度大的骨料，如重晶石、铁矿石、钢屑等制成，主要用于防辐射的屏蔽材料。

（2）普通混凝土。普通混凝土是指干表观密度为 $200\sim2800kg/m^3$，以水泥为胶凝材料，采用天然普通砂、石作为骨料配制而成的混凝土，是建筑工程中应用范围最广、用量最大的混凝土，主要用作各种建筑的承重结构材料。

（3）轻混凝土。轻混凝土是指干表观密度小于 $1950kg/m^3$ 的混凝制土，如轻骨料混凝土、大孔混凝土和多孔混凝土等。其主要适用于绝热、绝热兼承重或承重材料。

2. 按所使用的胶凝材料分类

混凝土按所使用的胶凝材料可分为水泥混凝土、石膏混凝土、沥青混凝土、水玻璃混凝土和聚合物混凝土等。

3. 按强度等级分类

(1) 普通混凝土。普通混凝土抗压强度一般在 60MPa(C60) 下。其中，抗压强度小于 30MPa 的混凝土为低强度等级混凝土，抗压强度为 30～60MPa(C30～C60) 的混凝土为中强度等级混凝土。

(2) 高强混凝土。高强混凝土抗压强度为 60～100MPa。

(3) 超高强混凝土。超高强混凝土抗压强度在 100MPa 以上。

4. 按生产方式和施工方法分类

混凝土按生产方式可分为商品混凝土和现场拌制混凝土。按施工方法可分为泵送混凝土、喷射混凝土、离心混凝土、碾压混凝土等。

5. 按用途分类

混凝土按用途可分为结构混凝土、防水混凝土、耐酸混凝土、耐热混凝土、道路混凝土等。

学习单元 17.2　混凝土主要技术性能

在混凝土建筑物中，由于各个部位所处的环境、工作条件不相同，对混凝土性能的要求也不一样，所以必须根据具体情况，采用不同性能的混凝土，在满足性能要求的前提下，达到经济效益显著的目的。

17.2.1　混凝土拌合物和易性

1. 和易性的含义

和易性指混凝土拌合物易于各种施工工序（包括拌和、运输、浇筑、振捣等）操作并能获得质量均匀、密实的性能，也叫作混凝土工作性。它是一项综合技术性质，包括流动性，黏聚性和保水性三个方面的含义。

2. 和易性的测定

由于混凝土拌合物的和易性是一项综合的技术性质，目前难以用一个单一的指标来全面衡量。因此，根据现行国家标准《普通混凝土拌合物性能试验方法标准》(GB/T 50080—2016) 的相关规定，混凝土拌合物的流动性大小用坍落度与坍落扩展度法和维勃稠度法测定（图 17.1），并辅以直观经验来评定黏聚性和保水性，以评定和易性。坍落度与坍落扩展度法适用于骨料最大粒径不大于 40mm，坍落值不小于 10mm 的塑性和流动性混凝土拌合物；维勃稠度法适用于骨料最大粒径不大于 40mm，维勃稠度值为 5～30s 的干硬性混凝土拌合物。

(1) 坍落度的测定。将拌合物按规定的方法装入坍落度筒内，并均匀插捣，装满刮平后，将坍落度筒垂直提起，拌合物在自重作用下向下坍落，量出筒高与混凝土试体最高点之间的高度差（以 mm 计），即为坍落度值（用 T 表示），如图 17.1 (a) 所示，坍落度值

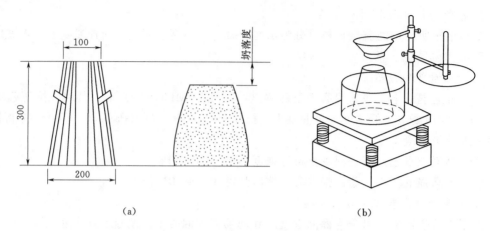

图 17.1　坍落度与坍落扩展度法和维勃稠度试验示意图（单位：mm）
(a) 坍落度与坍落扩展度法；(b) 维勃稠度试验

越大，表示混凝土拌合物流动性越好。

在进行坍落度试验的过程中，同时观察拌合物的黏聚性和保水性。用捣棒在已坍落的混凝土锥体侧面轻轻敲打，此时如果锥体保持整体均匀，逐渐下沉，则表示拌合物黏聚性良好；若锥体突然倒塌或部分崩裂或出现离析现象，表示拌合物黏聚性较差。若有较多的稀浆从锥体底部析出，锥体部分的混凝土也因失浆而骨料外露，表明混凝土拌合物保水性不好；如无稀浆或仅有少量稀浆自底部析出，则表明此混凝土拌合物保水性良好。

坍落度在 10～220mm 对混凝土拌合物的稠度具有良好的反应能力，但当坍落度大于 220mm 时，需做坍落扩展度试验。

坍落扩展度试验是在做坍落度试验的基础上，当坍落度值大于 220mm 时，测量混凝土扩展后最终的最大直径和最小直径。在最大直径和最小直径的差值小于 50mm 时，用其算术平均值作为其坍落扩展度值。如果粗骨料在中央堆积或水泥浆从边缘析出，这是混凝土在扩展的过程中产生离析而造成的，说明混凝土抗离析性能很差。

（2）维勃稠度的测定。对于干硬性混凝土，若采用坍落度试验，测出的坍落度值过小，不易准确反映其工作性，这时需用维勃稠度试验测定。其方法是：将坍落度筒置于维勃稠度仪上的圆形容器内，并固定在规定的振动台上，将混凝土拌合物按规定方法装入坍落度筒内，将坍落度筒垂直提起后，将维勃稠度仪上的透明圆盘转至试体顶面，使之与试体接触，如图 17.1（b）所示。开启振动台的同时用秒表计时，记录下当透明圆盘下面布满水泥浆时，所经历的时间（以 s 计），称为该拌合物的维勃稠度。维勃稠度值越大，表示混凝土的流动性越小。

17.2.2　混凝土强度

由于混凝土主要用于承受荷载或抵抗各种作用力，因此，强度是混凝土最重要的力学性质。混凝土的强度有立方体抗压强度、轴心抗压强度、抗拉强度、抗折强度及钢筋与混凝土的黏结强度等。其中混凝土的抗压强度最大，抗拉强度最小，因此，在建筑工程中主要利用混凝土来承受压力作用。混凝土的抗压强度是混凝土结构设计的主要参数，也是混凝土质量评定的重要指标。工程中提到的混凝土强度一般指的是混凝土的抗压强度。

1. 混凝土的抗压强度

混凝土抗压强度是指其标准试件在压力作用下直至破坏时，单位面积所能承受的最大压力。根据现行国家标准《普通混凝土力学性能试验方法标准》（GB/T 50081—2002）的相关规定，混凝土抗压强度是指按标准方法制作的边长为 150mm 的立方体试件，成型后立即用不透水水的薄膜覆盖表面，在温度为(20±5)℃的环境中静置一至两昼夜，然后在标准养护条件下〔温度(20±2)℃，相对湿度为 95％以上或在温度为（20±2）℃的不流动的 $Ca(OH)_2$ 饱和溶液中〕，养护至 28d 龄期（从搅和拌加水开始计时），经标准方法测试，得到的抗压强度值，称为混凝土立方体抗压强度，以 f_{cu} 表示。

测定混凝土抗压强度，也可以按粗骨料最大粒径的尺寸选用边长为 100mm 和 200mm 的立方体非标准试块，在特殊情况下，可采用 $\phi150mm×300mm$ 的圆柱体标准试件或 $\phi100mm×200mm$ 和 $\phi200mm×400mm$ 的圆柱体非标准试件。但在计算其抗压强度时，应乘以换算系数，以得到相当于标准试件的试验结果。根据现行国家标准《混凝土结构设计规范》（GB 50010—2010）的相关规定，混凝土强度等级应按立方体抗压强度标准值确定。立方体抗压强度标准值是指按标准方法制作、养护的边长为 150mm 的立方砂体试件，在 28d 或设计规定龄期以标准试验方法测得的具有 95％保证率的抗压强度值。混凝土强度等级采用符号 C 与立方体抗压强度标准值（以 N/mm^2 即 MPa 计）表示，共划分成下列强度等级：C15、C20、C25、C30、C35、C40、C45、C50、C55、C60、C65、C70、C75 及 C80。如 C30 表示混凝土立方体抗压强度不小于 30MPa 的保证率为 95％，即立方体抗压强度标准值为 30MPa。

2. 混凝土的轴心抗压强度

混凝土的强度等级是采用立方体试件来确定的。但在实际工程中，混凝土结构构件的形式极少是立方体，大部分是棱柱体或圆柱体，为了能更好地反映混凝土的实际抗压性能，在钢筋混凝土构件承载力计算时，常采用混凝土轴心抗压强度作为设计依据。

根据现行国家标准《普通混凝土力学性能试验方法标准》（GB/T 50081—2016）的相关规定，测定轴心抗压强度采用 $150mm×150mm×300mm$ 的棱柱体作为标准试件，在标准养护条件下养护至 28d 龄期后，按照标准试验方法测得，用 f_{cp} 表示。在立方体抗压强度 f_{cu} 为 10～55MPa 时，混凝土轴心抗压强度 f_{cp} 为立方体抗压强度 f_{cu} 的 70％～80％。

3. 混凝土的抗拉强度

混凝土的抗拉强度随着混凝土强度等级的提高，比值有所降低，即混凝土强度提高时，抗拉强度的增加不及抗压强度增加得快。因此，在钢筋混凝土结构设计中，不考虑混凝土承受拉力，而是在混凝土中配以钢筋，由钢筋来承受结构中的拉力。但混凝土抗拉强度抗裂性具有重要作用，它是结构设计中确定混凝土抗裂度的指标，有时也用它来间接衡量混凝土与钢筋间的黏结强度。

4. 混凝土的抗折强度

道路路面或机场跑道用混凝土，以抗折强度为主要设计指标。混凝土的抗折强度试验是以标准方法制成 $150mm×150mm×550mm$ 的梁形试件，在标准条件下养护 28d 后，按三分点加荷，测定其抗折强度。

5. 混凝土与钢筋的黏结强度

在钢筋混凝土结构中，为使钢筋和混凝土能共同承受荷载，它们之间必须要有一定的黏结强度。这种黏结强度主要来源于混凝土与钢筋之间的摩擦力、钢筋与水泥石之间的黏结力及变形钢筋的表面与混凝土之间的机械啮合力，黏结强度与混凝土质量有关，与混凝土抗压强度成正比。另外，黏结强度还受其他许多因素影响，如混凝土强度、钢筋尺寸及变形钢筋种类、钢筋在混凝土中位置（水平钢筋或垂直钢筋）、加载类型（受拉钢筋或受压钢筋）以及干湿变化、温度变化等。

学习项目 18　混凝土施工

学习单元 18.1　混凝土施工工序

18.1.1　施工工序

1. 采用现场搅拌混凝土的施工工序

作业准备→原材料计量→混凝土搅拌→混凝土运输→混凝土浇筑及振捣→混凝土收面→混凝土养护。

2. 采用商品混凝土的施工工序

商品混凝土搅拌→商品混凝土运输→混凝土浇筑及振捣混凝土收面→混凝土养护。

18.1.2　人员配备

混凝土浇筑时配置的基本工种见表 18.1。通常在浇筑混凝土时还需要木工、钢筋工、安装工的配合。其中木工负责看护模板及其支撑体系，有异常时及时通知混凝土工停止施工；钢筋工负责看护钢筋并将移位的钢筋恢复原状；安装工负责看护安装预埋管线、线盒。

表 18.1　　　　　　　　　　　混凝土浇筑时配置的基本工种一览表

序号	工种	职　责
1	泵手	操作地泵并与放灰工、现场指挥密切配合
2	放灰工	控制放灰速度，并与泵手密切配合，防止打空泵或混凝土溢缸
3	耙平工	负责混凝土初步耙平
4	移泵管工	负责拆接泵管和布料机
5	振捣工	负责混凝土振捣密实
6	收面工	负责混凝土收面及覆盖养护

18.1.3　技术准备

混凝土开盘前，由施工员和班组长组织对混凝土工人进行技术交底，明确混凝土强度等级、浇筑顺序、浇筑方法、安全、质量控制要点等，并签字存档。交底时要明确收面标准，对于直接施工防水层的区域收光面，如地下室顶板、屋面等结构，其他部位通常收毛面，具体的以技术交底为准。当涉及图纸等专业性较强的交底时，可在会议室利用投影仪进行交底，交底宜简单明了，语言尽量口语化，让工人知道操作要点即可，见表 18.2。

表 18.2　　　　　　　　　　　　交　底　记　录

技术交底记录			
工程名称		交底部位	
交底内容： 1. 墙柱混凝土强度等级为 C60，梁板强度等级为 C35，浇筑顺序为先浇筑墙柱后浇筑梁板，浇筑过程中严格控制不同强度等级混凝土的浇筑部位。 2. 墙柱连续浇筑，严格要求每层控制在 500mm 高左右的分层。 3. 混凝土浇筑前应湿润板面并保证梁板内无垃圾、木屑。 4. 合理安排浇筑顺序，如发现混凝土接近初凝，应及时浇筑覆盖。 5. 必须带线控制板面标高及平整度，用磨光机收面。 6. 混凝土浇筑及收面过程中严禁加水。 7. 每台布料机准备 3 根振捣棒，保证 2 台振捣棒同时振捣，1 台备用，板面混凝土振捣要用平板振捣器。			
交底人		技术负责人	
被交底人			

18.1.4　材料准备

（1）采用现场搅拌混凝土时，应提前根据浇筑方量将水泥、砂、石、掺合料、水等储备充足。

（2）采用商品混凝土的，应根据搅拌站的供应能力选择搅拌站。混凝土浇筑前应提前报送浇筑计划，让商品混凝土搅拌站有充足的时间准备原材料。

（3）现场配置减水剂，当实测坍落度过小（坍落度小于 100mm），表现为混凝土基本不流动，由混凝土班组长及时反馈给现场管理人员进行确认后，由搅拌站试验人员进行调配，严禁向罐车内直接加水二次搅拌。

（4）水平结构混凝土养护一般使用塑料薄膜、棉毡，塑料薄膜覆盖时搭接 2~5cm，大体积混凝土冬期施工时采用棉毡，搭接宽度 5cm，注意防火；竖向结构采用喷涂养护液或挂棉毡湿水养护，竖向结构拆模后及时高水喷涂 1~2 遍，以满涂、不漏涂为准。雨期施工时应准备彩条布、雨衣、雨鞋等。冬期施工时应准备彩条布、棉被等。塑料薄膜规格：1m×150m，彩条布规格：6m×50m、8m×80m，根据规格和所需面积准备材料，见图 18.1~图 18.5。

图 18.1　减水剂

图 18.2　塑料薄膜

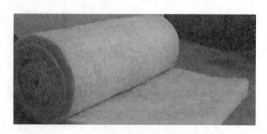

图 18.3　棉毡

图 18.4　混凝土养护剂

图 18.5　彩条布

（5）作业准备。

1）浇筑前检查墙柱根部是否封堵严密，不严密时用 1∶2 水泥砂浆提前 1d 进行封堵，砂浆封堵做成高 3cm、底宽 6cm 的角状，以压住模板 1cm 为准。

2）浇筑前应提前浇水湿润模板，均匀洒水，减少混凝土中水分流失，模板面不得有积水，不得向墙柱内冲水，避免柱根积水，浇筑砂浆时水泥和砂分离。

3）梁板模板内的杂物容易被冲进墙柱内，若墙柱提前合模，垃圾堆积在墙柱内，造成夹渣等质量问题。所以墙柱根部一般预留清扫口，此清扫口在清除杂物后再封闭，浇筑前检查预留清扫口是否封闭，防止流灰。

4）柱、剪力墙根部、施工缝等部位松散混凝土需剔除干净，剔除浮浆的标准为：露出表层的石子，并清扫干净。混凝土终凝后开始剔凿，禁止在初凝时用钢筋拉毛，如图 18.6 所示。

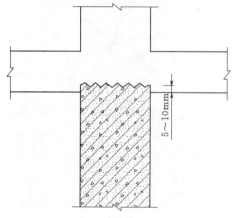

图 18.6　墙、柱浮浆层剔凿后的高度

5）地泵提前检查，汽车泵提前联系，汽车泵的臂长根据架设汽车泵的地点和浇筑地点之间的距离选择，尽可能多地覆盖浇筑面。汽车泵常用型号的臂长为 42m、45m、48m、50m、52m、56m、60m，见图 18.7。

图 18.7　汽车泵

6）泵管应在混凝土浇筑前按照施工部署架设完毕并加固牢靠。长期使用的泵管可使用混凝土墩固定，穿楼层泵管可使用井字架固定，穿预留洞口的泵管四周用木方固定。

7）放钢筋上部的泵管，泵管下部必须垫上废旧轮胎或木方等缓冲材料，以防止在泵管来回抖动时损坏钢筋，轮胎间距不大于 3m（1 根泵管长），泵管转角处必须放置轮胎，轮胎数量不足时，可以选用木方代替。

8）使用布料机时应提前对布料机下部的模板支架采取加强措施，同时使用缆风绳将布料机与大梁固定牢靠，支腿下垫混凝土垫块，防止板底露筋。

9）提前将混凝土面的标高控制点 1m 做好，由测量员进行打点，用油漆或双面胶带标记，混凝土工查点以便于带线。

10）在过人行通道处铺设马道，以免踩踏钢筋，此马道在混凝土浇筑时随浇随退，钢筋较小时采用钢筋算子马凳。

11）为防止泵管接头处漏浆造成对模板的污染，可在浇筑层泵管接头的下面垫上彩条布。工人倾倒堵管的泵管内混凝土时，不能随意倾倒在楼板上，避免形成局部混凝土冷缝。

学习单元 18.2　混凝土施工机械与设备

18.2.1　混凝土施工主要机械与设备

（1）混凝土施工过程中使用的主要机械与设备见表 18.3。

（2）混凝土施工过程中使用的主要机械与设备实物示意见图 18.8 和图 18.9。

表 18.3
机 械 设 备 一 览 表

序号	名称	备　　注
1	汽车泵	数量根据施工部署确定
2	地泵	数量根据施工部署确定
3	布料机	数量根据地泵数量确定
4	泵管	数量根据布管路线确定
5	混凝土搅拌机	数量根据施工部署确定
6	插入振捣棒	用于结构内部混凝土振捣，长度根据实际情况确定
7	附着式振捣器	用于结构内部混凝土振捣，功率根据实际情况确定
8	表面振捣器	用于厚度较小的楼板混凝土振捣，功率根据实际情况确定
9	配电箱	供给现场施工和照明的临时用电
10	镝灯	夜间照明使用
11	铁锹	将成堆的混凝土铲平
12	拨铲	配合铁锹使用，将混凝土铺摊均匀
13	刮尺	混凝土收面时控制板面平整度
14	汽油振平尺	用于混凝土收面和板面平整度控制（可根据实际情况选择使用）
15	铁抹子	用于混凝土收面
16	搓板	有小搓板和大搓板，小搓板用于小范围的收面，大搓板用于大范围的收面
17	磨光机	用于混凝土面收光或收毛

图 18.8　混凝土搅拌机

图 18.9　混凝土拌合楼

18.2.2　混凝土振捣设备

1. 振捣设备的分类

混凝土振捣设备主要分为有内部振捣器、外部振捣器和表面振捣器三类。

2. 内部振捣器

内部振捣器又称插入式振捣器，振捣棒的长度根据浇筑的竖向结构的高度选择。一般适用于大体积、竖向结构、梁混凝土的振捣，见图 18.10。

振捣棒的长度一般为 4m、6m、8m、10m，直径一般为 50mm、30mm，根据浇筑混凝土的部位和浇筑的构件进行选用。在实际操作中应选用低频、振幅大的插入式振捣器来振捣骨料颗粒大而光滑的混凝土。

选用振捣棒长度≥墙柱高＋3m（工人操作长度），保证墙柱根部振捣到位。

混凝土振捣应掌握以下要领：垂直插入、快插、慢拔、"三不靠"等。

图 18.10　振捣棒

（1）快插慢拔，以免在混凝土中留下空隙。

（2）每次插入振捣时间为 20～30s 左右，并以混凝土不再下沉、不出现气泡、开始泛浆为准。

（3）振捣时振捣器应插入下层混凝土不小于 5cm，以便加强上下层混凝土结合。

（4）振捣插入间距通常为 30～50cm，防止漏振。

（5）"三不靠"：一指振捣时不要碰到模板；二指振捣时尽量不要碰到钢筋；三指振捣时不要触碰预埋件。

18.2.3　外部振捣器

外部振捣器又称附着式振捣器，振捣器产生的振动波通过底板与模板间接地传给混凝土。混凝土较薄或钢筋稠密的结构，以及不宜使用插入式振捣器的地方，可选用外部振捣器。

外部振捣器多用于薄壳构件、空心板梁、拱肋、T 形梁、斜屋面的施工。采用外部振捣器振捣混凝土应符合下列规定。

（1）外部振捣器应与模板紧密相连，设置间距应通过试验确定。

（2）外部振捣器应根据混凝土的浇筑高度和速度，依次从下往上振捣。

（3）模板上同时采用多个外部振捣器时应使各振动器的频率一致，并应交错设置在相对面的模板上。

18.2.4　表面振捣器

表面振捣器，又称为平板振捣器，直接放在混凝土表面上，振捣器产生的振动波通过与之固定的振捣底板传给混凝土。钢筋混凝土预制构件厂生产的空心楼板、平板及厚度不大的梁柱构件等，选用振动台效果较好，增加二次振捣，减小内部裂缝，见图 18.11。

使用表面振捣器振捣混凝土应符合下列规定。

（1）表面振捣器振捣应覆盖振捣平面的边角。

（2）表面振捣器移动间距应覆盖已振实部分混凝土边缘。

（3）倾斜表面振捣时，应由低处向高处振捣。

图 18.11　表面振捣器

学习项目 ⑲ 混凝土工操作要点

学习单元 19.1　混凝土配料与搅拌

19.1.1　混凝土搅拌的技术要求

（1）混凝土拌和之前，对于施工机械认真检查机械使用、维护以及保养情况，检查应急发电设备是否运行正常。对于混凝土原材料主要检查散装水泥储存数量、强度等级以及批次，粗细骨料是否分类存放，冬雨期施工措施是否落实到位，确保混凝土的拌制和浇筑正常连续进行，见图 19.1。

（2）商品混凝土搅拌站混凝土拌制。

1）采用商品混凝土进行拌制，开盘前按试验室提供的施工配合比调整配料系统，拌制中严格按照施工配合比进行配料和称量，并在计算机上做好记录。

2）大体积混凝土必须提前由各商品混凝土搅拌站进行试配，明确混凝土的坍落度、扩展度、倒置排空时间、水化热、初凝时间、终凝时间等参数。

（3）现场混凝土拌制。

1）采用现场搅拌时，提前进行试验室配比以确定施工配合比换算成每斗车所用原材料用量，现场配置地磅以备随机抽检。现场搅拌混凝土多用于现场小方量的浇筑，多为填充墙二次结构浇筑。通常搅拌机每斗搅拌 $0.3m^3$，不能满足地泵或汽车泵的浇筑能力。

2）混凝土搅拌时采用二次投料法，投料顺序：全部粉料（水泥和矿物掺合料）和细骨料，至少搅拌 30s→全部水和液体外加剂，搅拌成砂浆，至少搅拌 30s→全部粗骨料，至少搅拌 60s。搅拌的最短时间详见表 19.1。

施工机械设备检验记录

（　）进场、（√）过程、（　）退场　　　　　　　　　　QG/YHSO16J02

机械名称	混凝土搅拌站	规格型号	HZS75	出厂日期		检验结果
	施工机械	机械作业人员进入施工现场是否做作业前检查				
		作业中是否严格执行操作规程和相关安全规章制度，并做好设备使用、维护、保养记录				
		各类机械设备是否定期检查				
	原材料堆放	散装水泥储存罐的数量是否按不同厂家、品种、强度等级、批次分罐保存情况				
		粗骨料是否按分级存放，粗、细骨料存放是否分为合格区和待检区，用隔墙隔开				
		设置明示标志是否符合规定				
		轻型钢结构顶棚的安设情况是否安全				
		是否有冬期和夏期施工措施				
	施工用电	临时用电施工组织设计是否编制并经审批				
		动力和照明线是否分开架设				
		固定电力设备安全防护屏障或网栅围栏、禁止、警告标志是否符合规定				
		临时用电是否符合规定				
		作业人员是否持证上岗，按规定使用劳动防护用品				
		配电箱是否有门、有锁、有防雨措施				
		夜间施工照明设施是否满足施工安全要求				
其他情况			参加人员			

检验结论：（　）合格　（　）不合格　　　　检验负责人：　　　　　　　检验日期

图 19.1　施工机械设备检查记录单

表 19.1　　　　　　　　　　　**混凝土搅拌的最短时间（s）**

混凝土坍落度 /mm	搅拌机机械	搅拌机出料量/L		
		<250	250～500	>500
≤40	强制式	60	90	120
>40且<100	强制式	60	60	90
≥100	强制式	60		

注　1. 混凝土搅拌的最短时间系指从全部材料装入搅拌筒中起，到开始卸料止的时间。

2. 当掺有外加剂与矿物掺合料时，搅拌时间应适当延长。

3. 当采用其他形式的搅拌设备时，搅拌的最短时间应按设备说明书的规定或经试验确定。

4. 采用自落式搅拌机时，搅拌时间宜延长 30s。

3）原材料采用 6m×6m 的堆场，四周用砖砌筑，夏季用遮阳网或者遮阳棚遮盖，水泥库房采用封闭式，下部用模板垫高，防止雨水浸泡，见图 19.2。

（4）坍落度。泵送混凝土的入泵坍落度不宜小于 100mm，对强度等级超过 C60 的泵送混凝土，其入泵坍落度不宜小于 180mm。混凝土在拌和过程中，及时地进行混凝土有

图 19.2 材料堆场

关性能（如坍落度、和易性、保水率）的试验与观察。混凝土拌合物稠度应在搅拌地点和浇筑地点分别取样检测，每工作班不少于抽检两次。坍落度的测试方法：用一个上口 100mm、下口 200mm、高 300mm 喇叭状的坍落度桶，灌入混凝土分三次填装，每次填装后用捣锤沿桶壁均匀由外向内击 25 下，捣实后抹平。然后拔起桶，混凝土因自重产生坍落现象，用桶高（300mm）减去坍落后混凝土最高点的高度，称为坍落度。如果差值为 100mm，则坍落度为 100mm。

（5）注意事项。

1）夏季炎热混凝土使用现抽取的冷水拌制，以降低混凝土的出机温度。

2）冬季搅拌时，将拌和水加热温度不超过 80℃（当水泥强度等级为 42.5 级以上时最高温度为 60℃），以提高混凝土温度。或采取其他措施，以保证混凝土的入模温度不低于 5℃，环境负温时，混凝土入模温度不应低于 10℃。

对商品混凝土搅拌站进行搭设温棚保温，必须保证砂石料不受冻、温度在 0℃ 以上，冬期施工时混凝土原材料储备罐包裹棉毡进行保温，保证混凝土拌和前原材料不受冻。

19.1.2　混凝土拌和质量控制及拌和注意事项

混凝土拌合物出现泌水、离析及坍落度过低预防措施。泌水是指拌合物在浇筑后到开始凝结期间，固体颗粒下沉、水上升，并在混凝土表面析出水的现象。通常采用掺加适量混合材料、外加剂，尽可能降低混凝土水灰比等有效措施。

学习单元 19.2　混凝土运输

混凝土运输设备的运输能力应适应混凝土凝结速度和浇筑过程连续进行。运输过程中，应确保混凝土不发生离析、漏浆、泌水及坍落度损失过多等现象，运至浇筑地点的混凝土应仍保持均匀性和良好的拌合物性能。下面以 HBT90 型拖式泵参数为例进行说明。

每台混凝土 HBT90 型拖式泵的实际平均输出量

$$Q_1 = Q_{max}\alpha\eta$$

式中　Q_1——每台混凝土泵的实际平均输出量，m^3/h；

　　　Q_{max}——每台混凝土泵的最大输出量，取 $90m^3/h$；

　　　α——配管条件系数，取 0.8；

　　　η——作业效率，取 0.7。

$$Q_1 = Q_{max}\alpha\eta = 90 \times 0.8 \times 0.7 = 50.4(m^3/h)$$

取每台混凝土泵的实际平均输出量：$Q_1 = 50m^3/h$。

每台混凝土 HBT90 型拖式泵所需配备的混凝土搅拌运输车台数：

$$N_1 = Q_1(60L_1/S_0 + T_1)/60V_1$$

式中　N_1——混凝土搅拌运输车台数；

　　　V_1——每台混凝土搅拌车容量，取 $8m^3$；

　　　S_0——混凝土搅拌运输平均行车速度，取 30km/h；

　　　L_1——混凝土搅拌车往返距离，取 30km；

　　　T_1——每台混凝土搅拌运输车总计停歇时间，取 30min。

$$N_1 = Q_1(60L_1/S_0 + T_1)/60V_1 = 50 \times (60 \times 30/30 + 30)/(60 \times 8) = 9.375$$

故每台混凝土 HBT90 型拖式泵需配备 10 辆混凝土搅拌运输车。考虑交通拥堵、交通禁行，现场罐车存放场地等其他因素，每台混凝土泵配备运输车辆数为 10～12 辆。当遇交通禁行点时，现场人员应控制浇筑速度，以确保混凝土连续浇筑。

混凝土宜采用内壁平整光滑、不吸水、不渗漏的运输设备进行运输。当长距离运输混凝土时，宜采用混凝土罐车运输；近距离运输混凝土时，宜采用混凝土泵、混凝土吊斗、混凝土手推车运输。

采用搅拌运输车运送混凝土时，运输过程中宜以 2～4r/min 的转速搅拌；当搅拌运输车到达现场时，宜快速旋转 20s 以上后再将混凝土拌合物喂入泵车受料斗或混凝土料斗中。放料过程中不溢泵、不空泵。

标养试件根据每班混凝土浇筑量和浇筑部位留取，每个检验批留样至少 1 组，每个验收批试件总组数，应与所选定的评定方法相适应；采用标准养护的试件，应在温度为 (20 ± 5)℃的环境中静置一昼夜至二昼夜，然后编号、拆模。拆模后放入温度为 (20 ± 2)℃，相对湿度为 95% 以上的标准养护室中养护，或在温度为 (20 ± 2)℃的不流动的 $Ca(OH)_2$ 饱和溶液中养护。在标准养护室内试件应放在架上彼此间距为 10～20mm，试件表面保持潮湿，并应避免用水直接冲淋试件。详见图 19.3。

现场浇筑混凝土的同时，应制作同条件养护试块，供拆模和结构实体强度的验收，冬期施工尚应制作临界强度和负温转正温养护的试件。同条件养护试块所对应的结构构件或结构部位，应由监理（建设）、施工等各方共同选定；对混凝土结构工程中的各混凝土强度等级均应留置"同条件养护试块"；同一强度等级的"同条件养护试块"，其留置的数量应根据混凝土工程量和重要性确定，不宜少于 10 组且不应少于 3 组。"同条件养护试块"

脱模后，应放置在靠近相应结构构件或结构部位附近的适当位置，并采用相同的养护方法。为便于保管，施工单位通常将试块装在特制的钢筋笼内并放置在相应的位置，见图 19.4。

图 19.3　混凝土标准养护　　　　　图 19-4　混凝土同条件试块

学习单元 19.3　混凝土浇筑

19.3.1　准备工作

人员是施工的保证，在此以一台 HBT90 型拖式泵为例进行人员配备。人员配备详见表 19.2。

表 19.2　　　　　　　　　　　　　　人　员　配　备　　　　　　　　　　单位：人

工种	放灰工泵手	移泵管工	耙平工	收面工	木工、钢筋工、安装工	振捣工
数量	各 1	4	2	2～4	各 1	2～3

注　1. 正常一台地泵连续浇筑时间不宜超过 16h。
　　2. 交接班宜安排在布料机移位或泵管移位时。

19.3.2　材料准备

物资部根据工长提报的浇筑计划，联系搅拌站准备充足的混凝土和相应的运输设备。物资计划要提前联系，尤其是大体积混凝土，应至少提前一个星期备料。

19.3.3　机械准备

浇筑前主要准备的施工机具有耙铲、刮尺、铁抹子、铁锹磨光机、小搓板、振捣棒、木质大搓板、配电箱、布料机、地泵（汽车泵）等。

19.3.4　施工方法

1. 采用商品混凝土搅拌

（1）浇筑混凝土前先浇水湿润模板，防止混凝土水分流失，混凝土出现麻面。同时将板面的浮锈清除干净，防止板底混凝土出现锈迹。

（2）泵送混凝土前，应先用与混凝土原材料相同的水泥砂浆润管，防止泵管堵塞；混凝土搅拌完成后在 60min 内泵送完毕，且在 1/2 初凝时间内入泵，并在初凝前浇筑完毕；应保持连续泵送混凝土，必要时可降低泵送速度以维持泵送的连续性，如停泵时间超过 15min，应每隔 4～5min 开泵一次，正转和反转两个冲程，同时开动料斗搅拌器，防止料斗中混凝土离析。

（3）为了新老混凝土的结合，墙柱根部要提前浇筑与混凝土配合比相同的减石子砂浆，禁止将砂浆打到楼板或一根柱子里面，造成板或柱根部强度不足，控制结合面在 30mm 左右。

（4）混凝土浇筑遵循先低跨后高跨，先墙柱后楼梯再梁板的原则。竖向与水平交接区域属于竖向结构混凝土强度等级范畴，不可高标低打，最好用钢丝网拦堵。

（5）竖向结构浇筑不同入泵坍落度的混凝土，其泵送最大高度与坍落度应满足表 19.3 的规定。

表 19.3　　　　　混凝土入泵坍落度与泵送高度关系表

最大泵送高度/m	50	100	200	400	400 以上
入泵坍落度/mm	100～140	150～180	190～220	230～260	—

实际考虑坍落度损失以及工人操作，一般要求（180±20）mm，但白天，尤其夏季要增大 20mm，达到 220mm，再高容易离析。

在浇筑前可对模板、钢筋、即将浇筑地点的基岩和旧混凝土等洒水冷却并使之吸足水分，并在浇筑地点采取遮挡阳光和防止通风等措施。保证新浇筑的混凝土入模温度与邻接的已硬化混凝土或者岩土介质表面温度的温差不得大于 15℃。

振捣原则：一次浇筑、分层振捣；随浇随振，禁止一次浇满。

（6）楼梯浇筑。浇筑楼梯混凝土时，混凝土坍落度宜控制在（140±20）mm 左右，楼梯段混凝土自下而上浇筑，分踏步振捣，既不能过振，也不能漏振。若楼梯采用封闭式模板，则应在踏步侧面留洞。底板混凝土与踏步混凝土一起浇筑，不断向上推进。楼梯混凝土宜连续浇筑，以确保楼梯的成型质量，见图 19.5。

（7）梁板浇筑。浇筑梁板混凝土时，混凝土坍落度宜控制在 180mm 左右。梁、板混凝土应同时浇筑，浇筑方法由一端开始用"赶浆法"即先浇筑梁，根据梁高分层浇筑成阶梯形，当达到板底位置时再与板的混凝土一起浇筑，随着阶梯形不断延伸，梁板混凝土浇筑连续向前进行。浇筑与振捣必须紧密配合，第一层下料慢些，梁底充分振实后再下第二层料，保持水泥浆沿梁底包裹石子向前推进，每层均应振实后再下料，梁底及梁帮部位要注意振实，振捣时不得触动钢筋及预埋件。振捣时采用插入式振捣棒配合平板振捣器使用。插入式振捣棒采用点振，间距 300～500mm，平板振捣器主要用于板厚≤200mm 厚

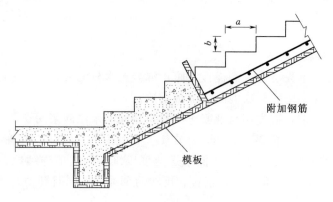

图 19.5　楼梯混凝土浇筑

的楼板结构，禁止现场用插入式振捣棒拖振楼板，楼板厚度超过 200mm 时，必须采用插入式振捣棒振捣。对于有水房间楼板强调二次振捣（在混凝土初凝前 1h，初凝时的状态为脚踩上有脚印为准），采用插入式振捣棒振捣。高支模区域在浇筑水平结构混凝土时，采用由中部向四周扩展的浇筑方式，先浇筑梁，再浇筑板，由梁跨中向两端对称进行，大梁（1000mm 以上）进行混凝土浇筑时应分层浇筑，每层厚度不超过 400mm。

（8）梁板浇筑时，应做好钢筋、安装线管的成品保护，一般现场混凝土浇筑前铺设跳板或者模板作为施工马道，跳板紧缺时可利用钢筋短料焊接成钢筋马道。当不可避免有混凝土工人对钢筋、安装线盒进行踩踏，要安排钢筋工看好钢筋，发现钢筋踩踏严重，及时用扎丝绑扎复位；安装工人发现线管与线盒脱落时，及时用补焊或者扎丝绑扎调整。

混凝土标高控制：过程中通过标注在竖向钢筋上的结构 1m 线控制点拉通结构 1m 水平线带线收面，白天带线收面要加密，纵横向及交叉方向各带一次；跨度超过 8m 时，中间可以打"钢筋点"，在梁上焊接 ϕ12 长 1.5m 钢筋，钢筋上打 1m 线点。晚上扫平仪收面，为方便通常扫平仪架设高度为 1m，边收面边用 PVC 塑料管抄标高，减少振捣偏差。

（9）水下混凝土浇筑：水下混凝土浇筑时应保证建筑的连续性，为保证混凝土连续浇筑，现场应配备发电机或者备用电源，且配备的发电机或者电源应满足现场连续施工最低用电容量的需要。常见水下混凝土浇筑方式有导管法、泵压法、开底容器法模袋法。各种施工方法适用范围详见表 19.4。

表 19.4　　　　　　　　　　　　各种施工方法适用范围

施工方法	适　用　范　围
导管法	水下普通混凝土、水下自密实混凝土、水下不分散混凝土、防渗墙混凝土
泵压法	水下普通混凝土、水下自密实混凝土、水下不分散混凝土、防渗墙混凝土
开底容器法	水下普通混凝土、水下自密实混凝土、水下不分散混凝土
模袋法	水下普通混凝土、水下自密实混凝土

施工条件具备时，水下混凝土可采用混凝土搅拌车、溜槽、溜筒等直接灌注方法。水下混凝土浇筑应满足如下要求。

1）混凝土浇筑时应填充到各个角落，浇筑完的水下混凝土表面应平整。

2）当水下混凝土需要抹平时，应待混凝土表面自密实和自流平终止后进行。

3）当水下混凝土表面露出水面后需要继续浇筑普通混凝土时，应将露出水面的顶部混凝土劣质层清除。

4）水下混凝土浇筑完成后与水接触面保持静水养护 14d 以上。

（10）其他部位混凝土浇筑。

1）钢管混凝土浇筑常规方法有从管顶向下浇筑及混凝土从管底顶升浇筑。不论采用何种方法，对于底层管柱在浇筑混凝土前，应先灌入 100mm 厚的同强度等级的水泥砂浆，以便和基础混凝土更好的连接，也避免了浇筑混凝土时发生粗骨料弹跳现象。采用分段浇筑管内混凝土且间隔时间超过混凝土终凝时间时，每段浇筑混凝土前，都应采取灌水泥砂浆的措施。当采用粗骨料粒径不大于 25mm 的高流态混凝土或粗骨料粒径不大于 20mm 的自密实混凝土时，混凝土最大倾落高度不宜大于 9m，倾落高度不宜大于 9m 时应采用串筒、溜槽、溜管等辅助装置进行浇筑。

2）悬挑构件混凝土浇筑时应遵循先浇筑悬挑构件根部混凝土，后浇筑悬挑构件混凝土，以保证悬挑构件根部率先起到锚固作用，混凝土浇筑时应保证连续浇筑，严禁出现冷缝。

3）后浇带或施工缝在施工前，结合面应采用粗糙面，并将结合面处浮浆、松散石子、软弱混凝土层清理干净，洒水湿润。填充后浇带的混凝土可采用微膨胀或低收缩混凝土，混凝土强度等级应比原结构混凝土强度等级提高一级，从施工缝处开始浇筑混凝土时要注意避免直接靠近缝边下料。机械振捣前，宜向施工缝处逐渐推进，并距 80～100cm 处停止振捣，但应加强对施工缝接缝的捣实工作，使其紧密结合，混凝土浇筑完毕后，须保持 14d 以上的湿润养护。

4）特殊部位采用吊斗浇筑混凝土时，每吊斗一般 0.5m³ 左右，要控制好浇筑的时间，防止罐车内混凝土过初凝时间，另外吊斗出口到承接面的高度不得大于 2m。吊斗底部的卸料活门应开启方便，并不得漏浆。吊斗一般适用于高标号竖向框柱混凝土浇筑，或者斜屋面、屋面花架梁以及少量翻边等混凝土浇筑。

5）采用现场搅拌：小方量浇筑楼板同商品混凝土浇筑方式。现主要介绍一下二次结构混凝土浇筑。二次结构混凝土可选用小型浇筑泵进行浇筑，构造柱上端预留喇叭口以便浇筑。

2. 泵送混凝土技术要求

（1）首先混凝土工要了解施工部署，减少施工冷缝的发生。尤其是地下室浇筑时，外墙禁止出现冷缝。遵循"从短边向长边"浇筑的原则，浇筑墙体混凝土应连续进行，间隔时间不应超过混凝土初凝时间。为避免楼板出现冷缝，采用塔吊进行接料。

（2）基底为非黏性土或干土时，应浇筑垫层；基底为岩石时，应加以润湿，并铺一层厚 20～30mm 的水泥砂浆，然后于水泥砂浆凝结前浇筑第一层混凝土。基底为砂土时应提前洒水湿润。垫层浇筑采用小型振捣器进行振捣。

（3）大体积混凝土应分层进行浇筑，不得随意留置施工缝。其分层厚度（指捣实后厚度）应根据搅拌机的能力、运输条件、浇筑速度、振捣能力和结构要求等条件确定，但最大摊铺厚度不宜大于 400mm，泵送混凝土的摊铺厚度不宜大于 600mm。

（4）竖向结构混凝土浇筑时应控制混凝土倾落高度，倾落高度应符合表 19.5 中规定，当不能满足要求时，应加设串筒、溜管、溜槽等装置，详见图 19.6 和图 19.7。

表 19.5　　　　　墙、柱模板内混凝土浇筑倾落高度限值（m）

条　件	浇筑倾落高度限值
粗骨料粒径大于 25mm	≤3
粗骨料粒径小于等于 25mm	≤6

注　当有可靠措施能保证混凝土不产生离析时，混凝土倾落高度可不受表 19.5 限制。

图 19.6　串筒浇筑混凝土

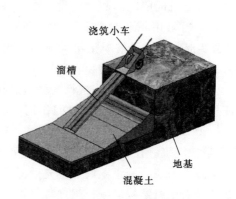

图 19.7　溜槽浇筑混凝土

（5）混凝土浇筑应连续进行。突降大雨时，随浇随覆膜，彩条布遮挡；停料，启用备用搅拌站或按规范留置施工缝，施工缝的位置应设置在结构受剪力较小和便于施工的部位，一般根据受剪力情况来说，柱应留水平缝，梁、板、墙应留垂直缝，见图 19.8；停电时，现场要备用一台 200kW 的发电机；混凝土即将初凝，塔吊补料接槎。

19.3.5　混凝土振捣

1. 振捣机械选型

用混凝土拌合机拌和好的混凝土浇筑构件时，必须排除其中气泡，并进行捣固使混凝土密实结合，消除混凝土的蜂窝麻面等现象，以提高其强度，保证混凝土构件的质量。按照传递振动的方法分为内部振捣器振捣、外部振捣器振捣和表面振捣器振捣。振捣器类型详见表 19.6。

表 19.6　　　　　振 捣 器 类 型 一 览 表

序号	振捣器类型	适 用 部 位	备注
1	内部振捣器	大体积、竖向结构、梁混凝土的振捣	
2	外部振捣器	薄壳构件、空心板梁、拱肋、T 形梁、斜屋面的施工	
3	表面振捣器	钢筋混凝土预制构件厂生产的空心楼板、平板及厚度不大（小于 200mm）的板构件	

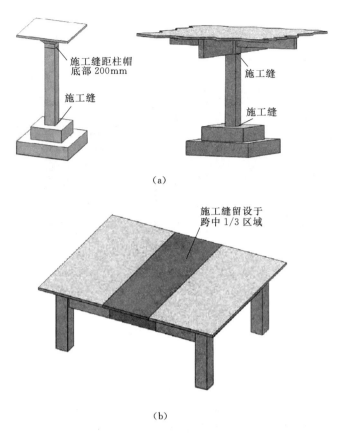

（a）

（b）

图 19.8　现浇混凝土结构施工缝常见留设位置

（a）柱子施工缝位置示意图；（b）梁板、肋形楼板施工缝示意图

2. 振捣收面

（1）楼梯踏步收面应随浇筑随收面，因为此处的混凝土坍落度较小，收面不宜过迟。用搓板配合铁抹子进行收面后覆盖塑料薄膜。

（2）板收面搓平后使用磨光机收面。混凝土振捣完成后，应及时修整、抹平混凝土裸露面，待定浆后再抹第二遍并压光或拉毛。可以采用磨光机控制工人上料时间，使钢筋不易露筋。抹面时严禁洒水，并防止过度操作影响表面混凝土的质量。在寒冷地区受冻融作用的混凝土和暴露于干旱地区的混凝土，更要注意施工抹面工序质量，见图 19.9。

19.3.6　质量通病

常见的混凝土外观通病及形成原因。

1. 蜂窝（图 19.10）

（1）配合比计量不准，砂石级配不好。

（2）搅拌不匀。

（3）模板漏浆。

（4）振捣不够或漏振。

图 19.9　板面混凝土磨光机收面

（5）一次浇捣混土太厚，分层不清，混凝土交接不清，振捣质量无法掌握。

（6）自由倾落高度超过规定，混凝土离析、石子赶堆。

（7）振捣器损坏，或临时断电造成漏振。

（8）振捣时间不充分，气泡未排除。

2. 麻面 （图 19.11）

（1）同 "蜂窝" 原因。

图 19.10　蜂窝　　　　　　　　　　　　图 19.11　麻面

（2）模板清理不净，或拆模过早，模板粘连。

（3）脱模剂涂刷不匀或漏刷。

（4）木模未浇水湿润，混凝土表面脱水，起粉。

（5）浇筑时间过长，模板上挂灰过多不及时清理，造成面层不密实。

（6）振捣时间不充分，气泡未排除。

3. 孔洞 （图 19.12）

（1）同 "蜂窝" 原因。

（2）钢筋太密，混凝土骨料太粗，不易下灰，不易振捣。

（3）洞口、坑底模板无排气口，混凝土内有气囊。

4．露筋（图 19.13）

（1）同"蜂窝"原因。

（2）钢筋骨架加工不准，顶贴模板。

（3）缺保护层垫块。

（4）钢筋过密。

（5）无钢筋定位措施、钢筋位移贴模。

图 19.12 孔洞

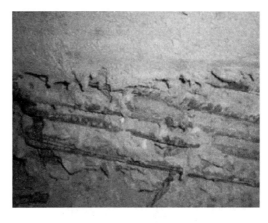

图 19.13 露筋

5．烂根（图 19.14）

（1）模板根部缝隙堵塞不严漏浆。

（2）浇筑前未下同混凝土配合比成分相同的无石子砂浆。

（3）混凝土和易性差，水灰比过大，石子沉底。

（4）浇筑高度过高，混凝土集中一处下料，混凝土高析或石子赶堆。

（5）振捣不实。

（6）模内清理不净、湿润不好。

图 19.14 烂根

6．缺棱掉角

（1）模板设计未考虑防止拆模掉角因素。

（2）木模未提前湿润，浇筑后木模膨胀造成混凝土角拉裂。

（3）模板缝不严，漏浆。

（4）模板未涂刷隔离剂或涂刷不佳，造成拆模粘连。

（5）拆模过早过猛，拆模方法及程序不当。

（6）养护不好。

7. 洞口变形

(1) 模内顶撑间太大，断面太小。

(2) 模内无斜顶撑，刚度不足，不能保持方正。

(3) 混凝土不对称浇筑将模挤偏。

(4) 洞口模板与主体模板固定不好，造成相对移动。

8. 错台

(1) 放线误差过大。

(2) 模板位移变形，支模时无须直找正措施。

(3) 下层模板顶部倾斜或胀模，上层模板纠正复位形成错台。

9. 板缝混凝土浇筑不实

(1) 板缝太小，石子过大。

(2) 缝模板支吊不牢、变形、漏浆。

(3) 缝内杂物未清，或缝内布管。

(4) 无小振动棒插捣或不振捣或振捣不好。

10. 裂缝（图 19.15）

图 19.15 裂缝

(1) 水灰比过大，表面产生气孔，龟裂。

(2) 水泥用量过大，收缩裂纹。

(3) 养护不好或不及时，表面脱水，干缩裂纹。

(4) 坍落度太大，浇筑过高过厚，素浆上浮表面龟裂。

(5) 拆模过早，用力不当将混凝土撬裂。

(6) 混凝土表面抹压不实。

(7) 钢筋保护层太薄，顺筋而裂。

(8) 缺箍筋、温度筋使混凝土开裂。

(9) 大体积混凝土无降低内外温差措施。

(10) 洞口拐角等应用集中处无加强钢筋。

(11) 混凝土裂缝的原因及裂缝的特征。

学习单元 19.4 混凝土养护

混凝土养护应根据施工温度、湿度及后道工序等来选择。一般用塑料薄膜或塑料薄膜＋夹心棉。

19.4.1 混凝土洒水养护

在平均气温高于＋5℃的自然条件下，对混凝土表面覆盖、浇水养护，使混凝土在一定时间内保持水化作用所需要的适当温度和湿度条件。覆盖浇水养护在混凝土浇筑完毕后的 12h 以内进行，当日平均气温低于 5℃时，不得浇水，见图 19.16。

图 19.16　混凝土板面洒水养护

19.4.2　混凝土覆盖养护

采用不透水、不透气的薄膜布养护。用薄膜布把柱表面敞露的部分全部严密的覆盖起来，保证混凝土在不失水的情况下得到充足的养护。养护时必须保持薄膜布内有凝结水，见图 19.17。

图 19.17　板面覆盖养护

19.4.3　混凝土喷涂养护

薄膜养生液养护是将可成膜的溶液喷洒在混凝土表面上，溶液挥发后在混凝土表面结成一层薄膜，使混凝土表面与空气隔绝，封闭混凝土中的水分不再被蒸发，而完成水化作用。

19.4.4　混凝土加热养护

采用暖棚法加热养护混凝土，暖棚应坚固、不透风，靠内墙宜采用非易燃性材料。在暖棚中用明火加热时，须特别加强防火、防煤气中毒等措施；暖棚内温度宜保持且不得低于 5℃，且保持一定的湿度，当湿度不足时，应向混凝土面及模板上洒水，也可以在煤炉上烧水增加暖棚内湿度。

19.4.5　混凝土养护质量控制

（1）楼板洒水养护夏期一天四次，春秋时节一天两次，冬期低于 5℃不洒水，以楼面潮湿为准。

（2）竖向采用晚拆模进行养护。拆完模板后，框柱立即进行缠绕塑料薄膜养护，墙体刷养护液养护，墙体也可采用挂草帘进行养护。

（3）混凝土养护期间应注意采取保温措施，防止混凝土表面温度受环境因素影响（如曝晒、气温骤降等）而发生剧烈变化。养护期间混凝土的芯部与表层、表层与环境之间的温差不宜超过 20℃（截面较为复杂时，不宜超过 15℃）。大体积混凝土施工前应制定严格的养护方案，控制混凝土内外温差满足设计要求。

（4）混凝土终凝后的持续保湿养护时间与配合比中是否掺有矿物掺合料、水胶比、大气湿度、日平均温度等有关，养护时间不得少于 7d，大体积混凝土的养护时间不宜小于 28d。采用缓凝型外加剂、大掺量矿物掺合料配制的混凝土，不应少于 14d；抗渗混凝土、强度等级 C60 及以上的混凝土，不应少于 14d；后浇带混凝土的养护时间不应少于 14d；当日最低温度低于 5℃时不应采用洒水养护。